液压系统 AMESim 计算机仿真指南

梁 全 苏齐莹 编著

机 械 工 业 出 版 社

本书着重介绍利用 AMESim 仿真软件进行液压元件及系统模型的建立和使用该软件进行数字仿真的基本方法；通过循序渐进的方式，介绍了用 AMESim 进行系统仿真的基本操作过程和常用技巧；最后，通过液压系统及液压元件的建模实例，讲解了用 AMESim 仿真软件进行液压仿真的参数设置方法和建模技巧。

本书可供工程技术人员和大专院校相关专业师生，特别是从事液压系统仿真的科研人员学习和参考。

图书在版编目（CIP）数据

液压系统 AMESim 计算机仿真指南/梁全，苏齐莹编著. —北京：机械工业出版社，2014.8（2024.1 重印）
ISBN 978-7-111-47399-2

Ⅰ.①液…　Ⅱ.①梁…②苏…　Ⅲ.①液压系统-计算机仿真-软件包　Ⅳ.①TH137-39

中国版本图书馆 CIP 数据核字（2014）第 160194 号

机械工业出版社（北京市百万庄大街 22 号　邮政编码 100037）
策划编辑：黄丽梅　责任编辑：黄丽梅　版式设计：赵颖喆
责任校对：陈立辉　封面设计：陈　沛　责任印制：邰　敏
北京富资园科技发展有限公司印刷
2024 年 1 月第 1 版第 8 次印刷
169 mm × 239 mm · 20 印张 · 399 千字
标准书号：ISBN 978-7-111-47399-2
定价：58.00 元

电话服务　　　　　　　　网络服务
客服电话：010-88361066　机 工 官 网：www.cmpbook.com
　　　　　010-88379833　机 工 官 博：weibo.com/cmp1952
　　　　　010-68326294　金 书 网：www.golden-book.com
封底无防伪标均为盗版　机工教育服务网：www.cmpedu.com

前　　言

　　科学技术的飞速发展，特别是电气、计算机技术在液压领域内的广泛应用，扩大了液压传动与控制技术的适用范围，提升了各种使用液压技术的机械设备的性能；反过来，机电液一体化程度的不断提高，对液压传动与控制系统的性能和控制精度等提出了更高的要求。传统的以完成设备工作循环和满足静态特性为目的的液压系统设计方法，已不能适应现代产品的设计和性能要求，而对液压系统进行动态特性分析和采用动态设计方法，已成为机械设计中的重要手段。但是，不论对液压系统进行静态分析还是动态分析，都需要借助一定的理论方法和工具，这个方法和工具就是"液压系统计算机仿真"。

　　"液压系统计算机仿真"已历经了大约半个世纪的演化和更新。在其发展的初级阶段，液压系统仿真所面临的主要问题是如何建立一个准确、适用、便于仿真的数学模型。这通常需要建模人员不仅要对所研究的液压元件或系统的基本原理和具体结构有深入的了解，同时还要具备深厚的数学功底。当数学模型建立完成后，面临的下一个重要、棘手的问题是如何对这些数学模型进行求解，这时就要求建模人员不仅要有深厚的数学功底，同时还要拥有高超的数值分析方面的经验和技巧，要能够编写出求解微分方程、状态方程的计算机程序，并能够绘制出动态、静态曲线图。由此可见，液压系统计算机仿真，表面上看只和液压相关，实际上却是一个机械、数学、计算机等多学科交叉结合的综合性工程研究领域。正是由于该研究领域对研究人员素质的多方面要求，使得从事该领域研究的人员寥寥无几，关于这方面的书籍更是凤毛麟角。而AMESim软件的诞生，将在一定程度上解决上面所面临的问题和矛盾。

　　AMESim（Advanced Modelling Environment for performing Simulation of engineering systems，高级工程系统仿真建模环境），是法国IMAGINE公司自1995年开始推出的一种新型的高级建模和仿真软件。该软件提供了一个系统工程设计的完整平台，使得用户可以在同一平台上建立复杂的多学科领域的仿真系统模型，并在此基础上进行深入的仿真计算和分析。尤其值得一提的是，AMESim集成了机械、液压、气动、热、电和磁等领域的元件库，不同领域的元件库可以相互进行连接，这为液压系统计算机仿真提供了强大的支持。本书正是从AMESim基础知识入手，着重讲解用AMESim进行液压系统及元件仿真的方法和技巧；通过对液压元件和系统的计算机仿真，来指导液压元件或系统的设计，或者对已存在的液压元件和系统进行分析。

　　本书第1章介绍了当前流行的与液压系统计算机仿真相关的软件，并阐述了液压系统建模及仿真的发展方向。第2~8章介绍了 AMESim 仿真软件的基本操作方法和使用技巧，掌握这部分知识和能力，是进行深入学习的基础，希望读者在进行深入的仿真分析和研究之前，要熟练掌握这一部分内容。第9、10章介绍了用 AMESim 进行液压系统和元件计算机仿真的基本知识和经验技巧，是学习液压系统计算机仿真的基础。第11章通过实例演示的方式，介绍了用 AMESim 液压库元件和 HCD 库元件构建液压系统和元件的仿真模型，并进行仿真分析的经验和技巧，是全书的重点和精华，读者通过反复地练习这一章的实例，可以达到举一反三、融会贯通的目的，从而为建立更加复杂的仿真系统打下坚实的基础。

　　限于编者水平及时间有限，对于书中的疏漏和不妥之处希望广大读者批评指正。同时也希望能与液压领域相关的读者进行交流沟通，联系方式：liangquan6@126. com。

编　者

目　　录

第1章 液压系统仿真概述

现代液压系统设计不仅要满足静态性能要求，更要满足动态特性要求。随着计算机技术的发展和普及，利用计算机进行数字仿真已成为液压系统动态性能研究的重要手段。而计算机仿真必须具有两个主要条件：一是建立准确描述液压系统动态性能的数学模型；二是利用仿真软件对建立的数学模型进行数字仿真。利用计算机对液压元件和系统进行仿真研究和应用已有30多年的历史。随着流体力学、现代控制理论、算法理论和可靠性理论等相关学科的发展，特别是计算机技术的迅猛发展，液压仿真技术也得到快速发展并日益成熟，越来越成为液压系统设计人员的有力工具。

1.1 仿真技术在液压技术领域中的应用

如果用户想使用液压仿真这门技术，首先要了解利用液压仿真我们能做什么。关于仿真技术在液压技术领域中的应用，归纳起来可以解决如下几方面的问题：

1) 对已有液压元件或系统，通过理论推导建立描述它们的数学模型，然后进行仿真实验，所得到的仿真结果与实物实验结果进行比较，验证理论的准确程度，反复修改数学模型，直到使得两实验结果非常接近，把这个理论模型作为今后改进和设计类似元件或系统的依据。

2) 对于已有的系统，通过建立数学模型和仿真实验，确定参数的调整范围，作为该系统调试时的依据，从而缩短调试时间和避免损坏设备。

3) 对于新设计的元件，可以通过仿真实验研究元件各部分结构参数对其动态特性的影响，从而确定满足性能要求的结构参数最佳匹配，给实际设计该元件提供必要的数据。

4) 对于新设计的系统，通过仿真实验验证控制方案的可行性，以及结构参数对系统动态特性的影响，从而确定最佳控制方案及最佳结构和控制参数的匹配。

总之，通过仿真实验可以得到液压元件或系统的动态特性，例如过渡过程、频率特性等，研究提高它们动态特性的途径。仿真实验已成为研究和设计液压元件或系统的重要组成部分，必须予以重视。

1.2 当前流行的液压仿真软件

对液压元件或系统利用计算机进行仿真的研究和应用已有30多年的历史。随着流体力学、现代控制理论、算法理论、可靠性理论等相关学科的发展，特别是计算机技术的突飞猛进，液压仿真技术也日益成熟，越来越成为液压系统设计人员的有力工具，相应的仿真软件也相继出现。目前，国内外主要有 FluidSIM、Automation Studio、HOPSAN、Hypneu、EASY5、ADAMS/Hydraulics、Matlab/Simulink、SIMUL-ZD、DSHplus、20-sim、AMESim 等 11 种液压仿真软件，本节对其中常用的液压仿真软件的特点和功能进行介绍，为从事液压传动与控制技术工作的工程技术人员提供帮助。

1.2.1　FluidSIM

FluidSIM 软件由德国 Festo 公司 Didactic 教学部门和 Paderborn 大学联合开发，是专门用于液压与气压传动的教学软件。FluidSIM 软件分为两个软件，其中，FluidSIM-H 用于液压传动教学，而 FluidSIM-P 用于气压传动教学。

FluidSIM 软件可用于自学、教学和多媒体教学液压（气压）技术知识。利用FluidSIM 软件，不仅可设计液压、气动回路，还可设计与液压气动回路相配套的电气控制回路，弥补了以前液压与气动教学中，学生只见液压（气压）回路不见电气回路，从而不明白各种开关和阀动作过程的弊病。

1.2.2　Automation Studio

Automation Studio 软件是加拿大 Famic 公司开发的一款做气压、液压、PLC、机电一体化整合设计与仿真的软件。

从功能上讲，Automation Studio 软件比 FluidSIM 软件更加完善和全面，完全可以替代 FluidSIM 软件。该软件的特点是面向液压、气动系统原理图，不仅可以创建液压、气动回路，也可以同时创建控制这些回路的电气回路，仿真结果以动画、曲线图的形式呈现给用户，适用于自动控制和液压、气动等领域，可用于系统设计、维护和教学。

1.2.3　HOPSAN

HOPSAN 软件是瑞典林雪平大学流体机械工程部从 1977 年开始，历时 8 年推出的仿真软件。

HOPSAN 软件的建模方法是元传输线法、源于特征法和传输线建模，弥补了传统的键合图法只能描述元件间的连接关系，不能反映元件间的因果关系的缺点。在该软件中，机械系统和液压系统是采用特征方法处理的，通过这种方法，表示一个元件的微分方程式，可以在代表这个元件的子程序中完整求解。

HOPSAN 软件最重要的 3 个特点可归纳为：①动态的图形元件库和图形建模功能；②优化方法用于对系统行为的优化和参数的离线评估；③具有实时仿真和分布式计算功能。

1.2.4　HyPneu

HyPneu 软件是美国 BarDyne 公司的产品。该软件是一款集液压、气动分析为一体的流体动力与运动控制设计仿真与过程可视化的软件。软件包含了前、后处理及仿真计算与动画演示功能，可为工程设计人员提供分析和解决液压、气动领域问题的 CAE 手段，并提供了对工程验证、改型设计、新产品研发的辅助支持，以及作为液压、气动、机械、电子、电磁一体化系统分析的虚拟仿真平台，实现多学科多领域的联合仿真。

利用 HyPneu 软件可以在其图形化的界面内，使用软件元件库中丰富的元件，搭建用于仿真分析的原理图，进行稳态、动态、频域、热传、污染等类型的仿真分析，得到元件或系统的压力、流量、频率响应、功率谱、温度、抗污染能力等多种类型的仿真结果，并可由此分析元件特性、系统性能等。HyPneu 软件还可以通过与其他软件的联合仿真接口，实现机、电、液、气等多学科的联合仿真，以完成更复杂、更全面的分析。

1.2.5　EASY5

EASY5 工程系统仿真和分析软件是美国波音公司的产品，它集中了波音公司在工程仿真方面 25 年的经验，其中以液压仿真系统最为完备，它包含了 70 多种主要的液压原部件，涵盖了液压系统仿真的主要方面，是当今世界上主要的液压仿真软件。

EASY5 建立了一批对应真实物理部件的仿真模型，用户只要如同组装真实的液压系统一样，把相应的部件图标从库里取出，设定参数，连接各个部件，就可以构造用户自己的液压系统，而不必关心具体部件背后的繁琐的数学模型。因此，EASY5 的液压仿真软件非常适合工程人员使用。

1.2.6　DSHplus

1994 年，IFAS（国际流体动力学会）开发了一套完整的液压-气动-控制仿真软件 DSHplus。该软件面向原理图建模，具有图形建模功能。元件参数通过对话框设定，在图形建模的基础上，DSHplus 重点描述系统的功能单元（模拟重要因素）；采用的回路类推法让用户可轻松、方便地设计模拟模型；系统还拥有众多程序模块化的工具集，通过这些模块，工程人员可以方便地对系统进行优化、批处理。

1.2.7　20-sim

20-sim 是由荷兰 Controllab Products B. V. 公司与荷兰 Twente 大学联合开发的动态系统建模与仿真软件。

20-sim 支持原理图、方框图、键合图和方程式建模，并且支持几种建模方法的综合应用，以便以最适合的方法对仿真系统中的每一个元素进行建模。20-sim支持不同形式动态系统的建模，如线性系统、非线性系统、连续时间系统、离散时间系统和混合系统，还支持分层模型表示，也支持向量和矩阵运算。

1.2.8 AMESim

AMESim 是法国 IMAGINE 公司于 1995 年推出的基于键合图的液压/机械系统建模、仿真及动力学分析软件。该软件包含 IMAGINE 技术，为项目设计、系统分析、工程应用提供了强有力的工具。它为设计人员提供便捷的开发平台，实现多学科交叉领域系统的数学建模，能在此基础上设置参数进行仿真分析。

AMESim 软件中的元件间都可以双向传递数据，并且变量都具有物理意义。它用图形的方式来描述系统中各设备间的联系，能够反映元件间的负载效应和系统中能量、功率的流动情况。该软件中元件的一个接口可以传递多个变量，使得不同领域的模块可以连接在一起，这样大大简化了模型的规模；另外，该软件还具有多种仿真方式，如稳态仿真、动态仿真、批处理仿真、间断连续仿真等，这可以提高系统的稳定性和保证仿真结果的精度。

AMESim 采用标准的 ISO 图标和简单直观的多端口框图，涵盖了液压、液压管路、液压元件设计、液压阻力、机械、气动热流体、冷却、控制、动力传动等领域，能使这些领域在统一的开发平台上实现系统工程的建模与仿真，而成为多学科、多领域系统分析的标准环境，为用户建立复杂的系统提供了极大的便利；AMESim 仿真模型的建立、扩充或改变都是通过图形界面（GUI）来进行的，用户只专注于工程项目中物理系统本身的设计，不需要专门学习编程语言就可以直接进行建模和仿真分析；AMESet 给用户提供了标准、规范的二次开发平台，用户既能调用 AMESim 软件中模型的源代码，又能把自己编写的 C 或 Fortran 代码以模块的形式综合到 AMESim 软件包；AMESim 开发了 4 级的建模方式，分别为：方程级、方块图级、基本元素级和元件级；AMESim 提供了齐全的工具，为用户分析和系统优化提供了极大的便利；AMESim 具有多种仿真运行模式：动态仿真模式、稳态仿真模式、间断连续仿真模式以及批处理仿真模式，用户利用这几个模式能实现动态分析、参数优化和稳态分析；AMESim 软件可以使物理系统模型直接转换成实时仿真模型；AMESim 提供了 17 种优化算法，依照所建模型，用户能灵活地利用智能求解器挑选最适合模型求解的积分算法；为了缩短仿真时间和提高仿真精度，用户能在不同仿真时刻根据系统的特点动态切换积分算法和调整积分步长；为了与其他软件兼容 AMESim 软件提供了多种软件接口：如编程语言接口（C 或 Fortran）、控制软件接口（Matlab/Simulink 和 MatrixX）、实时仿真接口（RTLVab、xPC、dSPACE）、多维软件接口（Adam 和 Simpack、Virtual Lab Motion、3D Virtual）、优化软件接口（iSIGHT、OPTIMUS）、FEM 软件接口（Flux2D）和数据处理接口（Excel）等。其方法是：让子系统在专用软件下搭建，利用接口对子系统的结果进行仿真分析。

本书将主要介绍 AMESim 仿真软件在液压领域内的应用。

1.3　液压系统建模及仿真技术发展方向

现代液压仿真技术得到蓬勃发展，液压仿真软件也在工程实际中得到越来越广泛的应用。纵观计算机仿真和液压技术的最新进展，液压仿真软件主要有如下几个发展方向：

1）深入研究液压系统的建模和算法，开发出易于建模的液压系统仿真软件。模型是仿真的基础，建立正确的模型，能更深入、更真实地反映系统的主要特征，应大力发展建模技术，力求为系统设计和分析提供准确的依据，使系统仿真的精度和可靠性提高，系统工作能更真实地反映实际情况。

2）进行最优化设计的研究。系统仿真软件的优化设计包括结构设计的最优化、参数的最优化及性价比的最优化。可用现代控制理论和人工智能专家库设计系统结构，并确定系统参数，缩短设计周期，达到最优效果。

3）完善仿真模型库，增强液压仿真软件的通用性。在液压泵、液压马达、液压阀、液压缸和液压辅助元件等 5 类基本液压仿真元件的基础上，将在实际液压系统中经常用到的大量的液压元件和电气元件加到仿真模型库中；另外要改善液压仿真软件的移植性，开发通用接口，使不同的仿真软件对同一系统编写相同的仿真程序。

4）吸收多媒体技术，使液压仿真软件更加直观、实用。当前的液压仿真软件虽然已经实现了图形化界面，但对多媒体技术的支持还是很初步。多媒体技术特别是多媒体动画技术在计算机领域已经比较成熟，如果结合到仿真系统的实时动作和结果分析中，就可以动态直观地表示液压传动的内容，大大克服其抽象、复杂的缺点。

对比国外蓬勃发展的液压仿真软件，我国在这方面的研究是比较落后的。本书以 AMESim 软件为工具，介绍一些使用该软件进行液压系统仿真的经验和技巧，期望能为国内液压系统计算机仿真的应用尽一点绵薄之力。

第 2 章　AMESim 简介

2.1　概述

本书主要介绍 AMESim 软件在液压系统仿真中的应用，在介绍软件的具体操作方法之前，先从宏观上介绍一下 AMESim 的历史及其简介，以使读者能从总体上对该软件有一个基本的认识。

AMESim 最早由法国 Imagine 公司于 1995 年推出，2007 年被比利时 LMS 公司收购。

AMESim 即"多学科领域复杂系统建模仿真平台"。用户可以在这个单一平台上建立复杂的、多学科领域的系统模型，并在此基础上进行仿真计算和深入分析，也可以在这个平台上研究任何元件或系统的稳态和动态性能，例如在燃油喷射、制动系统、动力传动、液压系统、机电系统和冷却系统中的应用。面向工程应用的定位使得 AMESim 成为汽车、液压和航天航空工业研发部门的理想选择。工程设计师完全可以应用集成的一整套 AMESim 应用库来设计一个系统，所有的这些来自不同物理领域的模型都是经过严格的测试和实验验证的。

AMESim 使得工程师迅速达到建模仿真的最终目标：分析和优化工程师的设计，从而帮助用户降低开发的成本和缩短开发的周期。AMESim 使得用户从繁琐的数学建模中解放出来从而专注于物理系统本身的设计。基本元素的概念，即从所有模型中提取出的构成工程系统的最小单元，可使用户在模型中描述所有系统和零部件的功能，而不需要书写任何程序代码。

AMESim 正处于不断的快速发展中，现有的应用库有：机械库、信号控制库、液压库（包括管道模型）、液压元件设计库（HCD）、动力传动库、液阻库、注油库（如润滑系统）、气动库（包括管道模型）、电磁库、电动机及驱动库、冷却系统库、热库、热液压库（包括管道模型）、热气动库、热液压元件设计库（TH-CD）、二相库、空气调节系统库。作为在设计过程中的一个主要工具，AMESim 还具有与其他软件包丰富的接口，例如 Simulink、Adams、Simpack、Flux2D、RTLab、ETAS、dSPACE、iSIGHT 等。

通过 AMESim，用户可以从早期的开发阶段开始就能对智能的机电一体化系统的功能、性能进行分析。由于专注于实际物理系统，AMESim 将工程师从数值仿真算法和耗时的编程中解放出来。每一个模型提供了最基本的工程元件，这些元件可以组合起来，能够描述任何元件或系统功能。

AMESim 拥有一套标准且优化的应用库，拥有 4500 个多领域的模型。这些库中包含了来自不同物理领域预先定义好并经试验验证的部件。库中的模型和子模型是基于物理现象的数学解析表达式，可以通过 AMESim 求解器来计算。不同应用库的完全兼容省去了大量额外的编程。

例如，流体系统包括液压库、液压元件设计库、液阻库、注油库、气动库、气动元件设计库、混合气体库、湿空气等。

电的应用包括基本电子库、电磁库、电动机及驱动库、功率变换器库、汽车电气库、电化学库等。

发动机系统包括 IFP 驱动库、IFP 发动机库、IFP 排放库、IFPC3D 模块、1D 流体动力学库等。

热系统包括热库、热液压库、热液压元件设计库、热气动库、冷却库、空调库、两相流库等。

机械系统包括一维机械库、平面机械库、变速器库、凸轮和从动件库、有限元导入模块、车辆动力学库等。

控制系统包括信号及控制库、发动机信号发生器库等。

AMESim 已经成功应用于航空航天、车辆、船舶、工程机械等多学科领域，成为包括流体、机械、热分析、电气、电磁以及控制等复杂系统建模和仿真的优选平台。

使用 AMESim，可以通过在绘图区添加符号或图标搭建工程系统草图，搭建完草图后，可按如下步骤进行系统仿真：①拖动数学描述的图标元件到工作区；②设定元件的特征；③初始化仿真运行；④绘图显示系统运行状况。

1. 接口

标准 AMESim 软件包提供了与 MATLAB 的接口，这使用户有权使用控制器设计、优化工具和功率谱分析等。还有其他一些接口可用。

2. 方程

AMESim 用方程组来描述工程系统的动态行为，用计算机代码作为系统模型来执行。在系统内用方程和计算机代码构建各元件的模型，或子模型。AMESim 内有庞大的元部件子模型和图标符号库。

3. 标准库

标准库提供了控制和机械图标，子模型允许用户完成大量工程系统的动态仿真。另外，还有一些可选库，如液压元件设计库、液压阻尼、气动、热力学、热力液压、冷却系统、传动系统、输油等。

2.2　AMESim 软件包

2.2.1　AMESim

AMESim 是 AMESim 软件包的主产品。AMESim 是完成工程系统仿真的高级建模环境。使用 AMESim，用户可以：

- 创建一个新系统；
- 修改已经存在的系统方案；
- 更改元件后台的子模型；
- 加载 AMESim 系统；
- 改变参数和设置批运行；
- 执行标准或批运行；
- 绘制结果图；
- 完成线性分析；
- 完成活性指数分析；
- 输出模型用于在 AMESim 外运行；
- 完成设计探索研究。

2.2.2　AMECustom

AMECustom 是随着 AMESim 发行的。使用 AMECustom，可以定制子模型和超级元件。一个定制的对象是采用一个图标来表示的同属性的对象，只有允许修改的参数是可见的。在公开定制模型发布之前可以给复杂系统的元件进行封装编码加密。

2.2.3　AMESet

高级 AMESim 用户可以使用 AMESet 生成新的图标和子模型。AMESet 提供了综合的用户开发界面。

使用 AMESet，可以实现：

- 集成新的图标和子模型；
- 定制元部件应用库和子模型。

使用 AMESet 可以创建自己的元部件（或管路）的子模型，在自己的应用领域扩充 AMESim 的能力。

2.2.4　AMERun

AMERun 是没有方案模式和子模型模式的 AMESim。使用 AMERun，可以实现：

- 加载 AMESim 系统；
- 更改参数，设置批运行；
- 执行标准或批运行；
- 绘制结果图；
- 完成线性化分析。

但不能实现：

- 创建新系统；
- 修改现存系统的方案；
- 更改元部件后台的子模型。

AMESim 模型可以由有经验的 AMESim 用户创建并测试。AMERun 用户可以打开该系统模型以便进行研究。

第 3 章　AMESim 工作空间

本节将主要介绍 AMESim 库的基本使用方法，无论用户使用 AMESim 的目的是用来建立什么样的仿真系统（液压、机械、汽车），这些操作都是最基本的技能。用户应该在熟练掌握这些基本技能的基础上，再深入学习各个库的使用方法，才能达到举一反三、融会贯通的目的。

3.1　AMESim 用户界面

AMESim 用户界面是基本的工作区域，根据当前的工作模式，用户可以选择各种可用工具。这些工具主要包括：主窗口、主菜单、工具栏、鼠标右键菜单和各种库。

3.1.1　主窗口

启动 AMESim 后，其主窗口如图 3-1 所示。

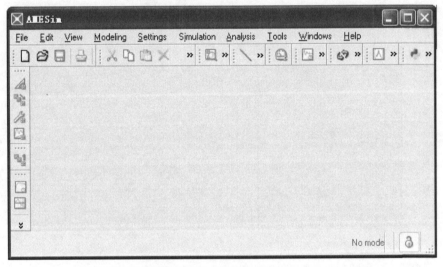

图 3-1　AMESim 的主窗口

关于主窗口上的各元素，类似其他 Windows 环境下的软件，在此不进行详细介绍。

3.1.2　工具栏

工具栏是用户完成特定操作的快捷方式，用户应该熟练掌握工具栏的使用方法。AMESim 主窗口的工具栏如下所述。

1. 文件工具栏

文件工具栏 ▯ ▱ ▤ ▤ 能完成的工作如下：

- ▯：启动系统，建立草图。

- ▱：打开一个已存在的文件，进行修改。

- ▤：保存文件。

- ▤：打印。

2. 编辑工具栏

编辑工具栏 ✄ ▯ ▱ ✕ ▱ 能完成的工作如下：

- ✄：剪切选择对象。

- ▯：复制选择对象。

- ▱：粘贴对象。

- ✕：删除对象。

- ▱：创建超级元件。

3. 操作模式工具栏

用户建立一个机电系统仿真模型的过程，实际上就是执行下面的流程：创建草图、为草图中的元件分配子模型、为子模型分配参数、仿真。用户要熟练掌握这 4 个过程，在不同的阶段，完成其对应的功能。这 4 个过程的切换主要是通过操作模式工具栏完成的。通常在没有完成上一个模式中的操作时，不要（系统也不允许）通过按钮切换到下一个工作模式。

点击操作模式工具栏 ▱ ▱ ▱ ▱ 中的不同按钮，可以切换到不同的工作模式。

- ▱：草图模式。该模式下可以利用库中的元件创建草图，草图即通常意义上的仿真模型。

- ▱：子模型模式。在该模式下可以为每个元件分配子模型。子模型是仿真系统的灵魂，子模型决定了仿真对象的全部特征，同一个元件可以对应多个子模型，子模型不同，元件的特性就不同。为元件选择子模型是一项技巧，用户在学习的过程中要注意总结归纳。同时，子模型的选择也反映了用户对系统的理解程度，和实际工程经验息息相关。

- ▱：参数模式。在该模式下，可以设置子模型的参数，也可以保存某个子模型的参数，然后应用在另一个子模型上。

- ▱：仿真模式。在该模式下，可以运行仿真并分析仿真结果。

4. 主子模型按钮

主子模型按钮也是建立仿真系统经常要使用的工具栏按钮，是为系统元件分配子模型的快捷方式。

当用户选择子模型模式 📇 时，主子模型按钮可用。

• 📇：主子模型自动为每个元件或没有指定子模型的连线设置最简单的子模型。值得注意的是，必须为所有的元件和连线设置子模型之后，才能进入参数模式。

5. 仿真工具栏

仿真工具栏 允许为系统仿真和分析结果设置选项。

• 时域分析。默认选项。

• 线性分析。单击该按钮后，会激活一个新的工具栏设置频域分析过程。

• 运行参数。单击该按钮会激发一个对话框，可以设置仿真参数。

• 开始仿真。在仿真的结尾，会显示一个运行结果窗口。如果仿真失败，该窗口中的信息对用户非常重要。

• 停止仿真。

6. 分析工具栏

分析工具栏 能完成的工作如下：

• 全局更新。更新系统中的所有曲线。

• 显示一个空的绘图窗口。用户可以拖拽变量到该窗口中以绘制图形。

• 打开 3D 动画窗口。

• 打开仪表盘窗口。

• 打开脚本配置窗口。

• 显示当前回路的 HTML 格式的报表。

• 重放按钮。

• 状态计数器。

• 设计探索按钮。

7. 线性分析工具栏

线性分析工具栏 能完成的工作如下：

• 特征值按钮。单击该按钮，打开线性分析——特征值对话框，显示雅克比矩阵文件的特征值。

• 模态振型。单击该按钮，打开模态振型分析对话框，以显示幅值观测器和雅克比矩阵文件的活力。

• 频率响应按钮。单击该按钮，打开频率响应对话框，允许用户创建

Bode 图、尼克尔斯图和奈奎斯特图。

- 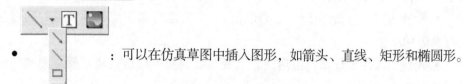：根轨迹按钮。单击该按钮，打开根轨迹对话框，允许用户创建根轨迹图。

8. 插入工具栏

插入工具栏 ＼·Ｔ　能完成的工作如下：

- ：可以在仿真草图中插入图形，如箭头、直线、矩形和椭圆形。

- Ｔ：插入文本工具，用来为草图添加标题和注释。

- ：向草图中插入图片。

9. 工具工具栏

工具工具栏 能完成的工作如下：

- ：单击该按钮，打开 Python 命令解释器。

- ：单击该按钮，打开表达式编辑器。

- ：单击该按钮，打开表格编辑工具。

3.1.3　库

在一定程度上，AMESim 之所以能够横跨多个领域进行系统的仿真建模，这得益于其功能强大、领域众多的标准库和扩展库。正是由于这些库的支持，才使得建立各种各样的机电系统仿真模型成为可能。用户在掌握基本建模技术的基础上，也要熟悉各个库的使用方法，这样才能建立出符合工程实际要求的机电系统仿真模型。

AMESim 的库主要包括标准库和扩展库。

1. 标准库

AMESim 的标准库由 3 部分构成。

- $\int dt$：仿真。包括用于分析运行状态、设置仿真参数、打印间隔、交互元件和 3D 模型的元件。

- ：信号、控制。包括系统所需的所有用于控制、测量和观测的元件。该库可以用来构建系统模型的方块图。

- ：机械。用于仿真机械系统，包括执行和旋转运动元素。

2. 扩展库

库是搭建不同系统仿真模型的基础，AMESim 默认提供了众多的库元件，主要包括以下几类：

- 机械：是 AMESim 其他库的补充。机械库通常独立用于完整的机械系统仿真，包括线性和旋转运动元素。

- 信号、控制：包含控制、测量、观察系统所需的所有元件，控制类库可用于创建系统方块图模型。

- 液压库：包括许多通用液压元件，适合进行基于元件性能参数的理想动态行为仿真。

- 液压元件设计库：包括任意机液系统的基本构造模块，模型图案的理解是非常容易和直观的。

- 液压阻尼库：创建大型液压网络，评价元件上的压力损失，修改系统设计。

- 气动库：包括元件级的模型来给大型网络建模和为设计复杂气动元件的基本元素。

- 气动元件设计：包括任意机械-气动系统的基本构造模块，模型图案的理解是非常容易和直观的。

- 热力学库：用于固体间的热交换模态建模，研究固体在不同热源下的热辐射。

- 液压热力学库：用于建模流体的热力学现象，研究这些流体在不同热源和功率下的热辐射。

- 气动热力学库：用于建模气体内的热力学现象，研究在不同热源下气体的热辐射。

- 热力液压元件设计库：用于研究系统内压力等级、流量分配、温度和流量的变化。

- 传动系库：用于建模动力传动系，或者完成手动、自动或专用齿轮箱的振动和损失效果。

- 机电库：包括构建诸如螺线管电磁回路所用的气隙、金属元件、磁学和线圈等元素，包括磁滞和电特性等动态效果。

- 电动机和电力驱动库：用于建模取代机械和液压驱动的汽车电动元部件。

- 平面机构库：用于二维物体动力学建模。

3.2　AMESim 的 4 种工作模式

前文在介绍 AMESim 工具栏时，已经介绍了与操作模式工具栏相关联的 4 种工作模式，本节将对这 4 种工作模式作进一步的详细介绍。

使用 AMESim，用户可以搭建草图，修改元件的子模型，设置子模型的参数，运行仿真。每一步都与 AMESim 的特定工作模式相对应，这 4 种工作模式为：

- 草图模式；
- 子模型模式；
- 参数模式；
- 运行模式。

本节介绍这 4 种工作模式的基本特征。

3.2.1　草图模式

用户启动 AMESim 时，就进入了草图模式。在草图模式用户可以：

- 创建一个新系统；
- 修改或完成一个已有的系统。

所有类库的元件都可用。草图模式是进行仿真的第一步。

3.2.2　子模型模式

当搭建完成系统后，用户就可以进入子模型模式，给系统元件选择子模型。若回路没有完成，就不能进入子模型模式，此时会显示如图 3-2 所示的对话框。

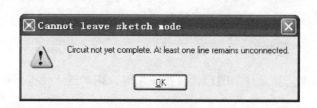

图 3-2　错误信息

在子模型模式，用户可以：

- 给每一个元件选择子模型；
- 使用首选子模型按钮；
- 删除元件的子模型。

3.2.3　参数模式

在参数模式，用户可以：

- 检查更换子模型参数；
- 复制子模型参数；
- 设置全局参数；

- 选择一个草图区域，显示出这一区域的通用参数；
- 指定批运行。

当进入参数模式时，AMESim 就编译系统，产生一个可执行文件，之后才可以进行仿真。通常运行之前，需要调整模型的参数。

3.2.4　运行模式

在运行模式，用户可以：

- 初始化标准仿真运行和批仿真运行；
- 绘制结果图；
- 存储和装载所有或部分坐标图的配置；
- 启动当前系统的线性化；
- 完成线性化系统的各种分析；
- 完成活性指数分析。

经过上述模式，用户已经准备了草图，设置了子模型和参数，接下来就可以进行仿真了。

3.3　技巧

本节介绍 AMESim 软件操作中的一些技巧，这些技巧都是建立 AMESim 模型中经常要用到的操作方法，用户应该熟练掌握。

3.3.1　插入一个元件

用鼠标在库中选择元件的图标，再按住左键，拖动到工作空间中即可。

3.3.2　旋转一个图标

当选定一个元件时，在将它添加到草图之前可能需要对它旋转或镜像。

要旋转一个元件，用户可以：同时按下 Ctrl + R，或者点击鼠标中键。

3.3.3　镜像一个图标

要镜像一个元件，用户可以：同时按下 Ctrl + M 或者点击鼠标右键。

3.3.4　删除元件

在草图内要删除图标，用户可以：

- 同时按下 Ctrl + X；
- 选择菜单中的"Edit"→"Cut"命令；
- 点击 Del 和 Enter 键。

3.3.5　端口

将元件连接在一起的接口点称为端口。质量块有一个端口，而弹簧有两个端口。元件的小绿方块表示已经准备好了连接，如图 3-3 所示。

有时元件也可以没有端口，它们不与任何元件连接。例如液压油特性元件，如图 3-4 所示。

图 3-3　端口的连接状态

图 3-4　无端口的元件

注：对 AMESim 来说并不是必须将端口都用线连起来。但是若用户喜欢，可以在端口之间加上线段，如图 3-5 所示。

图 3-5　用线连接起来的草图

对于液压系统线段就是管路，使用线段是必须的。在其他大多数情况，不用线段会给出一个更好的草图，如图 3-6 所示。

3.3.6　显示/消隐元件标注

在草图上点击鼠标右键，会出现一个快捷菜单，选择"Labels"出现一系列子菜单，如图 3-7 所示。

图 3-6　没用线连接起来的草图

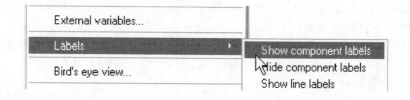

图 3-7　显示/消隐元件标注

如果选择"Show component labels"，则被选择的子模型中每一个元件都显示标注。

如果选择"Hide component labels"，则标注就消隐了。

对线段可以进行同样的操作。

3.3.7　在线帮助

如果用户需要就某些元件得到帮助，可以参考在线帮助：选择菜单中的【Help】→【Online】命令，如图 3-8 所示。

在线帮助即可显示出来，用户可以按窗口左面的目录结构选择需要的文件。

3.3.8　键盘快捷键

用户可能更喜欢使用键盘而不是鼠标，这里列出 AMESim 中可用的快捷键，如表 3-1 所示。

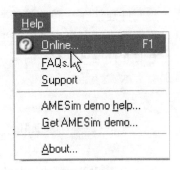

图 3-8　在线帮助

表 3-1　AMESim 中的快捷键

功能	快捷键	功能	快捷键
启动一个新系统	Ctrl + N	镜像	Ctrl + M
打开一个已有系统	Ctrl + O	旋转	Ctrl + R
存储系统	Ctrl + S	查找子模型	Ctrl + F
打印	Ctrl + P	将当前的选项复制为一个超级元件	Ctrl + W
退出	Ctrl + Q	唤醒所有图形	Ctrl + T
剪切	Ctrl + X	进入草图模式	F5
复制	Ctrl + C	进入子模型模式	F6
粘贴	Ctrl + V	进入参数模式	F7
显示当前辅助系统	Ctrl + D	进入运行模式	F8
选择所有	Ctrl + A		

3.4　入门

本节将利用 AMESim 创建几个简单的仿真模型实例，用户应该认真按照步骤去完成这些实例，从中体会 AMESim 软件的建模思路和操作技巧，为将来创建更加复杂的系统打下良好的基础。

要搭建一个系统，必须创建一个新空模型，然后才能在计算机上设计草图。

3.4.1　创建新草图

1. 打开一个空系统

要创建新草图，用户可以：

- 点击文件工具栏中的 ▯ 按钮；

- 同时按下 Ctrl + N；

- 选择菜单中的 "File" → "New" 命令。

出现如图 3-9 所示的【New】对话框。

点击 "OK" 按钮才能得到如图 3-10 所示的空系统。进行仿真的第一阶段就是搭建要研究的系统，通过挑选并把各个元件放置在合适位置即可搭建系统。

图 3-9　【New】对话框

图 3-10　空系统

2. 库/类库

在图 3-10 右侧的树形控件中，双击 "Mechanical"，弹出如图 3-11 所示的机械库。本例中将用到该库中的元件。

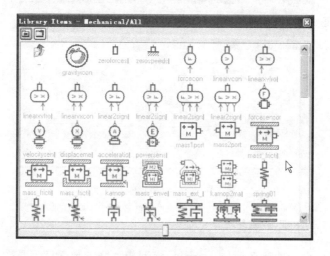

图 3-11　机械库

3.4.2　搭建系统

搭建系统的步骤如下：

1）在图 3-11 中找到下面的图标，拖动到工作空间中，如图 3-12 所示。

2）通过"旋转"和"镜像"方法及"拖动"并感应"端口"，连接这些图标，如图 3-13 所示。

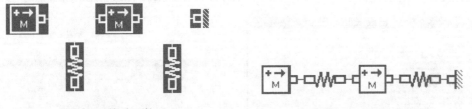

图 3-12　拖动元件　　　　　　　　　　　图 3-13　元件的连接

注意："旋转"和"镜像"一个图标、"拖动"并感应"端口"的具体方法，可以参考 3.3 节。另外，值得留心的地方是，当所有元件都正确连接完成后，将不再以深色背景的方式显示。

3）点击插入工具栏中的 Ⓣ 按钮，添加文字，如图 3-14 所示。

4）选择菜单中的"File"→"Save"命令，保存模型，输入文件名：MassSpring，如图 3-15 所示。

Mass Spring System

图 3-14　添加文字

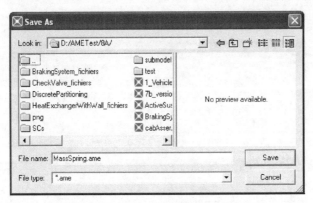

图 3-15　保存文件

3.4.3　给元件分配子模型

系统中每一个元件都必须与一个数学模型相关联，数学模型是数学方程的集合和一段计算机代码的可执行文件。

AMESim 的术语是把系统元件的数学模型描述为子模型，术语模型被保留为完整系统的数学模型。AMESim 包含一个大子模型集合。只要合适，子模型与元件是自动关联的。

1. 进入子模型模式

点击操作模式工具栏中的 ![] 按钮，显示屏将变成图 3-16 所示。

从图中可以看出，单端口质量块比较正常，而两个弹簧、双端口质量块都取它们的反色。这是由于只有单端口质量块、零速源有子模型与它关联，其他元件必须指定子模型。在 AMESim 内，一个元件可能有多个子模型与它关联，对于单端口质量块，只有一个子模型可用，零速源也一样，所以被自动关联。其他元件，有多个子模型可供选择，可以手工匹配。作为选配，我们让 AMESim 选择最简单的模型。这就是首选子模型功能的目的，将在本例中使用。

Mass Spring System

图 3-16　子模型模式

2. 使用首选子模型功能

点击工具栏中的 ![] 按钮。这时，所有元件都有正常的图标，表示它们都有子模型。在列表中，选择每一个元件的第一个子模型。为了检查匹配给元件的子模型名字，我们将在草图上把它们显示出来。

3. 显示/消隐元件标注

在草图上点击鼠标右键，弹出快捷菜单。选择【Labels】→【Show component labels】，则给每一个元件选择的子模型以标签形式显示出来，如图 3-17 所示。选择【Labels】→【Hide component labels】，则标注消失了。在这个阶段，这些名字对你没什么意义，但随着你变得越来越有经验，这些信息会越来越重要。

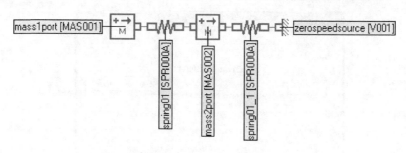

图 3-17　显示标签

3.4.4　设置参数

1. 进入参数模式

点击操作模式工具栏中的 ![] 按钮。AMESim 对系统执行各种检查并生成可执行码，系统编译窗口会给出一些技术信息，说明完成仿真必须解的方程，如图 3-18 所示。

本例有由微分方程定义的 4 个变量（即状态变量）和由隐含代数方程定义的非变量。

子模型后面添加了数字，被称为立即数，如图 3-19 所示。这种简化适合辨别同一个子模型的不同表现。

大多数 AMESim 子模型有一组参数与之关联，单端口质量块子模型用 kg 确定质量，弹簧用刚度确定。当 AMESim 用子模型与元件关联时，这些参数被设置为合理的默认值，现在必须把这些参数设置成真实值。

现在，你可以检查当前的参数设置并改变部分值。

图 3-18　系统编译窗口

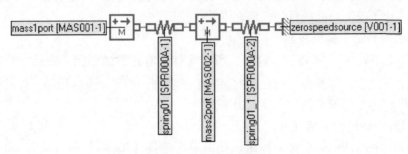

图 3-19　模型中的立即数

2. 改变参数

用鼠标双击单端口质量块，弹出改变参数对话框，如图 3-20 所示。

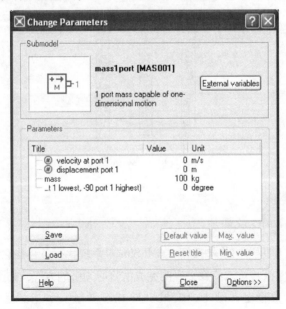

图 3-20　改变参数对话框

　　单端口质量块的子模型是 MAS001，是一个简单模型，它包括两个状态变量，即端口 1 上的速度和位移。显示窗的主要部分是描述参数的标题、当前值和单位的列表。如果要改变参数当前值，双击对应的位置，就可以在文本框中输入了。

3. 定义状态变量

　　状态变量由微分方程确定，在子模型内，还定义了这些状态变量的导数。将对如下形式的方程编码：

　　$\mathrm{d}x/\mathrm{d}t\ldots$

　　$\mathrm{d}v/\mathrm{d}t\ldots$

　　每一个状态变量都要给出初始值或启动值。

　　在这个例子中，我们必须给出时间 t 为 0 时的速度值 v 和位移值 x。

　　在本模式下，质量块有两个状态变量，完全模式有 4 个状态变量（见图 3-18）。

　　为得到更有趣的结果，我们将把速度初始值设置为 1m/s。

　　注意：对话框内有两列可编辑项，"Title" 列用于改变变量名，【Value】列用于改变变量值。确定端口 1 的速度值是高亮的，输入 1，按 Enter 键（只要必要，你也能给其他参数输入新值），点击 "OK" 按钮，如图 3-21 所示。

　　注意：你可以按相应的按键装载最小值、默认值或最大值，最小最大值只是指导性的，你可以设置超出这个范围的值。

3.4.5　运行仿真

1. 进入运行模式

　　点击操作模式工具栏中的 ⊞ 按钮，进入运行模式。

2. 检查设置运行参数

　　点击仿真工具栏中的 ⚙ 按钮，弹出运行参数对话框，如图 3-22 所示。

　　该对话框允许用户改变运行特性，显示窗由你可以改变的不同的数值组成，还包括一组选项卡。默认值被设置成最常用的值。

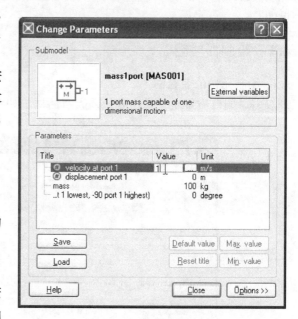

图 3-21　输入参数

　　你可以把最终时间换成 1.0s，通信间隔换成 0.01s。双击最终时间值，输入

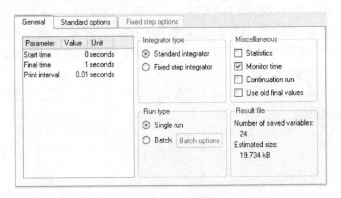

图 3-22　运行参数对话框

1.0；双击通信间隔值，输入 0.01；按 Enter 键，点击 "OK" 按钮后更改生效。

现在，运行参数设置好了，可以开始仿真了。

3. 开始仿真

点击仿真工具栏中的 按钮，开始仿真。本例运行很快结束，可以立即绘制结果图。

3.4.6　绘制曲线图

1. 绘制元件的变量图

双击单端口质量块，弹出变量列表对话框，如图 3-23 所示。

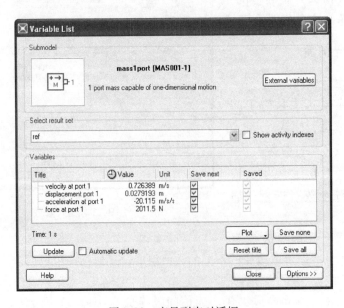

图 3-23　变量列表对话框

显示窗的主要部分是描述变量的标题、最终值和单位。选择"velocity at port 1"，在草图上拖拉并释放它或者点击"Plot"按钮，窗口显示如图 3-24 所示。

点击双端口质量块选择"velocity at port 1"并拖动，在包含第一个图的窗口内拖拉并释放它，图表更新为如图 3-25 所示。

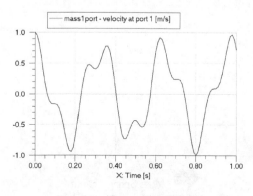

图 3-24　端口 1 的速度曲线

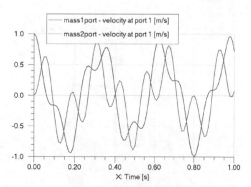

图 3-25　两条曲线的图标

2. 添加文本

选择菜单中的"Edit"→"Add text"命令，可以为图形添加文字。

3.4.7　使用重放功能

重放功能允许在草图上显示变量的变化过程，随后你可以对仿真过程所发生的事情进行可视化。

点击分析工具栏中的 按钮，弹出重放（Replay）对话框，如图 3-26 所示，有一组按钮，像收录机按键一样。

把"Unit"从 N 变成 m/s。

点击"Options"按钮，对话框展开，再点击"Symbols"，对话框再一次展开，可以把数字符号变成箭头符号，如图 3-27 所示。

点击"Options"按钮，减小重放对话框的尺寸。点击"Rebuild selection"按钮把更改考虑进来。

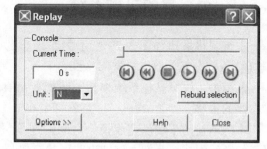

图 3-26　重放对话框

点击 ▶ 按钮，观察效果，如图 3-28 所示。

3.4.8　存储和退出 AMESim

1. 存储和关闭系统

选择菜单中的"File"→"Save"命令，存储你的系统。

图 3-27　修改符号图标

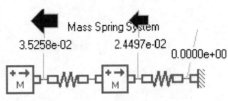

图 3-28　变化演绎过程

选择菜单中的"File"→"Close"命令，关闭文件。

2. 离开 AMESim

选择菜单中的"File"→"Quit"命令，离开 AMESim。

3.5　一个简单的机械系统

本练习将搭建如图 3-29 所示的系统。部分元件取自信号库（红色），部分元件取自机械库（绿色）。

该模型为汽车悬挂系统模型，我们要仿真汽车过台阶时轮子和车体的位移。

本练习使用了线段完成模型之间的连接。线段由与屏幕边缘平行的直线组成，我们本该把道路形状直接与一个机械元件连接，但是可能用线段连接更好。

3.5.1　创建模型

从元件库中拖动出元件，并连接好，如图 3-29 所示。

系统包含如下两个元件：

* 工作循环（duty cycle）符号；

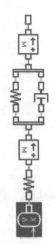

图 3-29　系统模型

● 物理单位（physical unit）符号。

这两个元件都以反色的形式显示，因为它们还没有被连接在一起。

将信号子模型和机械子模型相连需要一点技巧，下面将予以介绍。

3.5.2　创建一个线段

步骤 1：创建一个线段

线段将一个元件（源）与另一个元件（目的）连接起来，一条线段由一个或多个线段组成。

1）把鼠标放在元件的端口处，但不要在图标内部。

2）点击鼠标左键，鼠标变成十字形式。当用户移动鼠标时，线段随指针移动。线段方向要么垂直，要么水平。

3）要改变线段的方向，点击鼠标左键，然后向不同的方向移动指针即可。

4）将线段连接到目标元件的端口，将指针靠近端口。

5）点击鼠标左键。

如果在当前的模式下应用上述步骤，回路看起来如图 3-30 所示。

成功地添加一个线段后，接下来看如何移除它。

步骤 2：移除一个线段

（1）选中要移除的线段。

（2）按 Delete 键。

再次创建连接线段，使系统如图 3-31 所示。

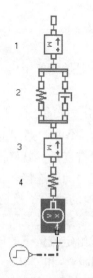

图 3-30　将两个元件连接起来

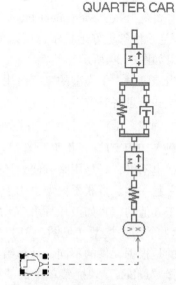

图 3-31　移动元件线保持连接

步骤 3：移动一个连接元件

有时元件连接错误或者看起来不美观，这种情况下，可以部分地重新连接系统：选择阶跃信号图标，向左移动一小段距离，如图 3-31 所示。

注意线是如何保持连接的，线段将跟随阶跃图标移动。

步骤 4：为草图添加文本

点击插入工具栏中的按钮 ⊤ 为草图添加标题，如图 3-32 所示。

3.5.3 显示草图上的标签

在任何工作模式下都可以显示标签。在草图模式和子模型模式下，标签显示子模型的标题（包括图标的名字，紧跟着在方括号中的名字）。在参数模式和仿真模式下，也显示实例的编号。

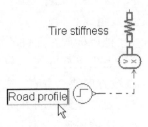

图 3-32　添加文本

步骤 1：设置子模型

1）点击操作模式工具栏中的按钮 █，仿真模型将会更新为如图 3-33 所示样式。

注意：只有阶跃图标以正常的样式显示时，才表明它同一个子模型相联系。其他的元件不以正常的样式显示，因为还没有子模型同它们相关联。

2）点击工具栏中的按钮 █，子模型将设置给没有子模型相关联的元件，同时线段也赋予了子模型。

步骤 2：显示/隐藏元件子模型标签和连线标签

1）点击鼠标右键，弹出"Labels"菜单。

2）选择"Show component labels"和"Show line labels"。

3）为了能够更好地显示，可以用右键菜单旋转标签。

结果如图 3-34 所示。

在当前阶段，子模型的名字对用户来说意义不大。但是随着用户变得越来越有经验，这些信息将非常重要。

在本例中，子模型是通过 █ 按钮选择的。同模型相关联的子模型是最简单的。

直联（DIRECT）子模型是直接连接的短线。这是一个非常通用的子模型，事实上什么也不做，只是用来方便设计：它没有参数也没有变量，就好像两个实体直接连在一起一样。直联子模型也用于机械和信号控制库之间的连接。

对于其他的库，如液压库和气动库，使用一些其他的线段子模型（不同于直联）。这些管道子模型（见图 3-35）更加复杂，因为有参数和变量同其相关联。它们的目的是根据元件的不同，计算给定压力下的流量或给定流量下的压力。

选择"Labels"快捷菜单中的"Hide component labels"和"Hide line labels"，隐藏标签。如图 3-36 所示，顶部和底部的子模型在功能上是一样的，但是顶部的

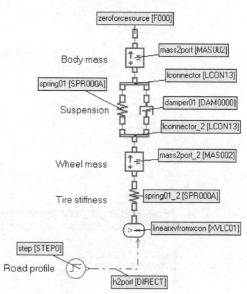

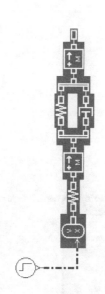

　图 3-33　没有设置子模型　　　　　　　　　图 3-34　直接子模型

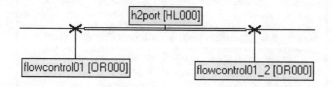

图 3-35　管道子模型的例子

子模型用了更少的连线。通常情况下，只有在必须的时候才使用连线。这将使仿真草图结构更加紧凑，不容易连错。

　　有两种情况需要连线：

　　● 需要管道子模型的情况，如图 3-35 所示。

　　● 在物理上不可能连接所有的端口，用户希望连接起来不留空隙。这时将缝隙用线段连接起来，然后使用直联子模型。

3.5.4　设置参数

　　1）点击操作模式工具栏中的按钮 🔧 。

　　2）保存系统为"QuarterCar"。

　　3）参考图 3-37：有 5 个显式状态变量，没有隐含变量。

　　4）当标签"Terminated"出现时，关闭窗口。

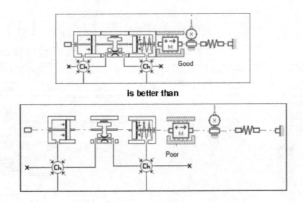

图 3-36　避免使用不必要的连线

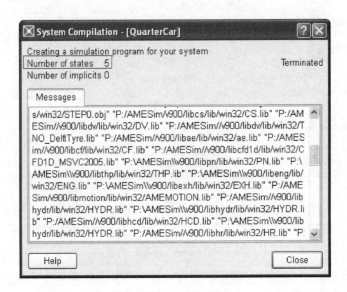

图 3-37　系统的信息

5）点击每一个元件，查看其当前参数。

点击元件，打开"Contextual view"（如果没有看见该窗口，可以通过选择菜单中的"View"→"Contextual view"命令打开），如图 3-38 所示。

双击元件打开"Change Parameters"对话框，如图 3-39 所示。

6）现在把精力放在上面那个质量块（见图 3-38）。

1. 最小值、最大值和默认值

1）在"Change Parameters"对话框或"Contextual view"中，点击一个参数。

2）尝试使用"Min. value"、"Default value"和"Max. value"按钮（在"Change Parameters"对话框中），或者从右键菜单中选择"Set min value"、"Default value"、"max value"（在"Contextual view"中），参数都会发生改变。

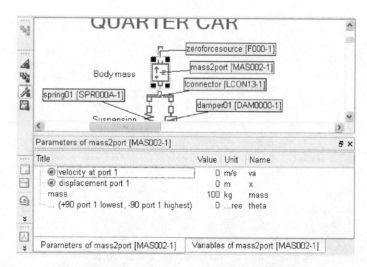

图 3-38　在"Contextual view"中显示当前参数

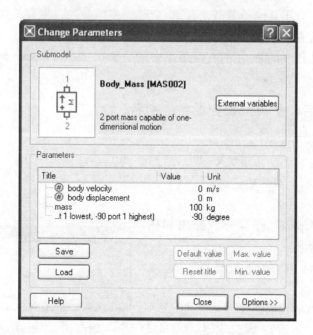

图 3-39　【Change Parameters】对话框

2. "Change Parameters" 对话框中的 "Options" 按钮

1）在"Change Parameters"对话框中点击"Options"按钮，最小值、最大值和默认值以及参数类型分别在几列显示出来，如图 3-40 所示。

2）再次点击"Options"按钮，对话框恢复到原来的形状。"External variables"按钮是用于"使用外部变量功能"的。

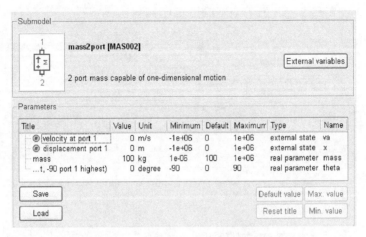

图 3-40　显示最小值、最大值和默认值等

"Load"和"Save"按钮是用于保存和恢复子模型参数的。当前子模型只有 4 个参数要设置。对于其他子模型,有 30 个或更多的参数,保存一组标准参数以便以后调用是很有意义的。

"Contextual Parameters"的右键菜单中的"Save/Load parameters"提供了相同的功能。

3.5.5　参数名、子模型和变量名的别名

1. 给质量块另起名

给质量块另起名的步骤如下:

1)选择模型上部的质量块。

2)右击鼠标。

3)选择"Alias"子菜单,弹出如图 3-41 所示的对话框。

4)在对话框的输入框里,输入"Body_ Mass"。

5)点击"OK"按钮。

6)给另一个质量块起名为"Wheel Mass"。

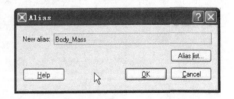

图 3-41　子模型别名对话框

7)点击"Alias list"按钮,得到已存在别名的列表,如图 3-42 所示。

用户也可以选择菜单中的"Modeling"→"Alias list"命令来完成该操作。

2. 给参数名起别名

给参数名起别名的步骤如下:

1)选择模型上部的质量块,双击打开"Change Parameters"对话框,如图

3-43所示，或者在"Contextual view"中
单击显示参数。

2）双击"displacement port 1"。

3）输入"body displacement"。

4）点击"Close"按钮。

5）选择另一个质量块。

6）双击"displacement port 1"。

7）输入"wheel displacement"。

8）点击"OK"按钮。

3. 给变量名起别名

给变量名起别名的步骤如下：

1）进入到运行模式。

2）选择模型上部的质量块。

3）双击"velocity at port 1"。

4）输入"body velocity"。

5）点击【OK】按钮。

6）选择另一个质量块。

7）双击"velocity at port 1"。

8）输入"wheel velocity"。

图 3-42　别名列表

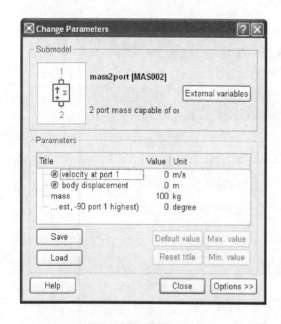

图 3-43　"Change Parameters"对话框

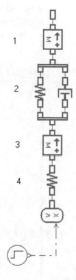

图 3-44　元件的编号

9）点击"OK"按钮。

在研究"外部变量"功能之前，应设置参数并运行仿真。

3.5.6　设置参数并运行仿真

1）在参数模式下，根据图 3-44 中元件号设置参数，见表 3-2。

表 3-2　参数设置

子模型	序号	标题 e	值
MAS002	1	mass［kg］	400
		inclination［degree］	−90
SPR000A	2	spring rate［N/m］	15000
MAS002	3	mass［kg］	50
		inclination［degree］	−90
SPR000A	4	spring rate［N/m］	200000
STEP0		value after step［null］	0.1
		step time［s］	1

其他元件保持它们的默认值。

2）点击操作模式工具栏中的按钮 ▨ 。

3）在运行参数对话框里，设置"Final time"为 5s、"Print interval"为 0.002s，如图 3-45 所示。

Parameter	Value	Unit
Start time	0	seconds
Final time	5	seconds
Print interval	0.002	seconds

图 3-45　设置最终时间和打印间隔

4）点击仿真工具栏中的按钮 ▨ 。

5）双击质量块元件，弹出如图 3-46 所示的变量列表对话框。

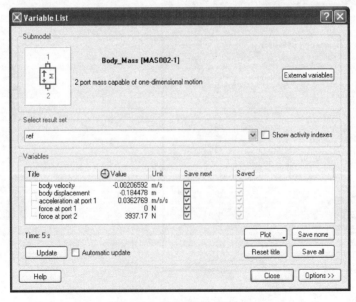

图 3-46　变量列表对话框

图 3-46 给出了与质量块子模型关联的变量列表，这些变量是可以绘图的。相同的列表也显示在"Contextual view"中，如图 3-47 所示。

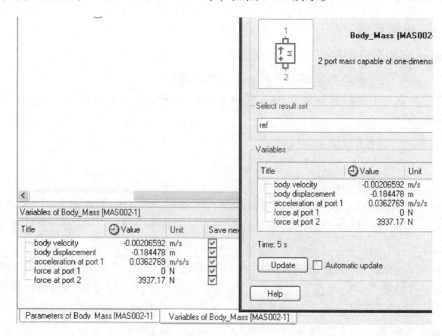

图 3-47　　"Contextual view"中的变量列表

紧邻变量名的是其最新值，临近"Variables List"对话框的底端给出了运行时间。

用户可以选择一些变量绘图，而且可以给它们起别名。

3.5.7　使用外部变量功能

1）在变量列表对话框中点击"External variables"按钮，弹出如图 3-48 所示的对话框。这个元件有 2 个端口，并与名字为 MAS002 的子模型相关联。

子模型 MAS002 和其他 AMESim 子模型要计算一定量，AMESim 会参考外部变量。如此，MAS002 需要其他外部变量的值，这些变量又要通过其他子模型来计算。由 MAS002 计算的外部变量是它的输出，那些需要用其他子模型计算的外部变量是它的输入。例如端口 1，有 3 个输出单位，分别为 m、m/s 和 m/s/s，1 个输入单位，为 N。

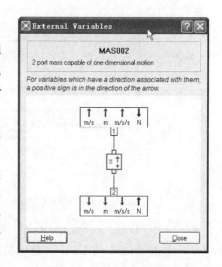

图 3-48　外部变量对话框

2）将光标移到每一个箭头上看相应标题显示如何。

3）关闭外部变量对话框。

3.5.8　绘制曲线

绘制曲线的步骤如下：

1）从车体质量块变量列表，点击车体位移变量。

2）在草图上拖拉并释放它，出现一个名称为 AMEPlot-1 的窗口，它包括变量相对时间的坐标图。

3）点击车轮质量块。

4）在变量列表对话框中选择车轮位移变量。

5）在 AMEPlot-1 图窗里拖拉并释放它。

6）对阶跃信号子模型和车体质量块进行同样的操作，结果如图 3-49 所示。

从这些曲线可以得出结论：这个模型没有从其平衡点起动。下面是寻找平衡点的方法。

首先我们必须考虑系统的输入。在系统草图中，有阶跃元件和相应的子模型 STEP0。这给系统一个干扰。用通常工程系统术语来说，这是系统的输入。没有这个输入，我们就会得到系统的自由响应，有了它，我们得到的是强迫响应。

接下来将进行仿真，产生自由响应，如果它停留在一个平衡位置，那就是我们要找的位置。我们可以通过进入参数模式，删除阶跃元件（或者通过设定阶跃值为零亦或通过将阶跃时间设置成无限大），然而 AMESim 提供了一个更容易的方式。

7）在运行参数对话框中，选择"Standard options"选项卡，如图 3-50 所示。

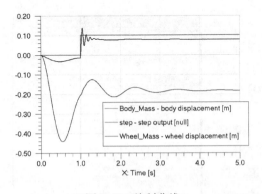

图 3-49　绘制曲线

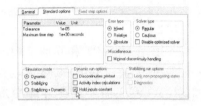

图 3-50　"Standard options"选项卡

8）选中"Hold inputs constant"复选框。

9）点击"OK"按钮 ，再启动仿真。

10）更新曲线，如图 3-51 所示。

如果比较图 3-51 和图 3-49，你会看到图 3-51 中，瞬时运动的第二拍几乎不存在，其值非常接近阶跃阶段之前的平衡位置值。如果我们将最终时间规定为 10s，这个值就会更准确。

11）保存系统。

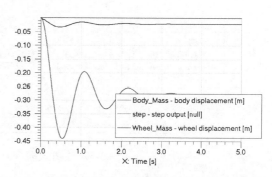

图 3-51　更新的曲线

3.5.9　更新曲线

1. 全局更新

如果用户同时有几个图形，可以使用全局更新按钮 ⟳ 或 F5 键更新全部图形。用户可以在不同的 AMEPlot 窗口中绘制几条曲线，改变 "Final time"，然后点击全局更新按钮或按 F5 键，所有图形的 X 轴都更新了。

如果用户选择了 "Update after simulation"，该选项不可用。

2. 仿真后更新

与每次仿真完手动更新绘图不同，用户可以通过选择菜单中的 "Analysis" →"Update after simulation" 命令，执行自动更新。

为了展示这项功能，用户可以绘制一些曲线，改变 "Final time"，确保选项"Update after simulation" 被选中，执行仿真。

（1）设置 "Final time" 为 5s，像先前的步骤一样绘制一些曲线。

（2）选择菜单中的 "Analysis" → "Update after simulation" 命令。

（3）设置 "Final time" 为 10s，运行仿真。

此时用户会观察到图形及 "Final time" 都自动更新。

3.5.10　输出数据到 CSV 文件

与在 AMESim 中绘制曲线不同，用户可以从 "Watch view" 中输出数据到 CSV 文件中，这使用户可以在第三方工具如 Excel 中使用 AMESim 数据。在这里我们演示将 "body displacement"、"wheel displacement" 和 "step output" 输出到 CSV 文件中，并在 Excel 中输出同样的曲线。

1）打开 "Watch view"，如果没有显示该面板，选择菜单中的 "View" →"Watch view" 命令。

2）拖动这 3 个变量到 "Watch view" 中。

3）右键单击 "Watch view"，选择 "Export variables to CSV file" 如图 3-52所示。

此时打开一个文件浏览窗口，用户可以指定输出文件的文件名、目标路径。

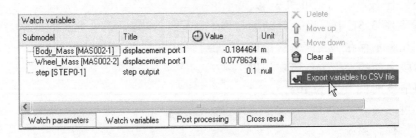

图 3-52　输出变量到 CSV 文件中

注意：在输出变量之前，用户不需要选择"Watch view"中的任何一项，所有显示的变量都自动输出。

4）在 Excel 中打开输出的 CSV 文件。使用 Excel 的图形工具，用户可以像在 AMESim 中一样在 Excel 中重新生成曲线。

3.5.11　使用旧的最终值

5s 之后系统几乎达到了平衡状态，因为其变量保持常值不变。

随后尝试"use old final values"功能，这一功能可以：提取上一次运行获得的值，并且可以使用它们作为下一次运行的初始值。

这个例子中，状态变量初始值（尤其是弹簧阻尼器和弹性接触）将收到系统平衡值。

具体操作如下：

1）打开"Run Parameters"对话框，如图 3-53 所示。

2）选中"Use old final values"复选框。

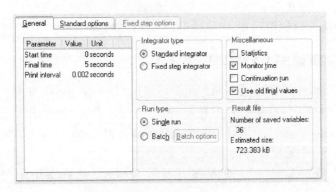

图 3-53　设置仿真选项

3）切换"Standard options"选项卡，撤销选中"Hold inputs constant"复选框，恢复输入。最终结果如图 3-54 所示。

通过在平衡位置开始仿真，已经删除了最初的瞬态阶段，但保持了第二阶段的瞬态过程。

这是获得平衡位置的安全又可靠的方式，然而对于一个大系统，额外的运行需要较长时间。另一种可行的方式是采用稳态仿真来获得平衡位置，将在第 4 章进行介绍。

3.5.12 查看图形

使用查看图形功能，用户可以得到更加精确的值，如图 3-55 所示。

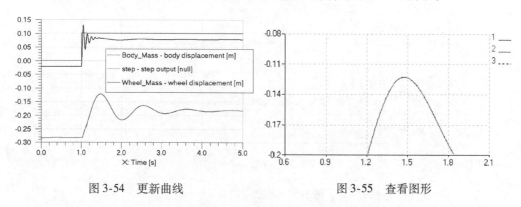

图 3-54　更新曲线　　　　　　图 3-55　查看图形

1）点击"Plot"窗口中的查看 🔍 按钮，或选择菜单中的"View"→"Zoom"命令。

2）在图片上点击鼠标，定位第一个拐角。

3）按住鼠标左键，移动鼠标指针到查看区域的另一个转角，释放鼠标，图形自动呈现。要显示原来的图形，可以执行以下操作：

① 点击自动调整按钮 🔍，或者选择菜单中的"View"→"AutoScale"命令。

② 点击图形。

3.5.13 继续运行

1）点击"Run parameters"按钮，将"Final time"设置为 10s，如图 3-56 所示。

2）选中"Continuation run"复选框，仿真会继续运行 5s，直到 10s。

图 3-56　设置参数

这项功能对长时间的仿真有帮助，用户可以不必从头开始仿真。

3）点击"OK"按钮。

4）点击开始仿真工具栏中的按钮 🔄。

要更新曲线，可以选择菜单中的"Tools"→"Update"命令，或者点击分析工具栏中的按钮 🔄，更新了的曲线如图 3-57 所示。

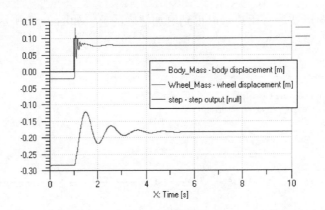

图 3-57　更新了的曲线

绘制其他曲线，注意系统是如何达到平衡位置的。

5）选择菜单中的"File"→"Close"命令，保存关闭系统。

3.6　使用隐含变量的系统

目的：

● 使用信号端口的特性；

● 使用隐含变量搭建一个模型，如图 3-58 所示。

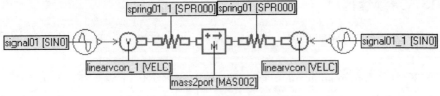

图 3-58　包含隐含变量的模型

1）创建如图 3-58 所示的系统。

2）使用"Premier Submodel"功能。

3）在参数模式下，保存模型为"Signal_ Port"，并改变左侧正弦波的频率为 0.5Hz。

4）使其他参数保留在它们的默认值。

注意：弹簧子模型现在是 SPR000，而在以前的所有例子中，都是 SPR000A。

在进一步练习之前，将看到为什么必须用 SPR000 而不是 SPR000A；将对信号端口做一些观察。

3.6.1 一个图标的多个子模型

在 3.5.7 节中，我们已经知道如何检查子模型的外部变量，这项技术可以帮助我们看出图 3-59 的外部变量。在 "QuarterCar" 中，XVLC01 和 SPR000A 的外部变量如图 3-59 所示。

重要的是，MAS002 和 XVLC01 为 SPR000A 既提供了以 m/s 为单位的速度量，又提供了以 m 为单位的位移量。相对而言，VELC（见图 3-60 左侧）只提供了以 m/s 为单位的速度量，因此 SPR000A 不能在本例中使用。

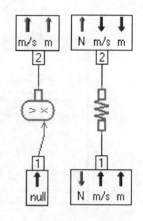

图 3-59 XVLC01 和 SPR000 的外部变量

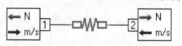

图 3-60 VELC 和 SPR000A 的外部变量

庆幸的是存在一个弹簧子模型，SPR000 并不需要速度量，【Premier Submodel】功能就选择了这个子模型。这是一个图标与多个子模型关联的实例。

3.6.2 信号端口

具有信号端口的元件可以与其他元件的任何端口连接，AMESim 约定所有信号量纲为 null，可以与其他任何单位匹配。

因而图 3-61 所示系统与上面的系统是完全等同的，因为 SIN0 子模型的输出量纲自动从 null 转换成 m/s。

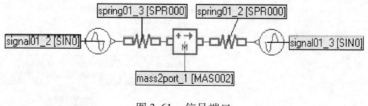

图 3-61 信号端口

第 1 步：构建模型

1）返回到草图模式，删除 VELC 子模型，成为图 3-61 所示的形式。

2）进入参数模式。

第 2 步: 给质量块不同的值

默认的质量为 100kg。

1) 运行一次。

2) 记录下"Simulation Run"对话框给出的 CPU 时间, 如图 3-62 所示。

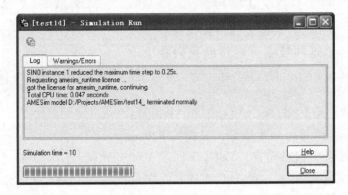

图 3-62　CPU 时间

3) 将质量从 1kg 变到 0.001kg, 重复计算。

可以发现质量变小时, 运行所需时间变长。另一点非常有趣, 即作用在质量块上的力。

第 3 步: 绘制两个力

1) 设置质量为 0.001kg。

2) 进入仿真模式, 点击分析工具栏中的按钮 ⊠ ▾ 。

3) 把两个力画在同一幅图上, 如图 3-63 所示。

第 4 步: 绘制两个力的差值

1) 从"Watch parameters and variable"窗口中选择"Post processing"选项卡。

2) 右击, 选择"Add", 在窗口中出现一个新行, 如图 3-64 所示。

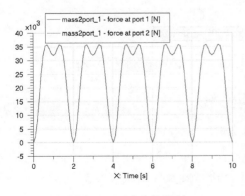

图 3-63　两个力的绘制

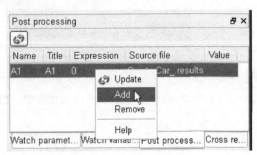

图 3-64　Add 操作

3）编辑标题为"Force difference"。

4）在"Contextual view"中选择质量块。如果"Context view"没有显示，使用"View"菜单来显示它。

5）在"force at port2"上右击，选择"Copy variable path"，如图 3-65 所示。

6）点击"Post processing"选项卡中的"Expression"区域，粘贴"variable path"到该区域中，如图 3-66 所示。

7）在变量"force at port1"上右击，选择"Copy variable path"。

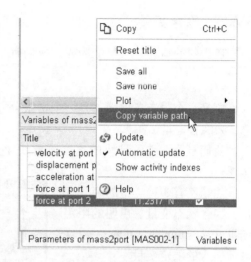

图 3-65　复制变量路径

Name	Title	Expression	
A1	Force difference	fb@mass2port	...

图 3-66　粘贴变量路径

8）再次点击"Post processing"选项卡中的"Expression"区域。

9）用键盘在"force at port2"之前输入一个减号。

10）粘贴"force at port1"变量到减号之后。

11）拖动"Force difference"变量到草图中生成一个图形，如图 3-67 所示。新图形为这两个力之间的差值。

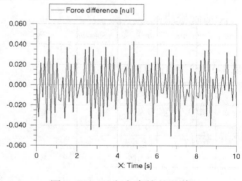

图 3-67　两个力直接的差值

在子模型 MAS002 内部实现了如下公式：

$$\frac{\mathrm{d}v}{\mathrm{d}t} = \frac{force}{mass}$$

我们称上面的方程为常微分方程（ordinary differential equation），速度 v 为状态变量。

随着质量趋于零，净力必须也趋于零。这就是为什么当质量为 0.001kg 时，作用在质量块上的力的差值如此之小。

3.6.3　隐含变量

在极限的情况，质量变为零，我们有

$$net\ force = 0$$

这是一个限定条件而不是一个常微分方程。该方程被称为微分代数方程，我们称 v 为隐含变量。

我们打算调整质量块的速度试着使净力为零。这个想法在子模型 MAS000 中实现。

注意：有 3 种类型的隐含变量：隐含状态变量、声明的限定变量（constraint variable）、由代数环引入的限定变量。

1）在子模型模式下，改变 2 端口质量块的子模型为 MAS000，然后切换到参数模式。

"System compilation" 窗口记录下有一个隐含变量，如图 3-68 所示。

这是质量块的速度。

2）返回仿真。运行非常快。表 3-3 列出了典型的仿真时间。

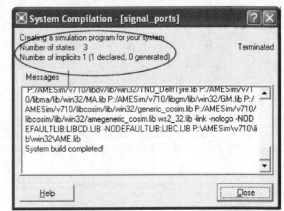

图 3-68　隐含变量

表 3-3　典型的仿真时间

子模型	质量/kg	CPU 时间/s
MAS002	100	0.015
	1	0.08
	0.001	1.9
	0	0.015

如果工作正确，作用在质量块上的力的差值为零，如图 3-69 所示。

在这个线性的例子中，隐含变量工作得很好。隐含变量在许多领域中都可以很好地工作，但在液压领域中及其不可靠。

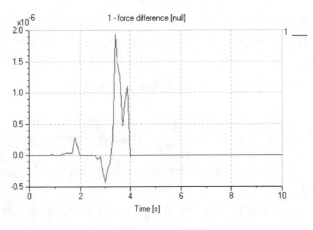

图 3-69　力的差值

3.7　含有代数环的系统

目的：构造一个含有代数环的模型（也称为隐形环）。

下面是一个代数环实例。

1）创建如图 3-70 所示的系统。

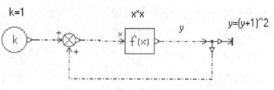

2）设置如表 3-4 所示的参数，其他参数保留默认值。

k=1
x*x
y=(y+1)^2
k
f(x)
y
x

图 3-70　带有代数环的系统

表 3-4　设置参数

子模型	标题	值
FX00	Expression in terms of the input	x * x

因为 $y=x^2$，$x=y+1$，AMESim 解方程 $y=(y+1)^2$ 没有实数解。如果运行它，AMESim 会给出如图 3-71 所示的错误信息。

Log
Warnings/Errors
No good solution obtained for stabilizing/consistent starting values run.
Warning stabilizing/consistent starting values run may have been unsuccessful.
Examine results carefully!
Error detected in DASSL
At t=0 and step size h=0 the corrector has failed to converge repeatedly.
Did not complete the solution
AMESim model /home/cwr/oliver/discrete/implicit_ did an abnormal exit!

图 3-71　错误信息

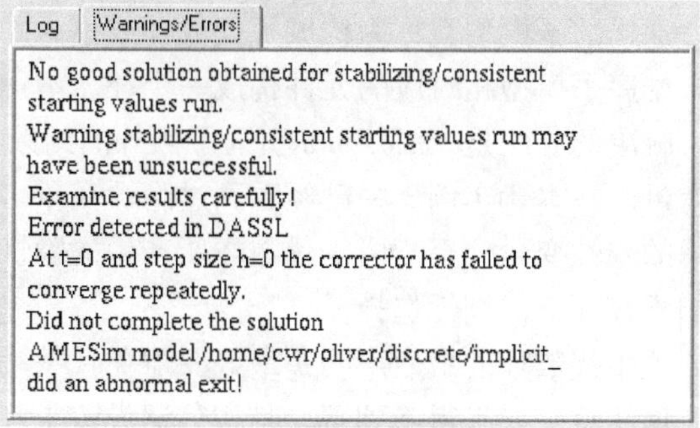

3.7.1　改变参数

返回到当前的实例，在参数模式下改变如下参数：

1）在 FX00，设置表达式为 2 * x +4，意思为 2 ×x +4，系统有唯一解，求解没有任何问题；

2）设置表达式为（x -1）* *2，意思为（x -1)^2。

现在要解的方程为 $y^2-y=0$，显然有两个解。AMESim 将找到其中的一个。

3.7.2　简单说明

到此必须解释一下所发生的情况。这里使用的子模型是极其简单的，整个模型包含的只不过一个加法和一个乘法！没有导数，因而没有状态变量。当改变到参数模式时，就会注意到有一个隐性变量，如图 3-72 所示。

System Compilation - [algebraic_loop]
Creating a simulation program fcr your system
Number of states 0
Number of implicits 1
Terminated

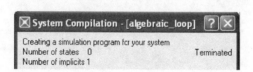

图 3-72　一个隐性变量

　　如果在仿真领域有丰富的经验，可能已经知道答案。这是一个典型代数环，也是众所周知的隐性环；如果对仿真不熟悉，还需要一个简单的说明。

　　搭建的模型包含一组子模型集合，这些子模型最终是一段计算机代码，当模型运行时每一个子模型有一个被调用的功能（或子程序）。实际上，积分器以特定的顺序调用组成模型的所有子模型，以确定特定时刻模型的状态。简而言之：子模型函数取其输入，并由它们计算出它的输出。

　　在试图计算输出之前就知道输入自然是个好想法！这就要求 AMESim 和其他类似软件必须把子模型按照一定的顺序排序，以便调用某个特定子模型时其所有输入都是已知的。

　　通常这是可以做到的，AMESim 库就是这样构造的，以使这种理想情况尽可能实现！

　　然而有时也是不可能的。常常是子模型的一个子集可以成功排序而另外一些却不能。不管调用哪一个，至少有一个输入是未知的。

　　这样的子模型就称为构成了代数环或称为隐性环。通常在系统方案上可以看到与未排序子模型相对应的元件构成一个环。本例中就是这样。

　　解决的方法是，AMESim 引入了额外的约束方程。每一个约束方程需要一个隐性变量。在本章实例 3 中已经看到过隐性变量。这些是在子模型中声明的经过深思熟虑的隐性变量。至于由于代数环所产生的隐性变量的情况，这完全是意外。宁愿它们不存在，但别无选择。

　　关于代数环的最后声明：最好要避免代数环，但是完全避开是不可能的。

　　请注意：如果得不到解，是积分器失败了呢？还是方程本身真的没有解？通常很难回答这个问题。如果得到了一个解，它是唯一解吗？如果有多个解，得到的是正确解么？通常，在数字上得到一个解没有任何问题，必须依靠物理分析来看这个解是否合理，当然这对仿真来说总是正确的。

第4章 高级实例

4.1 四分之一车

本实例的目的：
- 显示系统的状态变量；
- 用稳态运行查找初始值；
- 在图形比较中，使用保存和装载数据；
- 给曲线添加文本；
- 展示"Result Manager"的使用方法。

4.1.1 状态计数功能

利用状态计数功能可以发现仿真中显示的状态变量（显性的或隐性的或约束的）中哪些是降低仿真速度的变量，该功能也可以用来快速观察状态变量的标题。

积分过程要以时间为步长进行直到仿真的最后，在每一个时间步长，都通过一个迭代过程来确定状态变量在新时刻的值。在该时间步长内，这一迭代过程必须收敛，以保证能成功运行。此外，在每一步之后，都要基于运行参数对话框指定的允许误差进行误差检测。在某特定的步长，一些状态变量可能很容易满足收敛条件和误差检测，而其他变量则勉强通过检测。

在每一个迭代步，AMESim 会记录难以满足检测条件的状态变量。在仿真模式下，点击状态计数器按钮 ▥，会弹出状态计数器对话框。该对话框所包含的信息对于确定减慢仿真过程的原因非常有用。

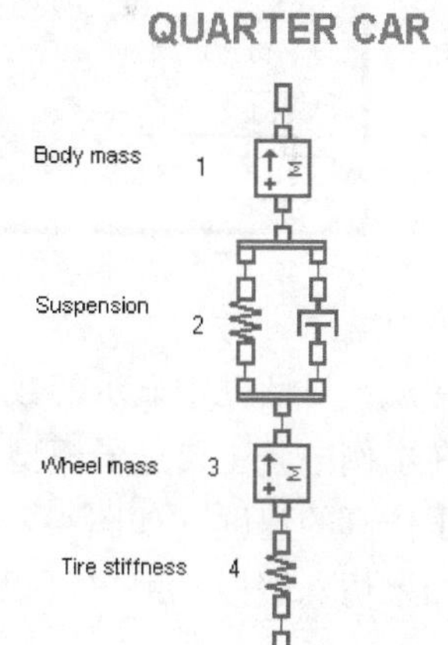

加载已经创建的"QuarterCar. ame"文件，并启动，如图4-1所示。

为确保该实例所描述的过程具有实际意义，在参数模式下设置如表4-1所列数值。

图4-1 四分之一车系统

表 4-1　参数设置

子模型	序号	标　　题	数值
Body_Mass/MAS002	1	body velocity	0.0
		body displacement	0.0
SPR000A	2	spring force with both displacements zero	0.0
Wheel_Mass/MAS002	3	wheel velocity	0.0
		wheel displacement	0.0
SPR000A	4	spring force with both displacements zero	0.0

进入仿真模式，打开运行参数对话框，确保"Standard options"选项卡中的"Hold inputs constant"没有被选中。现在运行一次仿真，然后点击状态计数器按钮，弹出如图 4-2 所示的状态计数器对话框。

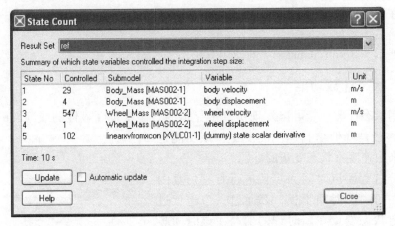

图 4-2　状态计数器对话框

注意：对话框中显示的数值可能因为用户运行的平台不同而有不同。

在本例中，主要是子模型 MAS002（Wheel Mass）中的 wheel velocity 状态变量降低了仿真的速度（如图 4-2 中所示为 547 次）。

如果仿真缓慢，用户可以点击"Update"按钮或选中"Automatic update"复选框。

用户可以点击"Controlled"列标签来重新排列对话框中的状态变量的显示顺序。

如果用户双击列表中的一个选项，AMESim 会在工作空间中相应地标示出来对应的元件，如图 4-3 所示。

动态仿真运行 5s，车体的速度和位移曲线如图 4-4 所示。

图中运动状态分为两段：

1）车体在阶跃发生前寻找平衡位置，就好像车体被举高在悬挂上，弹簧和轮胎处于放松状态只接触地面，然后在遇到阶跃前有一个突然释放，给出很瞬态的过程。

QUARTER CAR

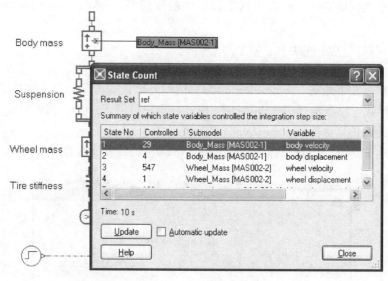

图 4-3　搜索功能

2）阶跃到达之后，车体又寻找一个新的平衡位置。

在前面的章节中，已经介绍了如何使用两次动态仿真来消除这种瞬态现象。在第一次运行时，使输入信号保持为初始常值来获得自由响应（自由平衡）。在第二次运行时，把第一次运行结束时刻的结果作为初始值。这是迄今为止获得平衡位置最安全叮靠的方法。然而，对于一个大系统，初始化运行往往需要很长时间。另外一个可选择的、可行又快捷虽然欠可靠的方法是使用稳态运行。

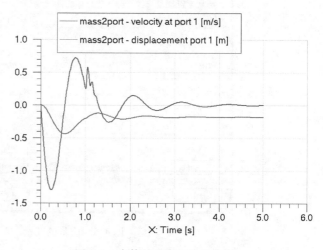

图 4-4　车体的速度和位移曲线

4.1.2　动态运行和稳态运行

有时会有一个非常大的系统，动态运行需要很长时间，我们更愿意在平衡状态对系统开始仿真而不想花长时间去等待动态仿真的结束。

1）在参数模式下，设置阶跃值为 1。

2）在运行模式下，点击仿真工具栏中的按钮 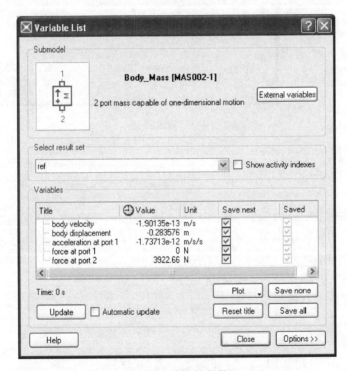，弹出"Run parameters"对话框。

3）设置"Print interval"为 0.002s。

4）选择"Standard options"选项卡。

5）观察左下角的"Simulation mode"区域。默认的情况下，该区域选择"Dynamic"模式，没有选择"Stabilizing"模式。用户可以选择其一或者两者都选择。

6）此次仿真选择"Stabilizing"单选按钮。

7）运行仿真，检查车体质量（Body_ Mass）的结果，如图 4-5 所示。

图 4-5　质量的变量

此时你会发现，速度值和加速度值为负值，车体在平衡位置。车体下降的位移大约为 $\dfrac{400 \times 9.81}{15000}\text{m} + \dfrac{450 \times 9.81}{200000}\text{m} = 0.283672\text{m}$。注意，此时无法画出曲线，因为没有足够的数据。

还要注意一组意思几乎相同却易混淆的术语：

- 稳定化（stabilizing）运行；

- 稳定状态（steady-state）运行；

- 自由响应（free response）运行；

● 平衡位置（equilibrium position）运行。

稳定化运行是 AMESim 首选的状态。在该状态下可以通过状态变量进行更精确的定义。

1. 状态变量

AMESim 使用一个非常广泛的状态变量的定义，如果状态为 y_i, $i = 1$, $\cdots$, N, 那么一个状态如表 4-2 所示。

表 4-2 状态变量

类型	描　　述	例　子
显性变量	状态由一个初始值和导数 $\dfrac{dy_i}{dt}$ 的显性表达式定义	$\dfrac{dv}{dt} = \dfrac{F_1 + F_2}{M}$
隐形变量	状态由一个初始值和导数 $\dfrac{dy_i}{dt}$ 的隐性表达式定义	$F + C\dfrac{dx}{dt} + K\dfrac{dx}{dt}\left|\dfrac{dx}{dt}\right| = 0$
一个约束	状态由一个不包含导数 $\dfrac{dy_i}{dt}$ 项的代数表达式定义	在 $F_1 + F_2 = 0$ 的条件下求 v

在动态运行的情况下，积分器试图以时间为变量求解这些状态变量。

成功的稳定化运行将得到一个平衡位置。在一个平衡位置，如果所有的输入保持定值，状态变量也保持定值，它们的导数也保持定值。

让我们继续当前的例子。

1）设置信号源"value after step"为 0.1。

2）打开"Run Parameters"对话框，选择"Standard"选项卡，在"Simulation Mode"中选择"Stabilizing + Dynamic"单选按钮。

3）运行仿真。

4）绘制车体的位移和速度曲线，如图 4-6 所示。

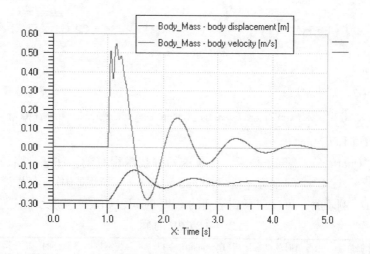

图 4-6 车体的位移和速度曲线

仿真运行的结果是正确地生成了一个平衡位置，在运行的初始阶段给出了由阶跃响应所引起的动态位移。我们有两种方法从平衡位置开始仿真：

1）使用"Hold inputs constant"结合使用"Use old final values"方法。

2）使用"stabilizing run"。

这两种方法都是有用的。第一种达到平衡的方法利用系统的固有特性。换句话说，即利用了系统的自由响应。第二种方法使用了更为先进的策略。表4-3总结了相关的要点。

表 4-3　从平衡位置开始仿真的两种方法

	保持输入为定值	稳定化运行
可靠性	如果系统是稳定的，该方法通常是可靠的	此方法不一定有效，并且即使是有效的，也可能不能从初始值得到一个平衡位置
解的唯一性	通常如果有解，不会随着参数（如积分误差）的变化而发生显著的变化	如果有多个平衡位置，通常很难进一步告之将发现哪一个解
CPU 时间	非常长	如果采用该方法，时间非常短
利于收敛的参数	可以调整所有的动态运行参数：误差、误差的类型、最大步长、标准的/谨慎的、终值	下面的参数会影响能否成功运行及运行时间：误差、误差类型、标准的/谨慎的

下面给出这些要点的简要解释。

2. 平衡位置的唯一性

为了说明不存在唯一的一个平衡点，我们来举两个例子。

图4-7是一个非平衡状态。稳定化运行必然失败。

这里系统有多个平衡状态，换句话说，有无数个平衡位置，如图4-8所示。稳定化运行找到这些平衡位置中的一个。使用"Hold inputs constant"方法可以从起始位置找到一个平衡位置。

图 4-7　非平衡状态　　　　　　图 4-8　无数个平衡位置

不要认为找到一个稳定状态解比求解一个动态运行要简单，通常情况下前者更难。

3. CPU 时间

对于"QuarterCar"例子来说，比较这两种技术很有趣。注意，当仿真运行完成时，估计的 CPU 时间显示在"Simulation Run"对话框中。当我们仿真运行"QuarterCar"例子时，可以记录到下面的 CPU 时间，如表4-4所示。

表 4-4　CPU 时间

	保持输入为衡值时的动态运行（Dynamic run）	不带动态运行的稳定化运行
CPU 时间	0.125s	0.015s

在"QuarterCar"例子中，稳定化运行更加高效，但其他的例子可能正好相反。

4. 求解器类型：常规的（Regular）/谨慎的（Cautious）/关闭的（Disabled）

上述选项在"Run Parameter"对话框的"Standard options"选项卡中，如图 4-9 所示。

在数值算法中，通常需要在速度和可靠性之间做出折中。当选择"Regular"选项时，AMESim 求解器将更倾向于快速求解。选择"Cautious"，将选择更慢更稳健的求解方式，但这将导致 CPU 时间更长。上述选项可以应用于"stabilizing"运行和"dynamic"运行方式，但是对前者影响更大。

对于指定的系统，"Regular"选项比"Cautious"选项更加可靠。

如果用户选择"Disabling optimized solver"，并且书写的子模型遵循 AMESim 手册中的规定，使用该选项的计算速度将比较好。但是，如果打破了 AMESim 的规则，求解可能更慢。既然这样，当选择"Regular"选项或者"Cautious"选项时，用户可以不选择"Disabling optimized solver"。

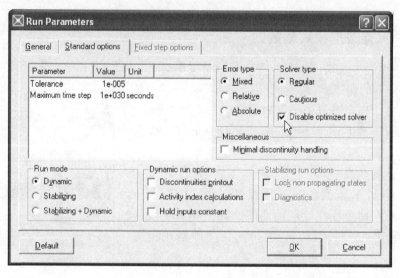

图 4-9　"Run Parameters"对话框

5. 稳定化运行诊断

在当前的例子中，"stabilizing"运行得非常好。但是，有时该运行可能失败。这时，AMESim 可以显示一些诊断信息。要想选中这一选项，可以单击"Run Parameters"对话框中的"Standard options"选项卡，在"Stabilizing run options"区域中选中"Diagnostics"复选框，如图 4-10 所示。

当以"stabilizing"选项运行时，对所求方

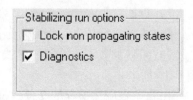

图 4-10　"Diagnostics"复选框

程的雅可比矩阵的结构进行分
析。雅可比矩阵的维数等于系
统中状态变量的个数 N。系统
将计算雅可比矩阵的秩，如果
秩小于 N，将显示一些信息。
图 4-11 显示的信息是改进版
本的"QuarterCar"系统。

注意：关于"locked vari-
ables"的信息，在下面的章节
中会进行介绍。

Log	Warnings/Errors

Linearization indicates that the system with
current locked variables and starting values
may not be solvable.
There are 7 states. Rank of Jacobian is 5.
Cannot solve for state 2: Body_Mass body displacement [m]
Cannot solve for state 6: Wheel_Mass wheel displacement [m]
With state 2 locked rank of Jacobian is 6
Body_Mass body displacement [m]
With state 6 locked rank of Jacobian is 6
Wheel_Mass wheel displacement [m]
Will try to do run anyway!

图 4-11　雅可比矩阵的秩小于 N

6. 得到平衡位置的推荐策略

通常有经验的 AMESim 用户使用"stabilizing"运行方式。如果这种方式失败，
用户可以试用"Hold inputs constant"选项，如果还是失败，系统可能没有稳定平
衡点。

4.1.3　保存数据和装载数据

用下面的方法来比较车体在动态运行（dynamic run）下和稳定化运行（stabili-
zing run）下的曲线。

1）在"Run Paralneters"对话框中，选择"Stand-
ard options"选项卡，然后点击"Dynamic"单选
按钮。

2）运行仿真。

3）绘制车体的位移，用菜单中的【File】→
【Save data】命令保存绘制的曲线，如图 4-12 所示。
此时将弹出一个对话框，让用户定义文件格式和文
件名。

4）输入一个合适的名字，如：disp。

5）选择"Plot data"单选按钮，如图 4-13
所示。

图 4-12　保存曲线的数据

6）单击"Save"按钮。

7）返回"Run parameters"对话框，选择"Stabilizing + Dynamic"仿真模式。

8）重新运行仿真，将更新车体位移曲线，此时原曲线将被新的曲线所取代。

9）重新加载刚才绘制的曲线，选择菜单中的【File】→【Load data】命令，如
图 4-14 所示。

10）选择刚才保存的文件"disp"。

此时可看到原来的曲线和新绘制的曲线画在同一幅图形中，如图 4-15 所示。

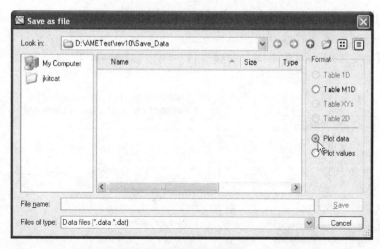

图 4-13 保存文件对话框

图 4-14 选择打开文件装载刚才保存的曲线

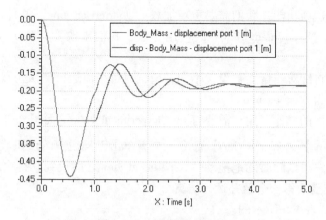

图 4-15 两幅图形的比较

4.1.4 为绘制的图形添加文本

1）要为绘制的图形添加文本，右键单击绘图区域，选择【Add】→【Text】，或者选择菜单中的【Edit】→【Add text】命令，如图 4-16 所示。

2）在想放置文本的地方单击鼠标左键。

3）添加文本对这两条不同的曲线进行说明，如图 4-17 所示。

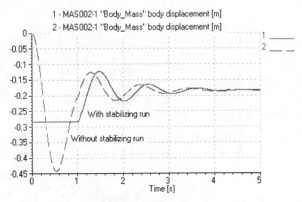

图 4-16　添加文本菜单　　　　　　图 4-17　两条不同的曲线

4.2　使用 Experiment view

用户可以使用"Experiment view"来保存或加载参数及与其相关联的变量。通过使用"Experiment view"，用户可以改变模型的参数，保存模型的不同状态，然后迅速地应用不同的参数集以及与这些参数集对应的结果，而不需要重新配置模型并重新运行仿真以获得结果。

为了展示这项功能，我们需要重新加载"QuarterCar. ame"文件。

为了展示"Experiment view"的使用方法，我们来改变"Body mass"元件的质量参数值。

在这里，将针对质量参数设置不同的值，对每个值运行一次仿真，并保存这些参数和结果集为"experiments"。

要进行上面的操作，用户需要打开"Experiment view"面板，打开方法是单击菜单中的【View】→【Watch view】命令，或者单击工具栏中的按钮 📝。

注意：用户可以随时随地拖动"Experiment view"面板到其喜欢的位置上。

1. 设置质量的第一个值并运行仿真

1）设置如表 4-5 所示的参数。

2）打开"Run parameter"对话框，设置"Final time"为 5s，"print interval"为 0.002s，并执行仿真。

3）在一个图形中同时绘制下面参数的曲线。车体质量：body displacement；轮子质量：wheel displacement；阶跃信号输出：step output，如图 4-18 所示。

表4-5 参数设置

子模型	标题	值
MAS002(Body mass)	mass[kg]	400
	inclination[degree]	-90
SPR00A(suspension)	spring rate[N/m]	-90
MAS002(wheel mass)	mass[kg]	50
	inclination[degree]	-90
SPR00A(tire stiffness)	spring rate[N/m]	200000
STEP0	value after step[null]	0.1
	step time[s]	1

2. 保存仿真结果

现在我们将仿真结果保存起来，这样就可以将当前的仿真结果同其他配置（如参数的改变）的仿真结果进行比较。

（1）保存为 Experiment

1）现在有了一个参数集和其对应的仿真结果，点击"Save to experiment"按钮 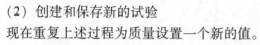，在弹出的菜单中选择"Save parameters and results"，如图4-19所示。

试验结果如图4-20所示。

2）右键单击"Description"列，选择"Edit description"，输入"Body mass 400kg"。用户也可以编辑"Name"列，更改名字。

（2）创建和保存新的试验

现在重复上述过程为质量设置一个新的值。

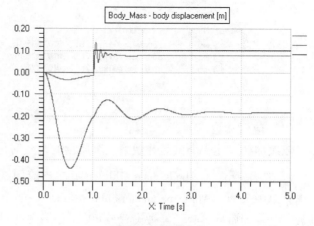

图4-18 绘制曲线

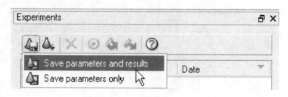

图4-19 保存参数

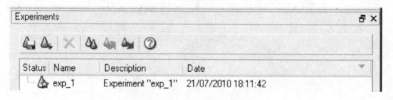

图4-20 试验结果的保存

1）再次编辑"Body mass"元件。这次设置质量为 200kg，其他参数保持不变。

2）执行仿真，并且像刚才的步骤一样，保存这个试验，这次在"Description"中输入"Body mass 200kg"。

（3）创建和保存第 3 个试验

1）重复前面的步骤，设置质量为 300kg。

2）第 3 次运行仿真，保存试验，描述为"Body mass 300kg"。

现在已经有了 3 个试验，此时"Experiment view"看起来如图 4-21 所示。

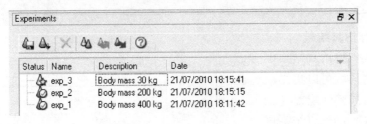

图 4-21　3 次试验

（4）应用试验

依次加载上述 3 个试验并观察汽车质量的改变对仿真结果的影响。

1）选择 exp_ 1（body mass 400kg）并单击应用试验按钮 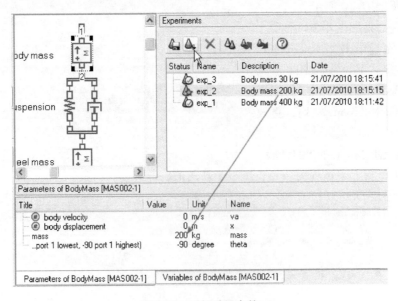，或右击试验，从弹出菜单中选择"Apply parameters and results"。如果用户此时查看"Body mass"参数，会看到质量参数已经被设置成 400，如果在此过程中用户保持绘制窗口为打开状态，会发现其已被更新，如图 4-22 所示。

图 4-22　更新质量参数

2）按上述方法应用 exp_2。这次质量参数和绘图都被更新了，如图 4-23
所示。

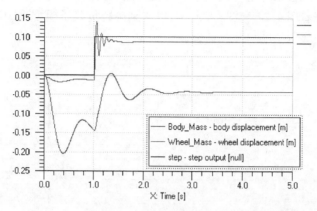

图 4-23　更新的图形

4.3　转动惯量

在本例中，用户将使用如图 4-24 所示的系统。注意：其是由两个非常相近的
系统组成的。

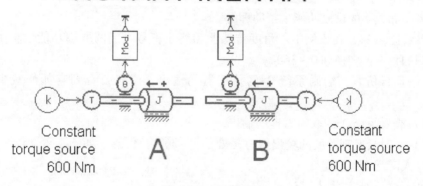

图 4-24　转动惯量

用户可以自己建立这个系统，但为了节省时间，可从 AMESim 的 demo 中复制
一个过来（该实例位于 Tutorial 文件夹下，名称"RotaryInertia. ame"）。该文件夹
中预先建立的系统是用来展示 AMESim 的某一方面特性的。

4.3.1　旋转速度和扭矩的符号转换

在旋转负载图标上显示了一个箭头。对于线性负载，当用户创建仿真回路时，箭头应该指向相同的方向。如果用户打破了这条规则，AMESim 会进行补偿，这样结果仍然正确，但很难理解。这里采用的规则是众所周知的右手定则。

如果用户查看图 4-24 和图 4-25，可以看到旋转负载子模型 RL01 的外部变量。在变量列表中只显示了端口 2 的速度。

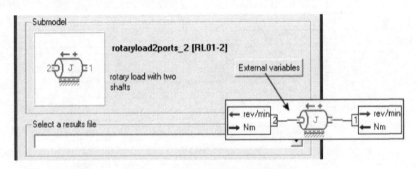

图 4-25　旋转负载的外部变量

1）查看外部变量对话框的端口 2，设想沿着 rev/min 的方向看，同时应用右手定则，此时的方向即为旋转方向。

2）现在看用 Nm 标明的端口 2 的扭矩。

根据右手螺旋定则指名扭矩同速度方向相反。初始旋转速度为 0。

在系统的 A 部分，600Nm 的扭矩同速度方向相反，使速度为负值。

在系统的 B 部分，600Nm 的扭矩作用在端口 1 上，使速度为正方向。

旋转负载的符号转换比线性负载要难理解得多。所以，我们强烈建议用户使用带有箭头和数字的重放功能来帮助理解。

参看图 4-24，在该例中：角度传感器和终止符号之间的取模功能块将由传感器检测的角度值转换到 0 ~ 360°。

3）运行仿真，绘制系统 A 的传感器的输出。用户会看到它如何减少了稳定性。

4）查看系统 A 的取模方框的输出。

5）此时会发现角度的输出值总是处于 0 ~ 360°。但是，如图 4-26 所示，该图不能令人满意。

许多读者马上会认出这种现象是别名。

4.3.2　数据采样的别名

这种现象对控制工程师来说非常熟悉。简单说，由于定义了打印间隔（print interval），以指定的频率采样系统的输出。如果

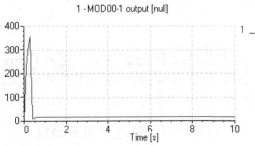

图 4-26　系统 A 的取模方框的输出

结果以其他频率发生，为了观察到这一现象，必须以很高的频率进行采样。

在本书的例子中，采样频率是 0.1s 或者说是 10Hz。

1）绘制 B 系统的旋转速度，如图 4-27 所示。

用户可以看到在仿真的末端输出轴的转速是 600rev/min。对应为 $600/60 = 10Hz$。

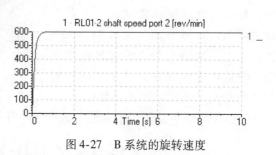

图 4-27　B 系统的旋转速度

数据被人为地创建，所以打印间隔频率符合旋转的频率。

2）试着改变常量扭矩为 610Nm 和 590Nm。

我们仍然看不到我们查找的现象：取模模块的输出。

为了得到有意义的图像，我们将以比用户绘制的数据高得多的频率来进行采样。

3）试着改变打印间隔为 0.01s（100Hz）和 0.001s（1000Hz）。

另一个可选方案是在 "Run Parameters" 对话框中选择 "Discontinuity printout"。

4.3.3　非连续和非连续输出

用户可以通过减少打印间隔（print interval）来解决别名现象，但是作为备选方案，用户也可以用 "Discontinuity printout" 来解决这个问题。

1）显示 "Run Parameters" 对话框。

2）选择 "Standard options" 选项卡。

3）在 "Dynamic run options" 组合框中选中 "Discontinuities printout" 复选框，如图 4-28 所示。

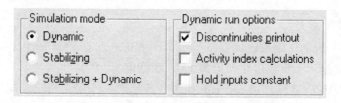

图 4-28　标准选项

简单说，discontinuity 是物理上或数字上发生剧烈变化的情况。对于当前系统，当角度达到 360°然后马上降为 0°时，discontinuity 会发生许多次。

选项 "Discontinuity printout" 在结果文件中给出了额外的数据。由于得到更大的结果文件，用户可以得到如图 4-29 所示的图形。

当仿真运行时，创建了一个结果文件。对于当前系统，该文件称为 RotaryInertia_ . results。通过额外的输出，我们想要的额外数据在每个非连续之前和之后被添加进文件中。在一些例子中，这是一个很值得付出的支出，但是对一些拥有大量非连续数据的系统来说，结果文件就太大了。

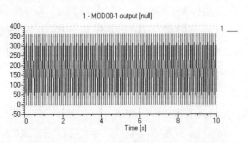

图 4-29　系统 A 的取模方框的新的输出

对这个旋转负载使用带有箭头和数字的重放功能，图 4-30 显示了扭矩的输出。

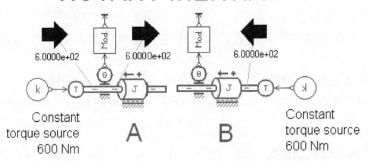

图 4-30　扭矩的输出

最后，做一个 Stabilizing 模式的运行，同时使用 Dynamic 模式，注意到初始的短暂现象是如何成功移除的。

4.4　凸轮操作阀

4.4.1　描述

如图 4-31 所示，该系统代表汽车引擎阀和由一个凸轮弹簧操作的阀。该凸轮以恒定的速度旋转，该速度由符号源 CONS0 指定。

信号由 OMEGC0 转换成 rev/min 代表的角速度，作用在凸轮子模型 CAM00 上。该子模型根据数据文件将度表示的旋转角位移转变为 m 表示的线性位移。换句话说，数据文件定义了凸轮的轮廓。

凸轮的线性位移和速度传递给子模型 LSPT00A。该子模型代表了凸轮和阀顶部之间的间隙。当间隙变为零时，将产生一个很大的弹簧力，这里阻尼力模拟凸轮和阀之间的接触。

LCON12 是一个机械节点的例子，用来在弹簧子模型 SPR00A 和质量子模型

MAS005 之间转换速度、位移和力。
注意：质量块的位移受限，我们称
之为"终点限制"（end-stops）。

4.4.2　仿真这个系统

1）创建该系统，使用
"Premier submodel"为系统赋以最
简单的兼容模型。

用户也可以通过菜单【Help】→
【Get AMESim demo】，从 Tutorial
目录中获得该系统。文件名为
"CamAndValve.ame"。

2）转入 Parameter 模式，设置
如表 4-6 所示的非默认的参数值。

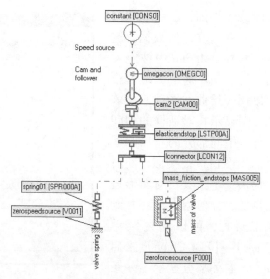

图 4-31　阀和弹簧操作的凸轮

表 4-6　非默认的参数值

子模型	标　题	值
CONS0	constant value	1000
CAM00	file of cam position of angular position	% AME% \tutorial\data\cam.data
	1 for linear splines 2 for cubic splines	2
LSTP00A	gap or clearance with both displacements zero [mm]	1
	contact stiffness [N/m]	1.0e9
	contact damping [N/(m/s)]	1000
SPR000A	spring force with both displacements zero [N]	500
MAS005	mass [kg]	0.01
	lower displacement limit [m]	0
	higher displacement limit [m]	0.02

可以使用 AMESim 的"Table editor"工具来预览定义凸轮轮廓的数据文件。该
功能可以通过以下两种方法启动。

- 从主窗口菜单：【Tools】→【Table Editor】。
- 单击主工具栏中的"Table editor"按钮 ▦。

用户可以在任何模式下执行上面的操作。

3）使用上面介绍的方法之一启动"Table Editor"，如图 4-32 所示。

4）点击"Table Editor"工具栏中的打开按钮 ◻，或使用菜单【File】→
【Open】，或者按快捷键 Ctrl + O。

5）从文件浏览器中定位到数据文件 cam.data。该文件位于 % AME% \ tutorial \
data 文件夹下，此时"Table Editor"的显示如图 4-33 所示。

注意：数据文件以一对 X-Y 坐标的形式显示在左侧。这些数据值可以被修改、

移除或者添加，但在本练习中，不用修改任何数据。这种格式在 AMESim 中被定义为 1 维表格。这个 1 维表格可以用 2 维曲线图代表，该曲线图显示在对话框的中间部分。中间部分的布局跟通常的绘图窗口很类似，同时也提供一个工具栏对图形进行浏览，如何用户没有看到该工具栏，可以通过菜单【View】→【Plot Graph】来启动它。右侧部分显示了一系列复选框来修改绘图的特性。

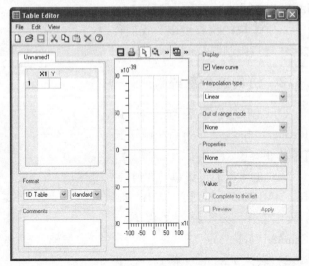

图 4-32　Table Editor

X 值从 0～360°变化。在仿真中用户可以超过这个范围，通过选择 "cyclic" 选项，用户可以让轮廓每 360°重复一次。想得到更多信息，可以参考 "Table Editor" 手册。

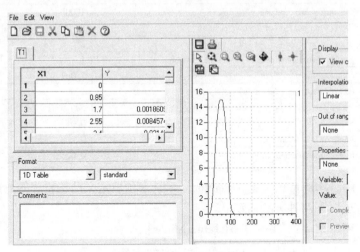

图 4-33　cam. data 文件

6）设置下面的选项，观察图形的变化。

Interpolation type：linear；

Out of range mode：cyclic。

7）关闭该窗口。

我们现在对这些数据做一简短的评论。

凸轮轴以恒定的速度 1000rev/min 旋转。凸轮的初始角位移为 0°（默认值），与此同时，设置 LSTP00A 的 relative displacement、gap 或者 clearance 为 1mm。这意

味着在弹簧 500N 的压力下该值完全封闭。

8）设置下面的运行参数：1000rev/min，大约 17rev/s。因为 0.2s 为终止值，所以设置打印间隔 0.001s。设置这些仿真参数，目标是绘制对应不同角度的凸轮轮廓。

9）运行仿真，在一幅图形上按顺序绘制 "displacement of the cam follower" 和 "angular displacement of the cam"，如图 4-34 所示。

我们注意到角度范围是 0～360°，而位移值太小我们几乎看不到。这两个量都是相对时间的变化值。为了得到凸轮的轮廓，我们希望绘制相对于角度的位移。这将采用 X-Y 绘图而不是通常的 Time-Y 绘图。

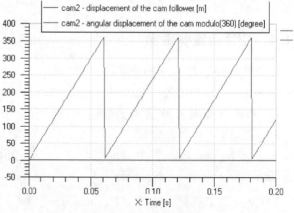

图 4-34　凸轮轮廓

4.4.3　创建 X-Y 绘图

AMESim 提供两种方法完成上面的工作。第一种方法很特别，第二种方法很常用。在图 4-34 情况下执行下面的操作：

1）在绘图工具栏中单击 "XY plot" 按钮 。注意鼠标光标发生了改变。

2）单击你想改变 X-Y 绘图的图形区域。当前的情况下只有一个绘图区域，所以单击该区域。图4-35显示了新的绘图。

现在的问题是此时角度为纵轴，而我们希望角度值为横轴。这很容易改正。

3）将鼠标放在绘图区单击右键，在弹出的菜单中选择 "Interchange axes"，如图 4-36 所示。

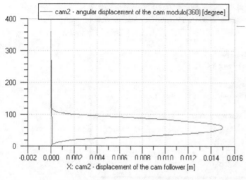

图 4-35　X-Y 绘图

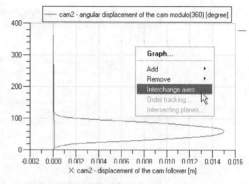

图 4-36　右键菜单的 "Interchange axes"

我们得到了希望的图形，如图 4-37 所示。

我们可以用一种更强大、灵活的方法得到相同的结果，这将使用绘图管理器"Plot manager"。

4.4.4　使用绘图管理器

本节我们将把图 4-34 的图形用"Plot manager"修改为 X-Y 绘图。

1）再次创建图 4-34 所示的绘图，在一幅图形上绘制凸轮的"displacement of the cam follow"和"angular displacement of the cam modulo"。

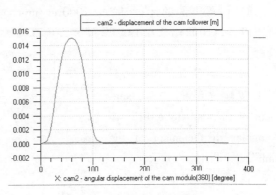

图 4-37　切换了坐标轴

2）从绘图工具栏中选择"Plot manager" ，此时显示"Plot manager"对话框，如图 4-38 所示。

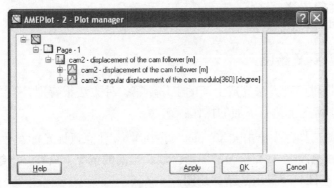

图 4-38　"Plot manager"

在"Plots&Curves"列表框中显示了两条曲线。

3）展开这两条曲线，如图 4-39 所示。

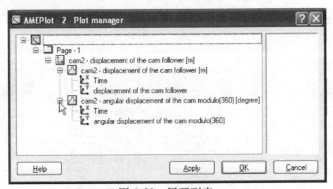

图 4-39　展开列表

4）将曲线 2 上的"angular displacement of the cam modulo（360）"拖动到曲线 1 的"A0：Time 字段，如图 4-40 所示。

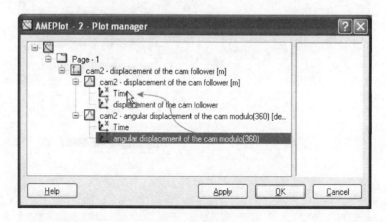

图 4-40　拖动标题

5）选择曲线 2，用右键菜单移除该曲线。

6）单击"OK"按钮，我们得到了凸轮的轮廓线，如图 4-41 所示。

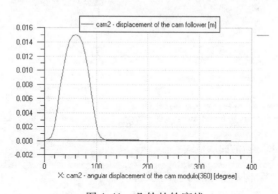

图 4-41　凸轮的轮廓线

本章的最后我们将修改曲线的特性。

4.4.5　修改绘制曲线的特性

1）在刚才绘制的图形上打开"Plot manager"，并选择该曲线。

2）在对话框的右侧部分，可以修改曲线的标题和显示类型。选择"Line"或者"Symbols"复选框，或者两者都选中，如图 4-42 所示。

3）试着改变选项，观察图形的变化。

图 4-43 是修改的曲线格式，该曲线以密度为 100% 的蓝色三角形而不是直线显示凸轮的轮廓。

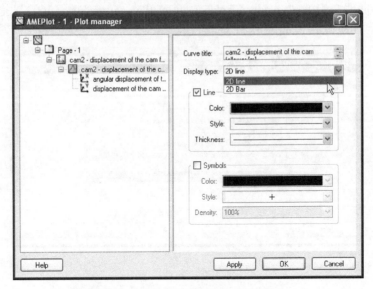

图 4-42　修改曲线的标题和显示类型

4）此时选择"File"菜单，如图 4-44 所示。

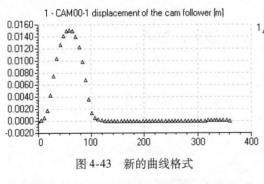

图 4-43　新的曲线格式

图 4-44　"File"菜单

● 单击"Save"会保存回路的当前状态。

● 单击"Save as"将弹出一个对话框，引导用户为系统起一个新的名字。

● 菜单中显示了最后打开的几个系统，用户可以对这些系统进行再次选择。

● 单击"Close"会关闭当前的系统。

● 单击"Quit"将结束 AMESim 的运行。

菜单中的大部分其他选项很少用到，这些都在 AMESim 的参考手册中有介绍。不用经常选择"Save"菜单，AMESim 总是在关键节点（该节点也包括用户退出 AMESim 时）保存系统。

第 5 章 批 运 行

5.1 简介

在本章中，将要介绍 AMESim 的一些特性，这些特性在前面的章节中没有包含。这些特性是：

- 选择性保存（Selective Save）；
- 锁定和非锁定状态（Locked/Unlocked States）；
- 批运行（Batch Runs）

上述特性将用一个非常简单的机械系统进行介绍。

5.2 四分之一车模型

如图 5-1 所示，加载四分之一车模型。该模型在前面的章节中已经使用过。如果用户找不到该模型，可以从菜单"Help"→"Get AMESim demo"中加载，选择"copy and open"文件中"Quarter-Car. ame"文件（位于"Tutorial"文件夹下）。

本节将采用该模型来演示选择性保存。

5.2.1 选择性保存

许多仿真生成结果文件，即使用户保存所有的结果文件，通常也是非常小的。但当用户研究的系统越来越大时，用户所面对的结果文件将会非常大！在这种情况下，用户需要保存结果文件的一部分。我们称这种操作为选择性保存（selective save）。

默认的情况下，所有的变量都被保存。但用户可以指定只保存哪些变量。操

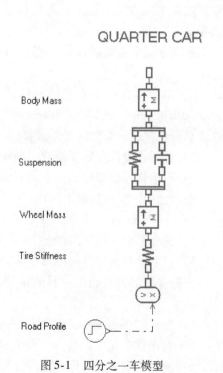

图 5-1　四分之一车模型

作方法为：

1）保存整个系统，或保存全部选择的元件或管线。

2）保存一个特殊的子模型。

3）保存一个单独的变量。

变量的保存状态都在仿真模式下（Simulation mode）改变。

要改变全局的保存状态，可执行以下操作：

1）选择一个元件、几个元件或整个系统。

2）在"Simulation"模式下，打开菜单"Settings"，如图 5-2 所示。

3）选择"Save all variables"保存所有选择的变量。

4）选择"Save no variables"，选择的元件中没有变量被保存。

要改变一个指定子模型的所有变量的保存状态，可执行以下操作：

1）右键单击选择"Save all/no variables"，或者双击对应的元件或管线生成"Variable list"列表对话框。

2）点击"Save all"保存子模型的所有变量，或者点击"Save none"不保存子模型的任何变量。

要改变指定变量的保存状态，可执行以下操作：

1）单击包含这个变量的元件或管线，在"Contextual view"中选中"Save next"复选框，或者双击包含这个变量的元件或管线，以显示"Variable list"对话框。

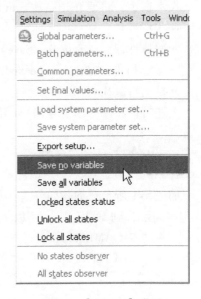

图 5-2 【Settings】菜单

2）选择你想保存的变量的"Save next"复选框来保存变量。

3）取消你不想保存的变量的"Save next"复选框前的对号。

在本例中，应执行以下操作：

1）在"Simulation"模式下，按 Ctrl + A 键。

2）选择菜单中的"Settings"→"Save no variable"命令，运行仿真。

3）试着绘制某变量的图形，你会发现无法进行绘制。这是一种极端情况，做没有变量保存的仿真的唯一目的是使系统线性化，这是本章中另一部分要讨论的内容。

4）选择"Body mass"元件，注意所有的"Saved"复选框都是不可用的。

5）右击这个元件，选择"Save all variables"，然后运行仿真。

6）测试一下，这时你会发现你可以绘制这个元件的任何变量的图形了（除了力，因为力是由其他相连接的元件计算的）。

7）选择这个元件的"Save no variables"。

8）选择"body displacement"的"Save next"复选框，如图 5-3 所示。

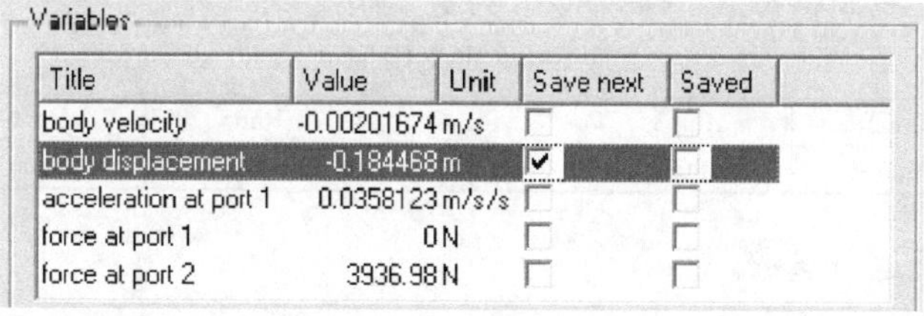

图 5-3　"Save next"和"Saved"的设置

9）测试一下，现在用户可以绘制"body displacement"，但是其他的"Body mass"变量无法绘制。

当用户运行仿真并决定不保存一些变量时，"Saved"列的复选框将会显示不打对勾的已保存仿真时刻的（Saved）变量栏。注意："Saved"的状态是"上一次运行"的状态，如图 5-4 所示，也要注意没有保存的变量的最终值显示在"Value"列中。

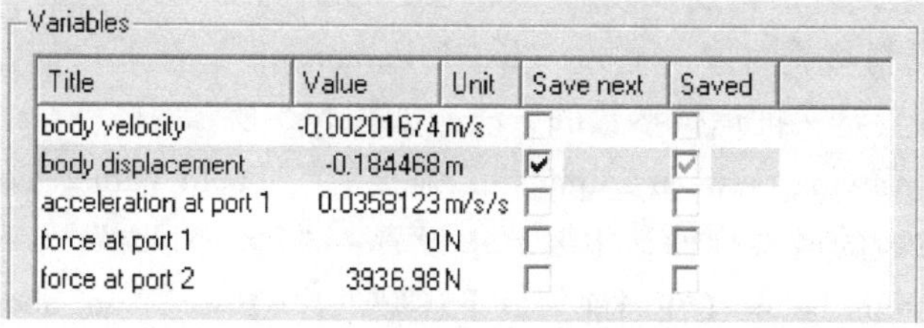

图 5-4　上一次运行的"Saved"列

试验在子模型或者单个变量层次上改变变量的"Save next"状态来体会其用法。

选择性保存的最大优势是为批运行服务。只要用户想，可以改变一个或多个参数来做多达连续 50 次的运行。对于一个大系统来说，没人喜欢保存所有变量的多达 50 次的运行所产生的大文件。

5.2.2　批运行

使用批运行，可以对不同的参数进行多次仿真。这些仿真被顺次执行，产生一系列的结果文件（如果执行线性分析，将也产生雅可比矩阵文件）。批运行按下述步骤初始化：

1）选择菜单中的"Setting"→"Batch parameters"命令，在"Parameter"模式下定义参数值的变化特性。

2）在"Run parameters"对话框下选择"Batch"单选按钮，以批运行方式运行仿真。

3）先按标准方法绘制一个图形，然后转换成批运行的仿真绘图。

在本例中，我们将按表 5-1 所显示的定义阻尼比来进行批运行仿真。

表 5-1　定义阻尼比

Run1	Run2	Run3	Run4	Run5	Run6	Run7
400	600	800	1000	1200	1400	1600

下面定义批运行参数。

1. 设置参数

（1）设置控制参数

1）进入参数模式。

2）选择菜单中的"Setting"→"Batch parameters"命令，将弹出"Batch Parameters"对话框。

3）选择一个子模型，此时"Contextual Parameters"选项卡会显示参数。如果没有出现该选项卡，可以选择菜单中的"View"→"Contextual view"命令来使其显示。

4）拖动希望批量设置的参数到"Batch Parameters"对话框的列表框中。

（2）设置控制参数的值　通过"Batch Parameters"左下角的"Setup method"单选按钮可以设置定义批运行参数的方法，如图 5-5 所示。

如果选择"varying between 2 limits"，需要在"Batch Parameters"对话框的右侧设置批运行参数的增减规律，主要要求设置："Base value"（基本值）；"Step size"（步长）；Num below（在当前值以下递减的次数）；"Num above"（在当前值以上递增的次数）。

如果选择"user-defined data sets"，则可以通过"Batch Parameters"对话框右下角的按钮来定义批运行的参数，如图 5-6 所示。

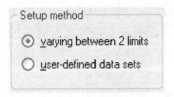

图 5-5　批运行参数的定义方法

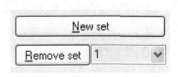

图 5-6　定义批运行参数

每个"Set"代表一组。

2. 初始化批运行

在仿真模式下，执行下面的操作：

1）点击"Run parameters"按钮 ，弹出"Run parameters"对话框。

2）在"Run type"区域中点选"Batch"单选按钮，如图 5-7 所示。

3）单击"OK"按钮，并运行仿真。

此时会弹出"Simulation Run"对话框，注意批运行仿真和普通仿真对话框中显示的信息是不同的。

下面将绘制批运行仿真的曲线图，其绘制方法和普通仿真绘制曲线的方法有所不同。

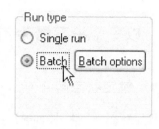

图 5-7 "Batch"单选按钮

3. 绘制批运行仿真的曲线

对于一个给定的系统，AMESim 可能创建两种类型的结果文件。

有两种方法可以从仿真结果中绘制全部或部分的批运行曲线：手动修改结果文件；将一个普通绘制结果转变为批运行绘制结果。

使用任何一种常用的方法绘制一条曲线，关于绘制曲线的方法，可以参考 3.4.6 节。

将标准绘制转变为批绘制的步骤如下：

1）选择菜单中的"Tools"→"Batch plot"命令，或单击工具栏中的"Batch plot"按钮 ，注意此时光标发生改变（变成了手型 ）。

2）选择绘制区域并单击鼠标左键，此时弹出"Batch Run Selection"对话框，如图 5-8 所示。

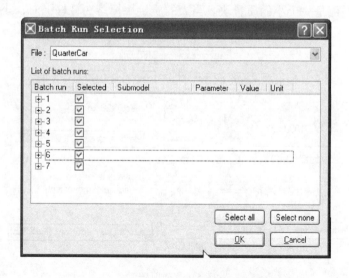

图 5-8 "Batch Run Selection"对话框

3）在该对话框中进行设置，然后单击"OK"按钮，将绘制出批运行的曲线图。

5.3　以一个投石器为例演示锁定状态

5.3.1　锁定状态简介

锁定状态（locked states）功能仅应用在稳定化运行（stabilizing）下，对高级用户很有用，初次阅读用户可以忽略这个例子。

在标准稳态运行状态中，状态变量可以自由变化并很有希望得到某个平衡位置。在稳定化运行中，锁定状态不允许进化，它保持为初始的值。AMESim 提供功能允许用户控制哪一个状态被锁定。

有时，锁定状态变量的一个子集很有用，此时对其他的状态变量进行稳定化运行。该方法是锁定某些状态变量的值，但是让其余变量在运行中变化。这时系统被分为两个部分，通常这些部分在不同的领域中。例如我们有一个液压传动系统，通过一个液压缸驱动一个机械负载运动。如果想在平衡位置启动液压子系统仿真，在指定的一些非平衡状态启动机械系统仿真，该方法可能很有用。这样的系统称为局部平衡状态。

5.3.2　演示

图 5-9 所示的系统为用于战斗的弹射器。在一个杠杆左侧部分 2m 处有一个大的质量块，右侧是一个小的质量块。当大的质量块掉落在杠杆上时，小的质量块被射向空中。

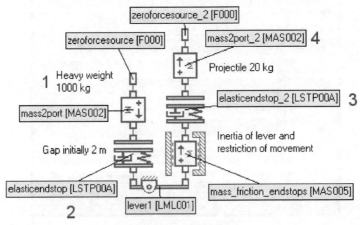

图 5-9　弹射器

1）建立如图 5-9 所示的系统，用户可以从菜单 "Help"→"Get AMESim demo" 下的 "Tutorials" 文件夹获得该模型。

2）在 "Submodel" 模式下，使用 "Premier Submodel"。

3）按表 5-2 设置参数值。

表 5-2　设置参数

子模型	序号	标题	值
MAS002	1	mass［kg］	1000
		inclination（ +90 port 1 lowest， −90 port 1 highest）［degree］	90
LSTP00A	2	gap or clearance［mm］	2000
		contact damping［N/（m/s）］	1.0e6
LML001		distance port 1 to pivot［m］	5
MAS005		mass［kg］	2
		lower displacement limit［m］	−0.15
		higher displacement limit［m］	0.15
		inclination（ +90 port 1 lowest， −90 port 1 highest）［degree］	−90
LSTP00A	3	contact damping［N/（m/s）］	1.0e6
MAS002	4	mass［kg］	20
		inclination（ +90 port 1 lowest， −90 port 1 highest）［degree］	−90

杠杆的子模型仅在水平方向上很小的角度上是有效的；杠杆提供了 5:1 的速度比；我们用子模型 MAS005 限制杠杆的移动。该子模型也考虑到了杠杆质心位于交点的右侧这个因素；子模型 LSTP00A 的两个实例包含了接触阻尼参数，用来保证当质量块接触杠杆时不发生弹跳。

4）设置 "final time" 为 0.5s，"print interval" 为 0.001s。

5）以 "dynamic" 方式运行。

6）绘制投石器的 "displacement"。

抛掷的质量块下落距离为 0.15m，这个位移是由 MAS005 限制的，额外的 2.0×10^{-6}m 是由于发射体和杠杆之间的接触变形引起的。大的质量块也下落，但是在 0.5s 之内不碰撞杠杆。

接下来，我们来查看抛掷的质量块的飞行路线，设置仿真的 "final time" 为 6s，在同一幅图上绘制大质量块的位移和被抛射质量块的位移曲线。我们首先绘制大质量块的位移。

事实上，我们希望绘制大质量块的相反的位移，因为其与被抛掷的质量块朝向相反。

1）在 "Watch parameters and variables" 窗口中选择 "Post processing" 选项卡。如果没有看到该选项卡，通过菜单 "View" 来显示该选项卡。

2）在 "Post processing" 选项卡上单击鼠标右键，选择 "Add"，将在选项卡上出现一个新行。

3）点击 "Title" 列，输入 "Large mass displacement" 作为标题。

4）在工作空间中点击大质量块，在 "Contextual view" 中选择 "displacement port 1"。

5）右击该变量，选择 "Copy variable path"，如图 5-10 所示。

6）在"Post processing tab"中点击"Expression"列。

7）按 Ctrl + V 键将"variable path"粘贴到"Expression"列中。

8）再次单击"Expression"列，在粘贴的表达式前面加一个符号，如图 5-11 所示。

9）从"Post processing"选项卡中拖动这个新的变量到工作区中绘图。

10）把小质量块的位移（displacement）拖动到该图形中，如图 5-12 所示。

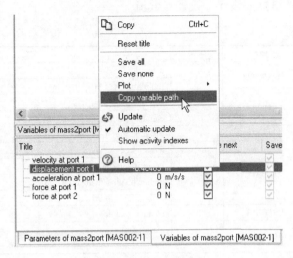

图 5-10　拷贝变量路径

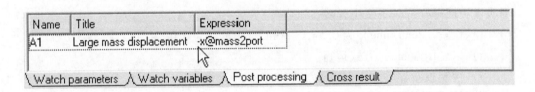

图 5-11　添加一个负号

通过观察我们可以发现，小的质量块一直下降直到碰到终端位置，而大的质量块一直下降直到碰到杠杆。小的质量块保持在终端位置，直到大的质量块碰到杠杆，将小的质量块发射出去。

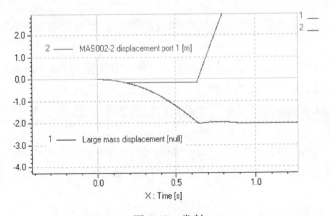

图 5-12　发射

全局的图像展示了系统的全部特性，如图 5-13 所示，在整个练习中保持该图形为打开状态。

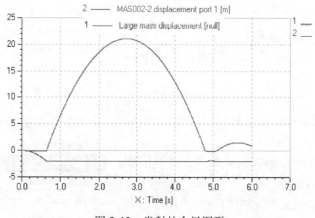

图 5-13　发射的全局图形

下面的目标是在杠杆和投掷器的平衡位置、大质量块保持在杠杆 2m 处的高度启动仿真。

5.3.3　锁定状态

如果显性的或隐性的状态变量被锁定，在稳定化仿真的过程中将一直保持为一个定值。被约束的状态变量（Constraint state variable）不能被锁定。这可以被用来获得部分的平衡状态。默认的状态下，所有的状态变量是非锁定的，在查找平衡状态的过程中允许在稳定化运行中发生改变。

锁定或解锁单个状态变量的步骤如下：

1）用鼠标右键点击一个元件的图标。

2）在菜单中选择"View lock states"，弹出"Locked states status"对话框，如图 5-14 所示。该对话框显示了子模型的所有的显式和隐式的状态变量。锁定和解锁状态显示在复选框中。

要改变某个变量的状态，可以：使用"Unlock All"和"Lock all"按钮，或者点击

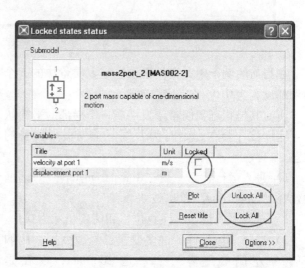

图 5-14　锁定和解锁选项

复选框。

要全局改变选定元件所有状态变量的锁定状态，可以执行以下操作：

1）选择要改变的元件。

2）使用菜单"Setting"。

3）选择"Unlock all states"或者"Lock all states"，如图5-15所示。

要查看选定元件的所有状态变量的锁定和非锁定状态，可以执行以下操作：

1）使用菜单"Setting"。

2）选择"Locked states status"，将弹出如图5-16所示的对话框。

3）如果用户点击列表中的一个子模型的名字，与其相关联的子模型会在工作区中以绿色的标签显示。

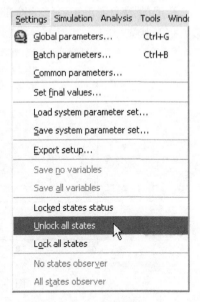

图 5-15　设置菜单

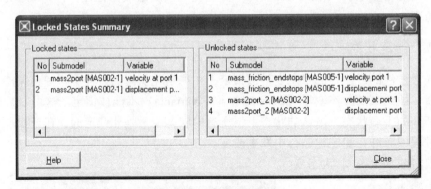

图 5-16　锁定状态总结

在当前的例子中，我们必须锁定大质量块的2个状态变量（位移和速度），这两者都设置为0.0，如图5-17所示。

所有其他状态我们希望发展成一个局部的平衡状态，这样杠杆会在起始时为右端下垂到极限位置的状态。

1）进入运行状态，在"Run parameters"对话框中选择"Stabilizing"单选按钮。

2）选择大质量块，注意位移和速度仍然为0.0。

3）选择其他元件。许多变量已经改变了，例如LSP00A 左侧的缝隙，原来是 2000mm，现在是 1970mm，这是因为杠杆的一端发生了翘起。在

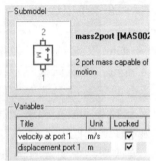

图 5-17　锁定质量块的位移和速度状态变量

LSP00A 的 右 侧 缝 隙 为 $-1.96e-4$mm，这是由于抛射体的重量造成的。

　　为了完成本实例，选择"Stabilizing + Dynamic"单选按钮，运行仿真。如果更新这两个质量块的仿真图形，会发现小的质量块的初始位置为 -0.15m，这意味着在大的质量块碰到杠杆之前它一直保持不动，如图5-18所示。

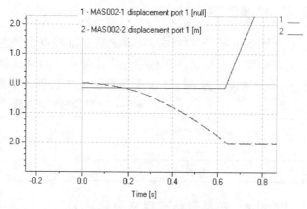

图 5-18　小质量块的位移

　　在上面的图形中，我们放大了局部以进行观察。

　　对求解器来说，本例非常简单，但事情并不总是这样。在有些情况下需要调整参数才能成功运行。AMESim 积分器设计的目的就是为了在速度和可靠性之间求得最佳的平衡。通常情况下，默认设置可以成功运行。图5-19 所示为 AMESim 早期版本本例运行出错时的提示对话框。

图 5-19　错误信息

　　在这种情况下，用户有 3 种选择来辅助完成数值计算。在"Run parameters"对话框中可以试试下面的选项，如表5-3 所示。

　　1）指定一个更小的积分误差。

　　2）调整"Error type"，通常"Relative"可以纠正错误。

　　3）在"Solver type"中选择"Cautious"选项。

表 5-3　辅助完成数值计算的 3 种选择

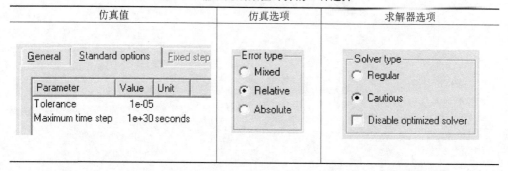

5.3.4　错误类型

在 AMESim 积分器的每步计算之后，都检查收敛性和估计误差。在这两个情况下，对每个状态变量 x_i，都有一个估计量 d_i，而且该量一定是为本步长所能接受的"充分小"。给定偏差 *tol*，3 种误差测试方法如表 5-4 所示。

表 5-4　3 种误差测试方法

Mixed	$d_i < tol(l + |x_i|)$
Relative	$d_i < tol(1.0E - 20 + |x_i|)$
Absolute	$d_i < tol$

"Relative"误差类型考虑状态变量的大小，而"Absolute"类型不是这样。"Mixed"误差类型是默认的，当 $|x_i|$ 非常小时等价于"Absolute"误差类型，当 $|x_i|$ 比较大时，等价于"Relative"误差类型。

在大多数情况下采用"Relative"误差类型，而且对困难的稳定化运行是非常有用的。

第6章　超级元件工具

6.1　简介

当一个仿真模型变得越来越大时，在其中找到一个特定的元件或对全系统做一个快速的浏览将变得越来越困难。而超级元件工具克服了这些问题。其基本原理是选择一组元件然后把它们打包进一个图标。对所有的库来说，使用超级元件工具是非常有优势的。

要创建一个超级元件需要经过下面的步骤：

1）用 AMESim 的标准元件或库元件创建一个回路。我们称其为单层的或平面系统。

2）对其进行彻底的试验。

3）选择将要转换成超级元件的模型的区域。

4）声明为一个超级元件。

5）将其同一个图标相关联（该图标可以是默认的，可以是库中的一个标准图标，也可以是用户创建的）。

6）定义图标的端口。

7）给这个超级元件命名，填写简略的或详细的简介。

8）像一个普通 AMESim 元件那样使用这个超级元件。

在 Demo 中，给出了本章的一个简单的例子。但是我们强烈建议学习本章最好一步一步自己建立整个系统。

6.2　创建一个超级元件工具

要创建一个超级元件工具，首先测试一个 AMESim 中的仿真系统回路，然后使用鼠标选择你希望包含在超级元件中的元件，如图 6-1 所示。

接下来可以用下面提供的方法中的一种来把这些选择的元件创建成超级元件。

1）点击 "Create superomponent" 按钮 ▣ 。

2）使用菜单 "Edit"→"Create supercomponent"。

3）使用 Ctrl + W 键。

4）右键单击系统元件草图，从弹出的菜单中选择 "Create supercomponent"。

此时 "Auxiliary system" 对话框打开，如图 6-2 所示。

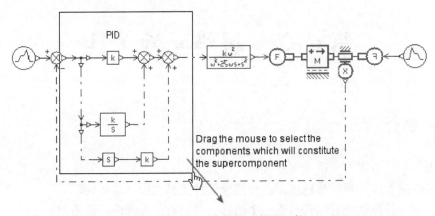

图 6-1　选择组成超级元件的元件

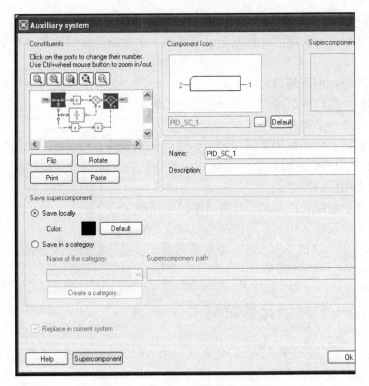

图 6-2　"Auxiliary system" 对话框

1. 配置 "supercomponent"

一旦用户打开了 "Auxiliary system" 对话框, 显示了超级元件, 就必须得配置它。

2. 字段的自动设置

在 "Auxiliary system" 对话框中, 下面的字段被自动填写。

● Port numbers：如果必须，用户可以通过右键单击的方式更改分配的"Port number"，如图 6-3 所示。

● Component Icon：对应端口号，元件图标被自动创建，如图 6-4 所示。通过点击"browser"按钮，用户可以选择一个新的图标（或者自己创建一个）。想要应用默认的图标，点击"Default"按钮。

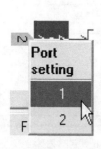

图 6-3　Port numbers

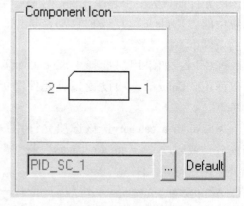

图 6-4　Component Icon

● Name：基于系统的名字和超级元件的号码，"name"被自动地分配给超级元件，如图 6-5 所示。

在本例中，这是系统的第一个超级元件，所以命名为"SC_ 1"。用户为系统创建的下一个超级元件将被命名为"SC_ 2"，依此类推。用户可以按需改变名字。如果用户编辑超级元件的名字，"Component Icon"的名字自动更新。

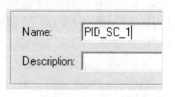

图 6-5　Name

3. 用户填入字段

下面的字段必须由用户完成。

● Description：在这里可以输入一个超级元件的合适的描述。

● Full Description：该字段可选。当用户点击"Full Description"按钮，弹出一个窗口，在其中可以输入超级元件的完整描述，如图 6-6 所示，包括：

Title

Description

Usage

Parameters Settings

Date of creation/Author

Index of Revisions

List of Functions used

Source

Revisions

● Save Locally：如果在草图模式下创建超级元件，该选项被选中。如果用户选中该选项，超级元件保存为草图的元件，取代最初被选中的元件而成为一个超级元件。注意：当前系统中的"Replace"复选框自动被选中，在当前条件下不能被修改。

● Color：如果用户选择"Save Locally"，可以使用"Color"选项设置超级元件图标的颜色。

● Save in a category：该选项允许用户在当前分类或通过"Create a category"按钮新建分类来保存超级元件。

● Supercomponent path：当用户选择一个分类，该路径同选择的分类相关联并自动地输入，但是，用户也可以根据需要输入一个存储的路径，或点击"Browser"按钮定位一个路径。

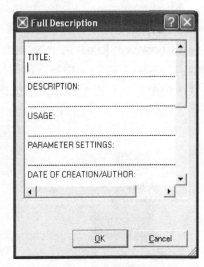

图 6-6　完整描述

● Replace in current system：如果用户在分类中保存了超级元件（在草图模式下），用户可以选择用超级元件取代在草图中已创建的该超级元件的那些元件。如果用户只想创建一个以后在其他系统中使用的超级元件（而不是在本系统），取消选中该复选框。

● Supercomponent Image：用户可以选择一个图标来代表该超级元件。

当所有配置完成后，可以点击"OK"按钮，将创建超级元件，并出现在草图上，同对应的元件相连接。

6.3　使用标准图标创建一个 PID 控制器的超级元件工具

下面的仿真系统使用一个来自"Signal，Control"分类中的 PID 控制器。它展示了一个质量块的位置控制。二阶滞后环节用来模拟执行机构（可以是电气的、液压的或气动的）施加到质量块上的力。

6.3.1　平面系统和一个包含超级元件系统的比较

1. 创建控制回路

创建如图 6-7 所示的控制回路模型。

1）切换到子模型模式，点击"Premier submodel"按钮。

2）切换到参数模式，保存模型并设置如表 6-1 所示的参数。

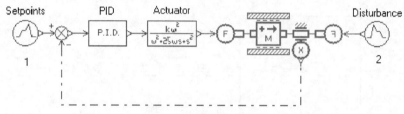

图 6-7　控制回路模型

表 6-1　设置参数

子模型	序号	标　　题	值
UD00	1	output at start of stage 1 ［null］	1
		output at end of stage 1 ［null］	1
		duration of stage 1 ［s］	20
		output at start of stage 2 ［null］	0.4
		output at end of stage 2 ［null］	0.4
PID000		proportional gain ［null］	30
		integral gain ［null］	10
LAG2		damping ratio ［null］	0.7
MAS004		displacement port 1 ［m］	0.6
		mass ［kg］	10
		coefficient of viscous friction ［N/（m/s）］	10
UD00	2	duration of stage 1 ［s］	50
		output at start of stage 2 ［null］	5
		output at end of stage 2 ［null］	5

3）运行仿真，"final time" 设定为 80s，并在同一幅图形中绘制质量块的位移和系统的输入曲线，如图 6-8 所示。

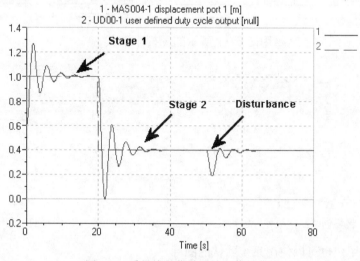

图 6-8　质量块的位移和输入信号曲线

注意：质量块的位移试图跟随输入信号的变化。

2. 创建平面系统

图 6-9 所示的模型完全等价于图 6-7 的模型，用户可以通过复制粘贴上一个回

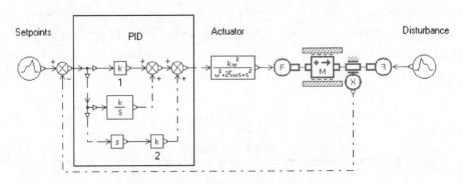

图 6-9　带有新 PID 控制元件的仿真模型

路的方式创建这个仿真模型。

创建这个系统，使用"Premier submodel"，并设置如表 6-2 所示的参数。

以上两个系统的仿真结果都是图 6-8。

6.3.2　创建一个超级元件

下面我们将从图 6-9 的系统创建一个自己的超级元件并将该元件同图 6-7 "Signal，Control"库中的 PID 图标相关联。该超级元件将包含图 6-10 所示的子模型。

表 6-2　设置参数

子模型	序号	标题	值
GA00	1	value of gain［null］	30
INT0		value of gain［null］	10
GA00	2	value of gain［null］	0

图 6-10 所示的系统要用图 6-11 所示的图标来取代。

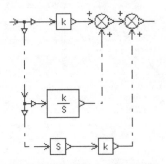

图 6-10　将要创建的超级元件的组成

图 6-11　PID 图标

注意：用户也可以使用系统默认的图标。

这一过程可以被分成两步：①取得所选择的元件集合的附属系统（auxiliary system）；②从附属系统创建超级元件。

更准确的说法是创建一个通用超级元件。参考 AMECustom 手册获得如何定制超级元件的信息。

1. 从选择的元件中获得一个附属系统

1) 选择将要存储为超级元件的元件集合。

2) 采用下面的方法：

- 选择菜单 "Edit"→"Create supercomponent"；
- 使用快捷键 Ctrl + W；
- 右键单击，选择菜单 "Create supercomponent"；
- 单击 "Create supercomponent" 按钮 。

此时将会弹出 "Auxiliary system" 对话框，如图 6-12 所示，查看一下对话框中显示的附属系统是否正确。如果不正确，关闭对话框，重复前面的过程。

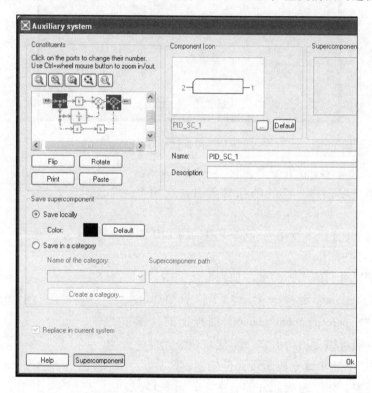

图 6-12　　"Auxiliary system" 对话框

2. 从附属系统中创建一个超级元件

使用 "Auxiliary system" 对话框用户可以：

- 选择一个合适的图标（如果用户不想使用默认的图标）；
- 选择一个合适的图像；
- 选择超级元件的端口；
- 设置超级元件的名字；
- 设置简介和完整的描述。

1）点击第一个按钮 ⊡ 来选择一个图标，打开"Icon Selection"对话框，如图 6-13 所示。

AMESim 将检索所有它连接的分类并提供一个与我们创建的超级元件兼容的、所有包含两个端口的元件的图标列表。注意："Signal，Control"能够展开显示合适的图标。

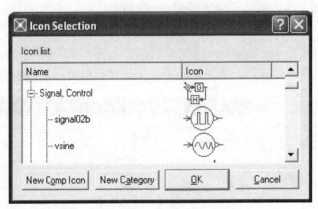

图 6-13　图标选择对话框

注意"New Comp Icon"和"New Category"按钮。当用户要创建自己的图标时会用到这两个按钮。

2）找到并选择本章第一个例子用到的 PID 图标，如图 6-14 所示。

带有端口号码的图标会被添加到对话框中。

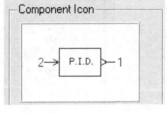

图 6-14　PID 图标

3）用户也可以选择一个图片来代表超级元件。点击"Supercomponent Image"面板上的 ⊡ 按钮来选择，通过该按钮可以定位要代表超级元件的图像。

4）按照下述步骤完成超级元件的创建。

如果需要，修改超级元件的名字，如图 6-15 所示。

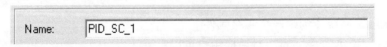

图 6-15　超级元件的名字

超级元件命名规则为：
- 字符数必须在 4~63 之间；
- 所有的字符必须是字母或数字；
- 第一个字符必须是字母；

● AMESim 会自动转换小写字母为大写字母；

● 名字必须是唯一的。

如果用户设置的名字至少包含一个数字并且第一个数字是 5 或者更大的数字，那么该名字就不会同 AMESim 提供的子模型的名字发生冲突。

5）如果需要，可修改超级元件的端口。

如果用户打算选择一个图标与超级元件相关联，附属系统的图标端口必须与选择的图标端口相对应，如图 6-16 所示。

6）填写超级元件的描述，如图 6-17 所示。

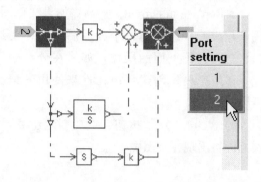

图 6-16　定义的端口

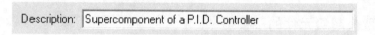

图 6-17　超级元件的简略描述

该选项是可选的，但是如果创建几个系统都要使用的超级元件的话，建议填写该项。

7）填写"Full Description"，完成该项的填写模板，如图 6-18 所示。

该项也是可选的，但建议填上。

注意：当创建完成一个超级元件时，修改图标、简单描述和详细描述很容易，使用"Auxiliary Supercomponent"窗口下的"Edit basics"功能就可以。

8）保存超级元件。

当用户保存超级元件时，要把它保存在一个分类中（除非用户在草图模式下，使用局部保存功能并只在当前草图中使用该超级元件）。保存要设置下面的选项：

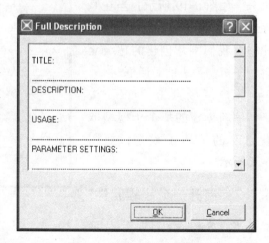

图 6-18　超级元件的完整描述

● Save locally：如果用户想在当前的草图中使用这个超级元件，以后不使用，需要选中该选项。这个选项自动用超级元件图标取代原来的元件。

● Name of the category：要么选择一个存在的分类，要么使用"Create a

category" 按钮在新的分类中保存这个超级元件。

● Supercomponent path：输入一个存储超级元件的目录的路径，或使用浏览按钮定位存储路径。

● Replace in current system：如果在草图模式下，用户希望在当前的草图中使用该超级元件或创建一个为以后使用，要选中该选项。当点击"Saving locally"时，自动进行上面的操作。如果在分类中保存超级元件，该选项将为可用。因此，在用户只是创建超级元件来使用的情况下，通过取消该选项，可以不修改系统。

9）点击"OK"按钮，成功创建超级元件并可以使用。如果一切正确，该超级元件将出现在草图中。

6.4　使用超级元件

6.4.1　取代超级元件的子模型

当超级元件同一个图标相关联时，在子模型模式下可以通过单击图标来使用该功能。用户此时会发现超级元件的名字是子模型列表中的一部分。如图 6-19 所示，当在原系统上单击 PID 图标时，将弹出包含我们刚才创建的超级元件的子模型列表的对话框。

用户可以点击"OK"按钮，用新创建的那个子模型取代原有的 PID 子模型，如图 6-20所示。

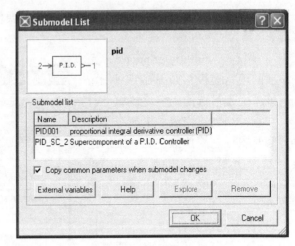

图 6-19　子模型列表

6.4.2　展开一个超级元件

当"Submodel List"对话框中的一个子模型被选择时，先前在图 6-19 中为灰色的按钮"Explore"将变为可用，如果用户点击该按钮，子模型的内容将会显现，如图 6-21 所示。

"Explorer Supercomponent"对话框显示了构建这个超级元件的元件，它同被展开的超级元件是相关的。

用户也可以使用"Model Explorer"查看超级元件的内容，如图 6-22 所示。

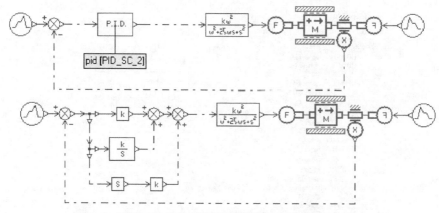

图 6-20　用新的子模型取代 PID 子模型

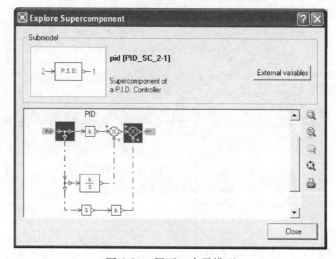

图 6-21　展开一个子模型

6.4.3　更改超级元件的参数

如果切换到参数模式下，用户可以通过双击 PID 超级元件来激活 "Explorer Supercomponent" 对话框，如图 6-23 所示。

如果用户在 "Exploded supercomponent" 中选择了一个元件，就可以用下面的方法查看和修改其参数：

- 点击它，使用 "Contextual parameters" 选项卡，如图 6-24 所示；
- 双击它，使用弹出的 "Change Parameters" 对话框。

当展开一个超级元件时，用户可以选择组成该超级元件中的一个元件，此时：

- 双击，将弹出 "Change Parameters" 对话框；
- 单击，将弹出 "Contextual Parameters" 窗口。

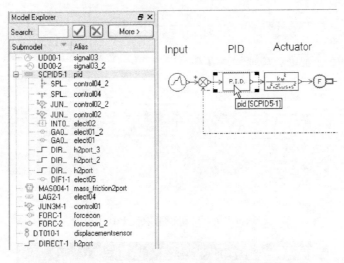

图 6-22　在"Model Explorer"中查看超级元件的内容

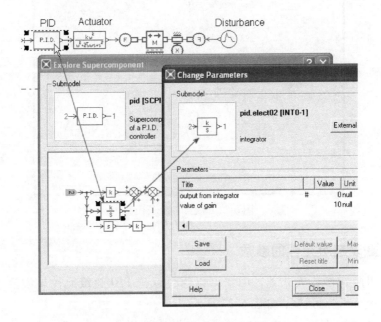

图 6-23　怎样改变超级元件中的参数

6.4.4　绘制一个超级元件的变量

在仿真模式下，与上面介绍的原理相同：当展开一个超级元件后，用户可以选择组成该超级元件中的一个元件，此时：

- 单击，可以得到"Contextual variables"窗口；
- 双击，可以得到"Variable List"对话框。

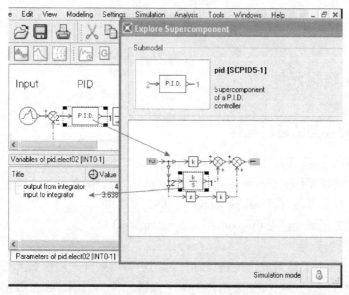

图 6-24　"Contextual parameters"选项卡

可以用前面介绍的常用方法绘制所选变量的仿真图形，如图 6-25 所示。

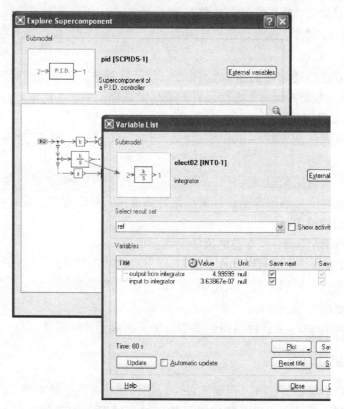

图 6-25　绘制超级元件的变量

通过单步运行原模型的仿真，可以发现与使用超级元件时的结果是完全一样的。

6.5　管理超级元件

6.5.1　不同类型的超级元件

有 3 种类型的超级元件：

1）一般超级元件（Generic supercomponent）。

2）包含全局参数（global parameters）的超级元件。

3）自定义超级元件（Customized supercomponent）。

1. 一般超级元件

在 AMESim 中总是生成这种超级元件。用户可以展开一般超级元件。唯一可以隐藏的是引入的全局参数。如果用户引入了超级元件，当用户在参数模式下双击一个通用超级元件时其行为会有不同：

● 如果超级元件不包含全局变量，一般超级元件的内容立即显现。

● 如果有全局参数，这些参数将显示在"Change Parameters"对话框中。这些参数可以用一般的方法改变。用户还可以通过"Explorer"按钮展开一般超级元件的内容。

当用户双击超级元件的组成元件之一时，将弹出一个新的"Change Parameters"对话框，但是任何一个超级元件的全局参数都不会显示出来。

2. 自定义超级元件

这类超级元件是 AMECustom 创建的。当在 AMESim 中使用时，其行为像简单的子模型。

要展开一个自定义超级元件，用户必须使用 AMECustom。也可能得输入密码。自定义超级元件的全部思想是设计者决定什么显示，什么隐藏。设计者隐藏参数出于以下两方面的原因：

1）其详细结构和一些参数的值涉及商业机密。

2）隐藏细节以使该超级元件更易用。

用户可能已经使用了自定义超级元件而自己根本不知道。在一些 AMESim 库中存在自定义超级元件。

参考 AMECustom 手册可以得到关于自定义超级元件的信息。

6.5.2　多层超级元件

就像本章中解释的那样，超级元件可以用许多相互连接的标准元件来构建，也可以用其他超级元件来构建新的超级元件。这种情况下构建的超级元件称为"多层超级元件"（multi-level supercomponent），其可以同时连接标准子模型和任何其他类型的超级元件。多层超级元件的例子如图 6-26 所示。

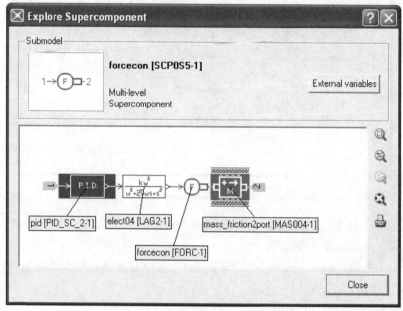

图 6-26　多层超级元件

这个多层超级元件被命名为"SCPOS5"，并且包含就像我们刚才创建的超级元件 PID［PID_ SC_ 2］那样的元件。创建多层超级元件的过程同创建标准超级元件相同。

但是，注意超级元件不能包含其本身。允许多层超级元件但不允许递归超级元件。

6.5.3　显示可用的超级元件和它们的分类

选择菜单"Modeling"→"Available Supercomponent"，弹出"Available Super-components"对话框，如图 6-27 所示。

"Available supercomponent"对话框显示一个用户可以进入的已存在超级元件列表。超级元件被存储在其分类中。用户创建的 PID 控制器也应该在列表中。

使用该对话框用户可以：

- 移除一个超级元件；
- 移除一个分类；
- 编辑一个超级元件。

6.5.4　从用户分类中移除一个超级元件

用户定义的分类必须为空才能移除。如果想清空用户定义的分类，可以使用菜

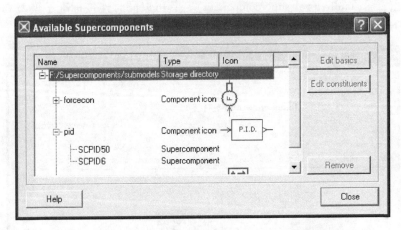

图 6-27　"Available Supercomponents" 对话框

单 "Modeling" 下的 "Available supercomponents"、"Available customized" 和 "Available user submodels" 对话框。

在 "Available supercomponent" 对话框中选择想要移除的超级元件,点击 "Remove" 按钮。

相同的过程也可以用来删除一个空的超级元件的分类。

1) 选择菜单 "Modeling" → "Category settings" → "Remove category",弹出 "Remove Category" 对话框,如图 6-28 所示。

2) 选择想要移除的分类,如图 6-29 所示。

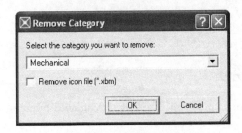
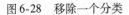

图 6-28　移除一个分类

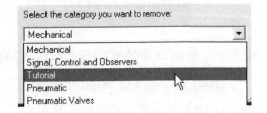

图 6-29　选择一个分类

3) 如果想要同时移除图标,要选中 "Remove icons files" 复选框。

6.5.5　修改一个超级元件

在 "Available Supercomponent" 对话框中,"Edit basics" 按钮可以用来修改一个超级元件的外部特征,例如名字、描述、图标和端口,如图 6-30 所示。

用户可以用下面的单选按钮,来设置是否只更新当前选择的超级元件,还是更新草图中的所有超级元件,如图 6-31 所示。

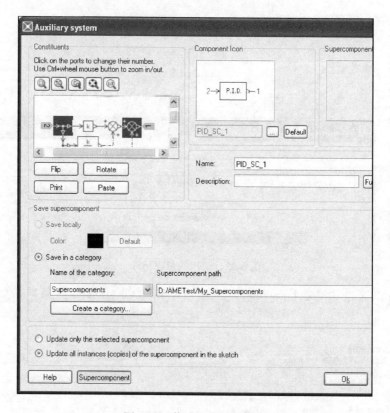

图 6-30　修改一个超级元件

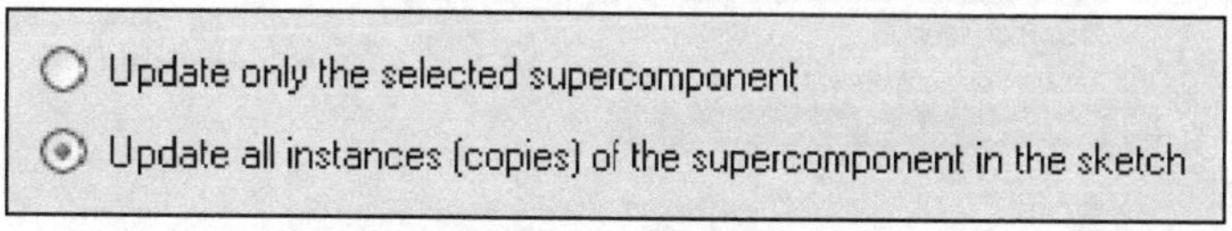

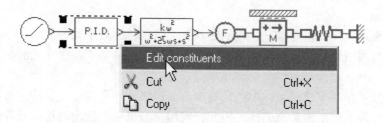

图 6-31　更新选项

　　用户也可以通过"Edit constituents"按钮在一个新的 AMESim 草图中编辑超级元件。在草图中的一个元件上右键单击，也可以弹出"Edit constituents"菜单，如图 6-32 和图 6-33 所示。

图 6-32　从草图中激发"Edit constituents"菜单

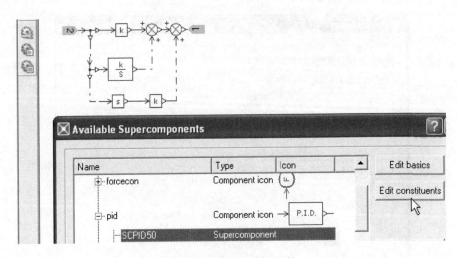

图 6-33　可用的超级元件

也可以通过"Model Explorer"来激发"Edit Constituents"菜单，如图 6-34 所示。

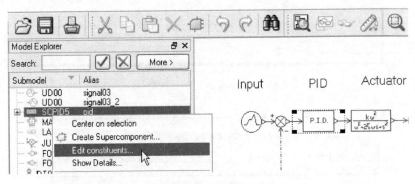

图 6-34　通过"Model Explorer"激发"Edit Constituents"菜单

然后用户就可以修改这个超级元件的组成，甚至重建整个超级元件。在这种情况下，使用 AMESim 就像使用一个标准模型，以下几种情况除外：

- 只有草图模式和子模型模式可用；
- 在子模型下可以修改参数：右击用户想要改变参数的元件，选择菜单"Change parameters"；
- 如果超级元件包含端口，它们在草图上以灰色的数字元件显示；
- 这些端口块不能被删除，只能通过拖动的方法移动，在保存之前必须已经连接好。

绝对禁止在一个超级元件中添加其本身。超级元件可以是多层的，可以包含其他的超级元件，但不能是递归的。因此，当用户编辑一个给定的超级元件时，绝对禁止在一个超级元件中添加另一个多层超级元件（其中包含前者）的情况发生。

如果用户违反上述规则，系统将会显示如图 6-35 所示的出错信息。

　　当修改完成时，要使用菜单"File"→"Save"保存超级元件。用户必须关闭正在编辑的带有这个超级元件的草图，返回到刚才编辑这个超级元件之前的状态。

图 6-35　一个超级元件不能被添加到自己中

6.6　使用自己的图标构建一个 PID 控制器的超级元件工具

　　使用菜单"Modeling"→"Available supercomponent"创建"Available super-component"对话框，找到并选择 PID 控制器，点击"Edit basics"，如图 6-36 所示。

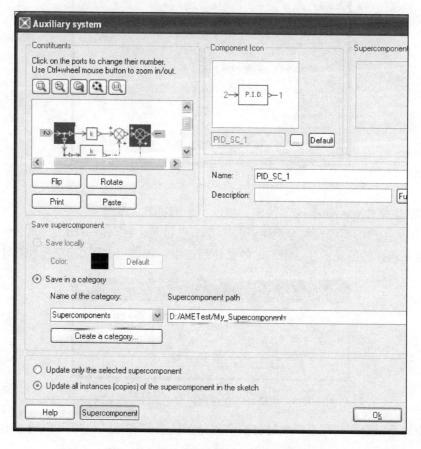

图 6-36　用户可以修改超级元件的图标

当前的超级元件图标如图 6-36 所示。用下面的步骤用户可以用自己的图标取代它。

6.6.1　创建一个超级元件的分类

在"Icon Selection"对话框中显示的分类都是由 AMESim 安装包提供的。这些分类通常情况下是写保护的，不允许用户向其中添加或删除图标。所以用户必须新创建一个自己的分类。

首先用户将创建一个新的分类来存储新的超级元件的图标。

1. 创建一个新的分类

1）在"Auxiliary System"对话框中（图 6-36 所示）点击"Select an icon"按钮 ，将会弹出如图 6-37 所示的对话框。

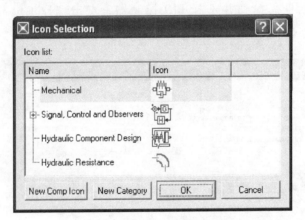

图 6-37　选择一个新的图标

2）点击"New category"按钮，显示一个浏览器。

3）从用户的超级元件分类中选择一个节点目录，并点击"OK"按钮。

如果选择的目录不在 AMESim 的路径列表中，将弹出如图 6-38 所示的对话框。

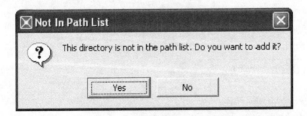

图 6-38　用户可以在路径列表中添加新的目录

用户可以更新其列表，此时会被询问分类的名称和描述，如图 6-39 和图 6-40 所示。

当描述填写完成后，点击"OK"按钮，会弹出"Icon Designer"对话框，如

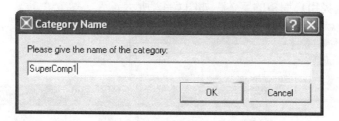

图 6-39　输入分类的名字

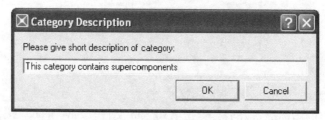

图 6-40　输入分类的描述

图 6-41 所示。

2. 创建一个图标

1）使用"Add text" ⊤ 按钮创建一个简单的图标，如图 6-41 所示。

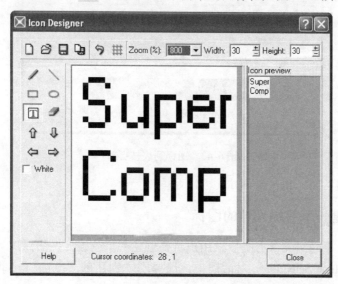

图 6-41　"Icon Designer"对话框

2）输入"Super"，然后再次点击按钮 ⊤ ，输入"Comp"。

注意：如果输入错误，可以使用橡皮按钮 ✐ 擦除文字；如果对字体不满意，点击"Text Input"对话框中的"Font"，此时弹出"Select Font"对话框，使用该对话框可以选择用户期望的字体，如图 6-42 所示。

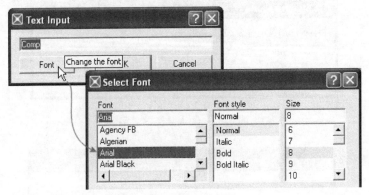

图 6-42　选择字体和样式

一般情况下，"Size"为"8"比较好。

3）当分类的图标准备好后，点击 AMESim 文件"Save icon"按钮 。原来的图标列表将被更新，如图 6-43 所示。

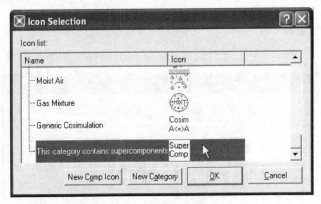

图 6-43　图标列表被更新

此时不要关闭"Icon Selection"对话框。

6.6.2　创建一个超级元件的图标

在创建一个超级元件分类后，用户将要创建一个超级元件图标。

1）在"Icon Selection"对话框中，选择刚才创建的"Super Comp"分类，如图 6-44 所示。

图 6-44　选择分类

2）点击"New Comp"按钮。

3）此时 AMESim "Icon Designer" 自动启动，如图 6-45 所示。

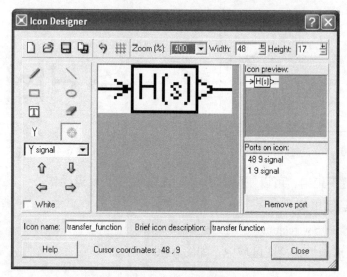

图 6-45　图标设计器

图 6-45 所示是创建图标的最终结果。下面是一些注意事项：

1）如果默认的图标尺寸不对，用户可以通过"Width"和"Height"修改图标的尺寸。

2）如果绘制过程出现错误，用户可以使用橡皮按钮 ，甚至通过点击"New icon"按钮 清空整个绘图区域。注意！后者会清空整个正在绘制的图标。

我们建议用户按照下面的步骤创建图标。

1. 为图标添加端口

如图 6-46 所示的两种端口类型必须要添加到图标中，一种是输入，一种是输出。

1）通过菜单选择一个端口。

2）点击"Add port icons"按钮以显示用户刚才选择的类型。

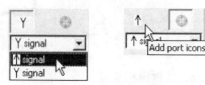

图 6-46　选择端口

3）在绘图区域上移动鼠标指针，鼠标指针将显示为刚才选择的端口类型的样式。

4）通过点击绘图区域将这个端口添加到中间区域。用户可以使用"guid" 和"zoom" Zoom(%) 工具来辅助定位。

5）选择另一个端口类型，将其放在新图标的另一侧，如图 6-47 所示。

2. 为图标添加文本

1）点击"Add text"按钮 ，输入文本"H（s）"。

2）在绘图区域的中间部分添加字符串，如图 6-48 所示。

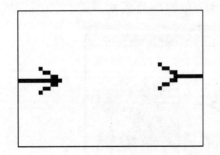

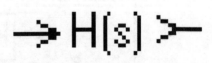

　　图 6-47　设置端口　　　　　　　　　　　　　　　　图 6-48　添加文本

如果位置不正确，可以使用"Undo"按钮 ↺ 执行后退操作。

3. 使用绘图工具

1）点击"Draw rectangles"按钮 ▢ 。

2）将矩形添加到绘图区域中，如图 6-49 所示。

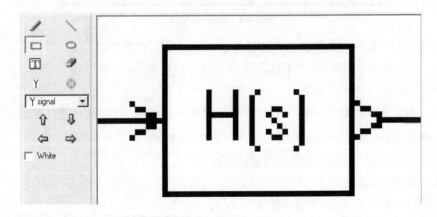

图 6-49　添加一个矩形

4. 调整图标尺寸

1）使用绿色的箭头按钮将其移动到图标矩形的区域上。

2）现在，在图标的下部有许多不需要的白色空间。

3）调节窗口上部的按钮来减小图标的高度。

注意：虽然端口类型已被添加到图标上，但是却没有被定义。端口有下面这些限制条件：端口必须位于图标的边界上；端口不能位于角落上；端口必须被放置在一个黑色单元格中。

此时"zoom"和"grid"工具将非常有用。

5. 定义端口类型

1）点击"Define ports and port types"按钮。

2）在绘图区域中选择一个合适的矩形，如图 6-50 所示。

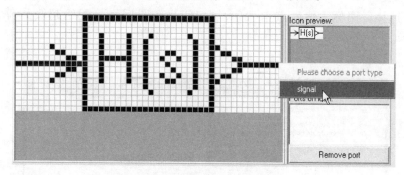

图 6-50　选择一个矩形

此时将弹出一个菜单。当前情况下只有一种端口类型——"signal"，选择该类型，如图 6-51 所示。

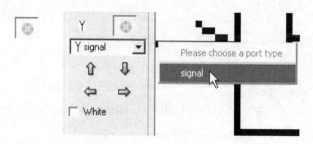

图 6-51　端口类型菜单

6. 命名图标

1）在"icon name"栏中输入定义端口的名字，该栏必须输入。

2）添加一个描述，该栏可选，如图 6-52 所示。

图 6-52　图标的名字和描述

3）点击"AMESim files"中的"Save icon"按钮 ，该图标将添加到分类中，如图 6 53 所示。

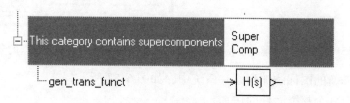

图 6-53　保存一个图标

7. 改变图标

1）选择新图标，然后点击"OK"按钮，新图标将分配给超级元件，如图 6-54所示。

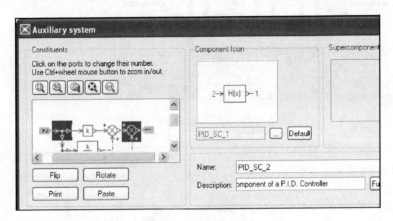

图 6-54　设置新图标

2）使用右键菜单设置端口号码，如图 6-55 所示。

3）点击"Save"按钮。

4）点击"Close"按钮，AMESim 的"Available Supercomponent"窗口将被更新。用户定义的超级元件现在可以使用了。

5）如果必须，返回草图模式，点击"Super Comp"分类，如图 6-56 所示。

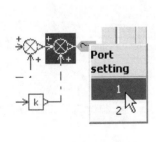

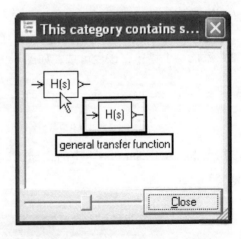

图 6-55　设置端口号码　　　　图 6-56　超级元件出现在新的分类中

6）选择新的图标添加到原有系统中，如图 6-57 所示。

7）运行这个超级元件的仿真。

比较这个模型的不同版本的输出，它们应该是相同的。

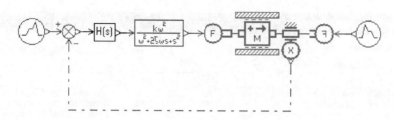

图 6-57　将图标添加到系统中

6.7　创建一个包含全局变量的通用超级元件

当一个给定参数在模型中出现很多次，并且都具有相同的值时，全局参数（global parameters）将很有用。要了解关于全局参数的更多内容，可以参考"Reference manual"的第 4 章。

为了介绍全局参数的使用方法，这里我们使用一个存储在"demo"中的例子。

6.7.1　从 AMESim 的"demo"中获得该例子

1）选择菜单"Help"→"Get AMESim demo"，弹出"Choose Demo"对话框。

2）打开"Tutorial"菜单，选择"FlatTwin. ame"。

3）选择"Copy and open"。

系统如图 6-58 所示。

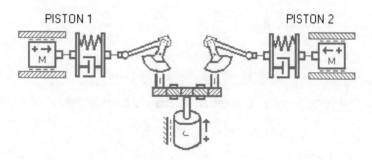

图 6-58　"Flat twin"系统

这是一个双缸发动机的简单模型。

4）进入参数模式，查看 6 个全局变量（通过菜单"Settings"→"Global parameters"，如图 6-59 所示。

它们中的每一个在一个或多个子模型中被使用。

5）单击其中的一个曲柄图标，将显示"Contextual parameters"选项卡，从中可以看出全局参数是怎样在元件中被使用的，如图 6-60 所示。

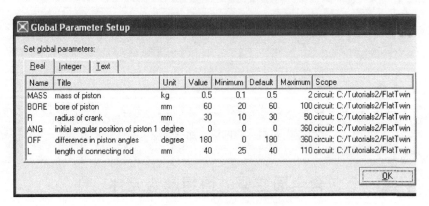

图 6-59　全局参数设置对话框

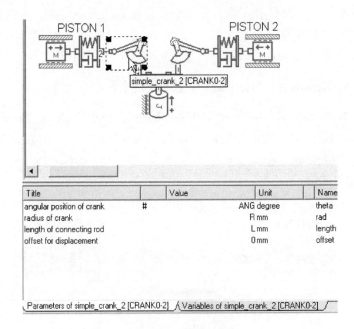

图 6-60　曲柄参数

6.7.2　创建一个包含全局参数的元件组的超级元件

1）按 Ctrl + A 键，选择草图中的所有对象。

2）按住 Shift 键，单击旋转质量负载，以取消对其的选择。

现在用户选择了除旋转负载外的所有元件，如图 6-61 所示。

3）选择菜单 "Edit" → "Create supercomponent"（或按 Ctrl + W 键），将弹出 "Auxiliary System" 对话框，如图 6-62 所示。

4）指定超级元件的名字 "TwinCylinder"，描述中输入 "twin cylinder engine"。

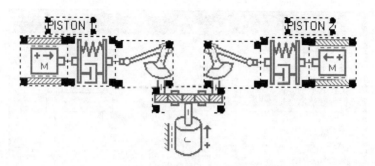

图 6-61　元件的选择

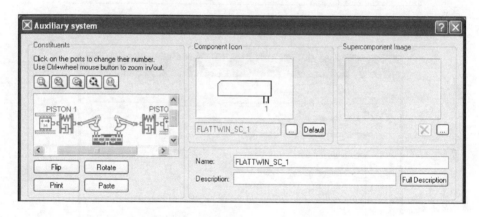

图 6-62　"Auxiliary system" 对话框

6. 7. 3　为超级元件指定一个图标

用户可以为超级元件指定一个图标，否则将使用默认的图标。

1）从 "Save in a category" 中选择将要保存该超级元件的分类，如图 6-63 所示。

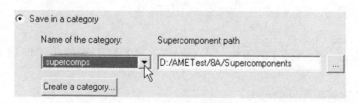

图 6-63　保存超级元件的分类

2）点击 "Component Icon" 面板中的 "browser" 按钮，如图 6-64 所示，打开 "Icon Selection" 对话框，如图 6-65 所示。

此时可以发现，仅有一部分图标与该超级元件兼容（如只有一个旋转轴端口

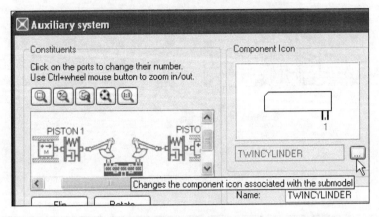

图 6-64　图标选择

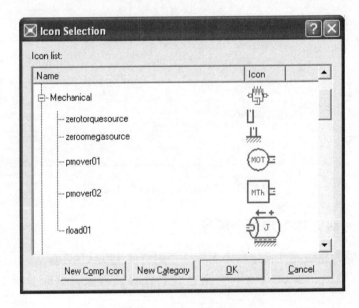

图 6-65　选择一个图标

的图标)。

3) 可以选一个已存在的图标 (图 6-66), 或者按下面的步骤创建一个更贴切的图标:

① 选择该超级元件的分类。

② 点击 "New Comp Icon" 按钮, "Icon Designer" 启动。

③ 从 AMESim 的 "tutorial" 目录中加载名为 "flattwin. xbm" 的文件。

④ 在位置 (47, 49) 处添加一个旋转轴端口, 可用 "grid" 和 "zoom" 来辅助定位。

⑤ 输入图标的名字和描述, 如图 6-67 所示。

⑥ 在 "AMESim files" 中点击 "Save icon" 按钮⬜。

⑦ 点击 "OK" 按钮，从 "Icon Selection" 对话框中选择这个新的图标。

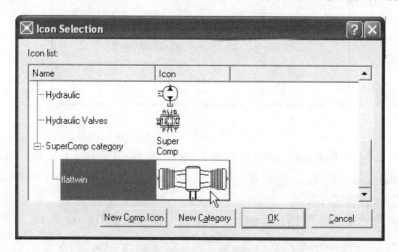

图 6-66　图标选择对话框

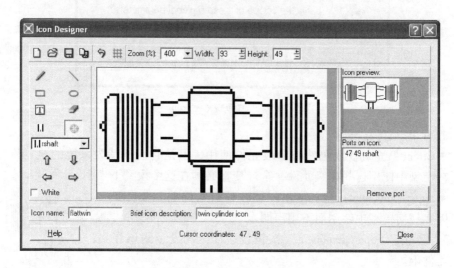

图 6-67　图标名字和描述

6.7.4　保存这个超级元件

1) 点击 "OK" 按钮，选择用户想要保存这个超级元件的目录节点，此时弹出如图 6-68 所示的对话框。

AMESim 此时发现该超级元件中存在全局变量，如果想继续保存，此时有两个选择。

• 如果点击 "Replace"，超级元件中定义的全局变量会被在图 6-69 中定义的

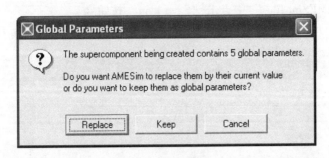

图 6-68　全局变量

当前值取代。参考图 6-60，ANG 将被 0.0 取代，R 被 30 取代，L 被 20 取代。

●如果点击"Keep"，将创建全局变量的副本，这些副本的作用域被限定在创建这个超级元件的内部。

2）点击"Keep"按钮，将弹出一个新的对话框，如图 6-69 所示。

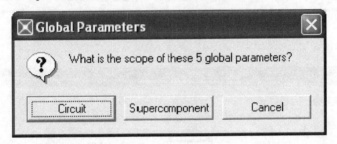

图 6-69　全局参数对话框

此时用户有两个选择。

●Circuit：全局变量仍然被超级元件使用，但是它们保持为系统的全局变量。为了在模型中使用这些超级元件，全局变量必须在这个模型下声明。

●Supercomponent：全局变量附属在超级元件上。全局变量可以在任何模型中使用而不用声明。

3）点击"Supercomponent"按钮，这样全局变量附属在超级元件上。

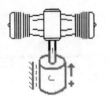

图 6-70　在系统中使用新的超级元件

6.7.5　在新系统中使用这个超级元件

在一个新系统中使用这个超级元件，如图 6-70 所示。

1）在参数模式下，单击该超级元件，打开"Contextual parameters"对话框，或者双击以打开"Change Parameters"对话框，如图 6-71 所示显示的全局变量的作用域被限制在超级元件上。

2）点击"Explorer"按钮，此时用户可以看见该超级元件的组成，如图 6-72 所示。

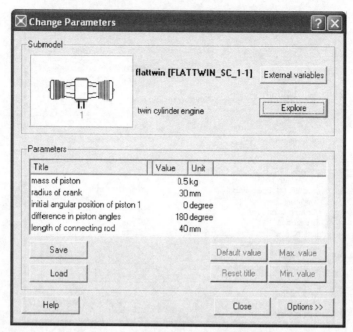

图 6-71　"Change Parameters" 对话框

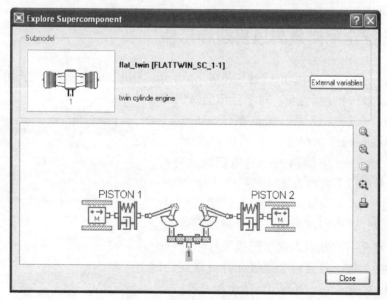

图 6-72　该超级元件的组成

3）单击其中的一个元件，用户可以看到这其中的一个元件的"Contextual pa-rameters view"，如图 6-73 所示。

在仿真模式下，一点击超级元件，其组成马上显现。如果单击其中的一个元件，用户会看到与其相关联的变量。

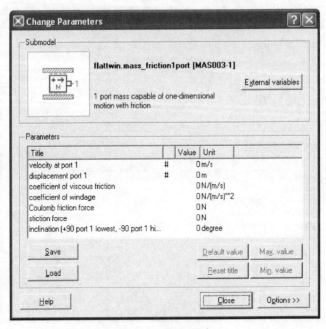

图 6-73　质量被隐藏了

6.8　分配全局变量到通用超级元件

当用户对 AMESim 中的一个通用超级元件使用"Edit constituents"时，用户可以对其声明或附加一个全局变量。对于任何的 AMESim 模型来说，全局变量可以从菜单"Setting"→"Global parameters"中声明，如图 6-74 所示。

当在 AMESim 中编辑一个通用超级元件时，用户可以使用以下两种方法处理一个全局参数：

1）在"Global Parameter Setup"对话框中声明全局参数，其将变成附属于这个超级元件的全局参数。它可以被分配为这个超级元件中任一个组成元件的参数，并且这个超级元件可以在任何 AMESim 模型中使用，而不用声明全局变量。

2）用户也可以分配该参数给这个超级元件中的任一个组成元件的参数，而不通过"Global Parameter Setup"对话框声明。在这种情况下，该参数将被认为是系统的全局参数，它将必须在使用这个超级元件的每个 AMESim 仿真模型中进行定义。

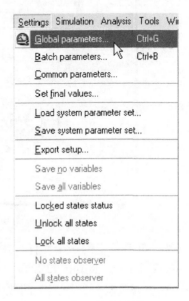

图 6-74　参数菜单

第 7 章　结 果 管 理

本章介绍结果管理（Result Manager）。在本章将要创建后置处理变量（post-processed variables），仍然以四分之一车为例子。

7.1　创建后置处理变量

我们将要使用结果管理（Result Manager）从车体的位移（车体位移变量，body displacement variable）计算速度和加速度。

1. 创建速度的后置处理变量

1）在仿真模式下，运行仿真。

2）选择 Body mass 元件，其变量将显示在 "Contextual view" 对话框中。

3）在 "Watch view" 中选择 "Post processing" 选项卡。

4）从 "Contextual view" 中拖动 "body displacement" 变量到 "Watch view" 中，如图 7-1 所示。

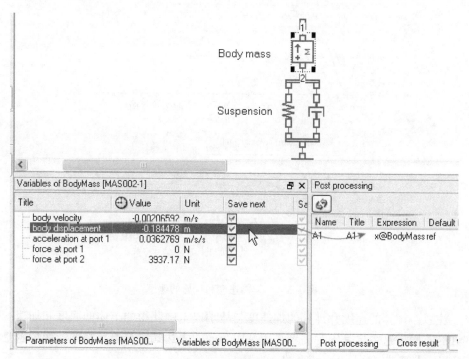

图 7-1　拖动变量

5）编辑“Title”项为“computed velocity”。

6）编辑“Expression”项为“differ（x@ Body Mass）”，如图 7-2 所示。

Name	Title	Expression	Default Result Set
A1	computed velocity	differ(x@BodyMass)	ref

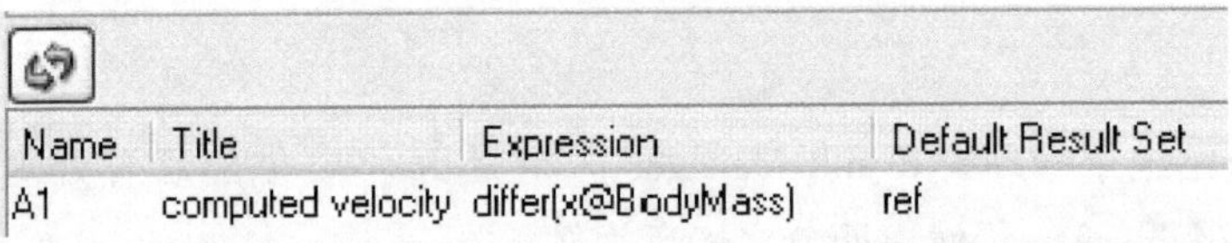

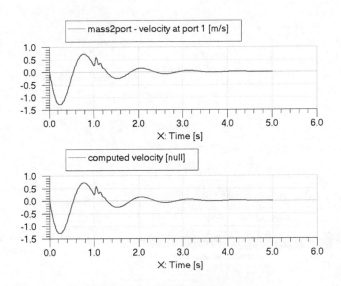

图 7-2　编辑“Title”和“Expression”项

2. 创建加速度的后置处理变量

1）在“Post processing”选项卡中，点击鼠标右键，从弹出的菜单中选择“Add”，在选项卡中将出现新的一行。

2）编辑这一行的“Title”为“computed acceleration”。

3）编辑这一行的“Expression”为“differ（A1）”。

3. 绘制结果曲线

如果绘制后置处理计算的速度和加速度变量的曲线图，会看到和从端口 1 获得的速度和加速度的曲线是相同的，如图 7-3 和图 7-4 所示。

图 7-3　车体的速度和计算的速度

注意：计算的速度和计算的加速度与从端口 1 中获得的车体的速度和加速度有些许的不同，这主要是因为前者是用 AMESim 的表达式解释器计算的，而后者是用 AMESim 求解器（Solver）计算的。

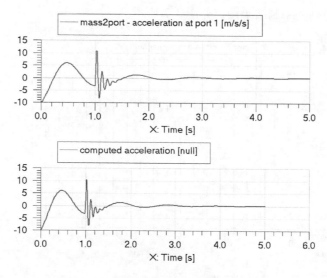

图 7-4　车体的加速度和计算的加速度

7.2　创建多回路后置处理变量

后置处理变量可以使用来自多个系统的变量或参数。实现方法是在变量路径后附加 "：system_ name" 字符串以指定来自哪个系统。

我们将用两个非常简单的系统来展示这一功能，这两个系统命名为 Signal1 和 Signal2。

1. **创建两个系统**

创建如图 7-5 和图 7-6 所示的两个系统。

图 7-5　Signal1　　　　　　　　　　　　　　　图 7-6　Signal2

2. **设置步骤**

1）激活 Signal1 系统，并切换到仿真模式。所有的参数取默认值。

2）运行参数（run parameter）按表 7-1 设置。

表 7-1　Signal1 的参数设置

参数名	值	说　　明
Final time	1s	仿真终止时间 1s
Print interval	0. 1s	间隔 0. 1s
Discontinuities	选中	选中 "Standard" 选项卡中的非连续复选框

3）运行仿真并绘制结果图，如图 7-7 所示。

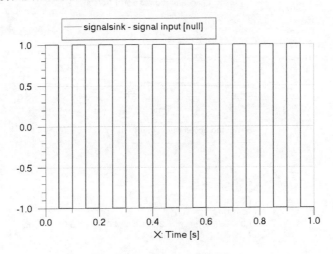

图 7-7　Signal1 的仿真结果

4）激活 Signal2 并切换到仿真模式。所有的参数保持默认值。

5）运行参数（run parameter）按表 7-2 进行设置。

表 7-2　Signal2 的参数设置

参数名	值	说　　明
Final time	2s	仿真终止时间 2s
Print interval	0.01s	仿真间隔 0.01s

6）运行仿真并绘制曲线，如图 7-8 所示。

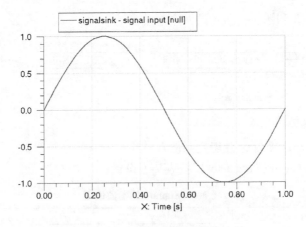

图 7-8　Signal2 的仿真结果

7）返回到 Signal1 中并创建一个后置处理变量。该变量隶属于系统 Signal1，但也可以使用来自系统 Signal2 的变量。在后置处理变量的表达式（Expression）列表项中输入下面的表达式："sink@signalsink + sink@signalsink：Signal2"，如图 7-9 所示。

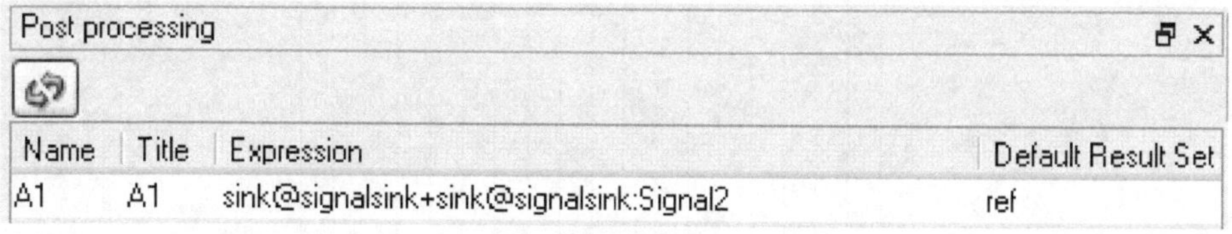

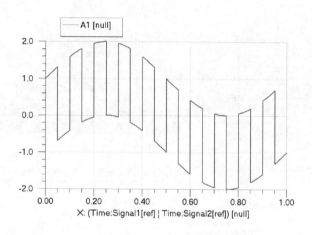

图 7-9　多回路变量的后置处理

8）绘制多回路后置处理变量，如图 7-10 所示。

图 7-10　多回路后置处理变量仿真图

7.3　使用保存的数据比较曲线

有时用户可能想将预先保存的绘制曲线同另一条曲线进行比较，这时结果管理器也可以派上用场。

还是以文件 Signal1 和 Signal2 为例。

1）在 Signal1 中，绘制变量的曲线，然后在 AMEPlot 中选择"File"→"Save data"菜单，保存这条曲线（"Plot data"复选框要保持选中），假定文件名为"Signal1. data"。

2）切换到 Signal2 文件，然后再打开 AMEPlot，使用其上的"File"→"Load data"菜单，打开刚才保存的曲线数据文件"Signal1. data"，如图 7-11 所示。

3）在 Signal2 中，把想要比较的变量拖拽到"Post processing"选项卡上，如图 7-12 所示，拖拽后的结果如图 7-13 所示。

4）在"Post processing"选项卡上用右键的"Add"菜单添加一行，如图 7-14

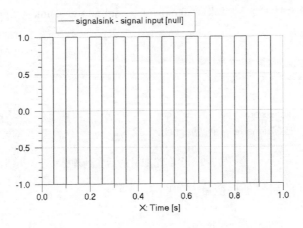

图 7-11　Signal1. data

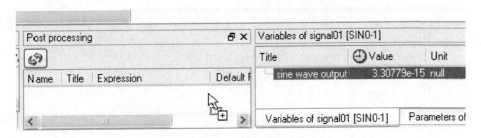

图 7-12　拖拽变量

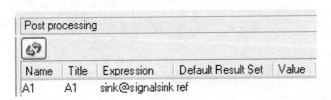

图 7-13　拖拽变量后的结果

所示。然后点击新添加行的"Expression"列右侧的按钮，打开表达式编辑器（Expression Editor），如图 7-15 所示。

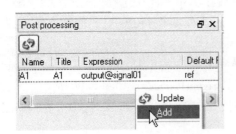

图 7-14　添加一行

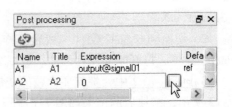

图 7-15　激活表达式编辑器

5）在表达式编辑器对话框中切换到"Declared operands and constants"选项卡，如图 7-16 所示。

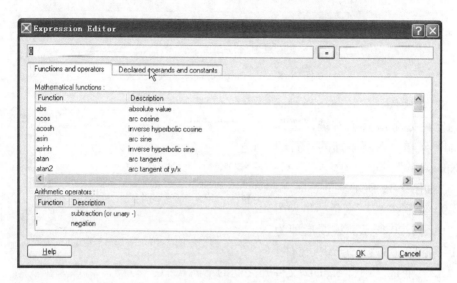

图 7-16 "Declared operands and constants"选项卡

6）在"Declared operands and constants"选项卡中找到"Name"为"C1_ R0_ F2@ signal：Signal2"的变量，双击，该变量将出现在对话框上部的文本框中，如图 7-17 所示。

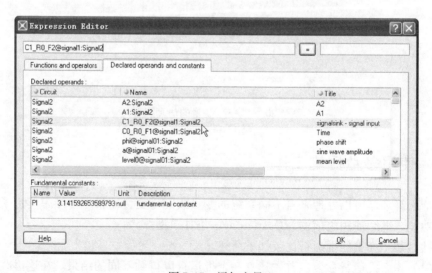

图 7-17 添加变量

7）点击"OK"按钮，这时的"Post processing"对话框中的列表如图 7-18 所示。

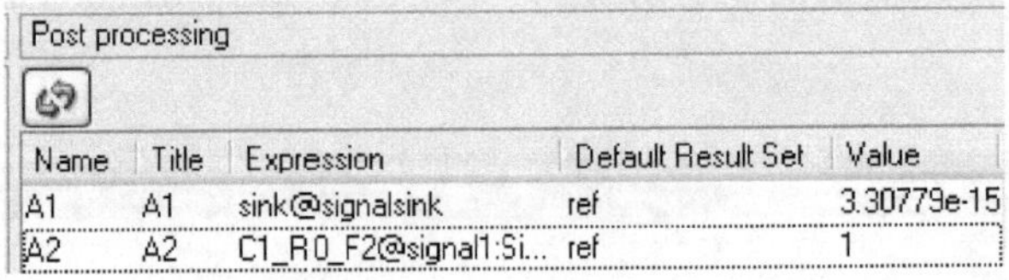

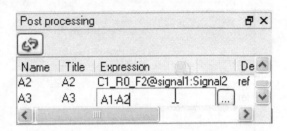

图 7-18　"Post processing"列表

8）在"Post processing"对话框的空白处单击鼠标右键，选择"Add"菜单，在新添加的一行的"Expression"列中输入"A1-A2"，如图 7-19 所示。

9）绘制"A3"变量的仿真图形，如图 7-20 所示。该图形即为"A1"变量（来自 Signal1 文件）

图 7-19　添加 A3 变量

和"A2"变量（来自 Signal2 文件）之间的不同（A1-A2）。

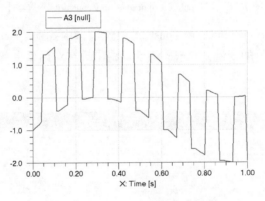

图 7-20　"A3"变量的仿真图形

7.4　使用多数据集工作

结果管理器可以处理来自不同系统的变量或同一变量的批运行结果。为了展示这一功能，继续使用之前的"QuarterCar"仿真模型。

针对某一变量的批运行比较如下所述。

（1）建立批运行参数　首先建立一个批运行以得到不同的结果。在这里改变车体的重量来得到批运行结果。

1）在参数模式下，从"Body mass"元件中拖动"Mass"参数到"Batch Parameters"窗口。

2）设置"Step size"为10，"Num below"和"Num above"为2，如图7-21所示。

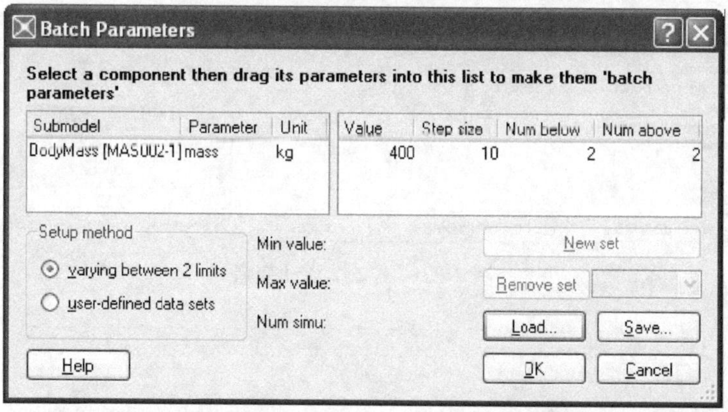

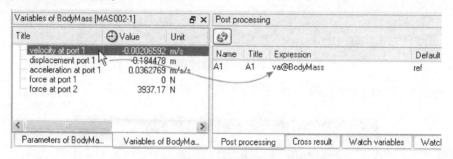

图7-21 "Batch Parameters" 参数设置对话框

3）运行该批运行。

（2）比较数据集 使用"Result Manager"比较来自同一个变量的不同数据集的结果。将比较来自端口1的速度变量的从第1~5个批运行结果。

1）点击"Body Mass"并拖动"velocity at port 1"变量到"Post processing"选项卡，如图7-22所示。

图7-22 拖动变量

2）再一次拖动变量"velocity at port 1"到"Post processing"选项卡，把其放在已经存在的变量的表达式上面，选择"subtract"操作，如图7-23所示。

现在的表达式如图7-24所示。

下面的步骤是编辑表达式为想要比较的两个结果集（批运行结果）。为了指定想要比较的结果集（批运行结果），需要将指定批运行的结果号码放在一个中括号中，并附加在变量的结尾部分。例如，如果想比较第1次批运行和第5次批运行的结果，则表达式被编辑成如图7-25所示的形式。

如图7-25所示，在第1个变量的名字后面添加了量"［1］"，在第2个变量的名字后面添加了"［5］"。

注意此时"Default Result Set"列不可用。

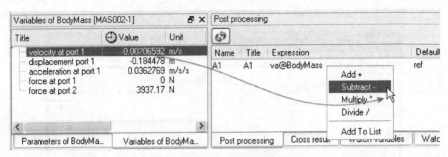

图 7-23　第 2 次拖动变量

图 7-24　新的表达式

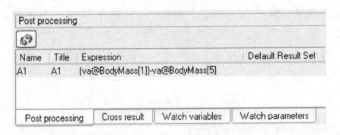

图 7-25　编辑表达式

绘制后置处理变量如图 7-26 所示。

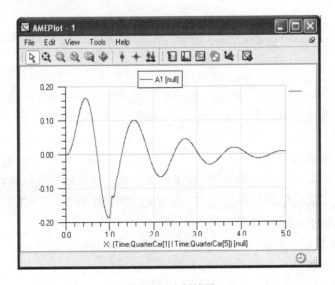

图 7-26　绘制结果

7.5 同所有其他的批运行结果相比较

用户可以将一个结果集同批运行的所有其他结果进行比较。

在"Post processing"选项卡中添加一个新行，并在"Expression"中输入下面的表达式"va@ BodyMass［ref］-va@ BodyMass"，如图 7-27 所示。

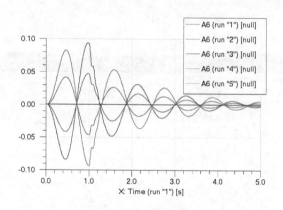

图 7-27　输入表达式

绘制上面的后置处理变量，并将其转化为批运行。绘制结果如图 7-28 所示。

图 7-28　批运行结果

7.6 利用 Experiments 比较结果集

与利用批运行来比较结果集不同，用户也可以使用 Experiments 来进行比较。如图 7-29 所示，创建 3 个"Body mass"的 experiment 变量，分别为 200、300 和 400。

这次的变量将指向一个试验结果集。如果选择"Default result set"列，可以看见试验变量。

以"exp_ 1. ref"为例（见图 7-30）：

1）点击"Body mass"并将端口 1 上的"velocity at port 1"变量拖动到"Post

processing" 选项卡上。

2）编辑表达式为 "（va@ BodyMass［1］）-va@ BodyMass［exp_ 1. ref]"。此处，我们比较 "va@ BodyMass" 的结果集 1 和 "va@ BodyMass" 的试验 1。

3）绘制该后置处理变量，如图 7-31 所示。

图 7-29　创建实验变量

图 7-30　试验变量

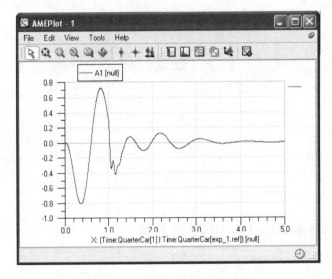

图 7-31　后置处理变量的仿真结果

通过使用上述方法，用户可以随时访问系统而不需要特别应用某个仿真试验。

7.7　使用 "Post processing" 和 "Cross results"

通过使用交叉集变量，用户可以观察到改变某一变量值的仿真结果就好像是批运行的结果一样。当运行了一系列的仿真后，用户可能根据仿真结果关心某一指定变量在指定时间的结果。下面使用"QuarterCar. ame"来展示这一功能。我们将观察车体的最大负向位移。

打开"QuarterCar. ame"文件。

1. 设置参数

如表7-3所示设置参数。

表7-3　设置参数

子模型	标题	值
MAS002（Body mass）	mass[kg]	400
	inclination[degree]	-90
SPR00A（suspension）	spring rate[N/m]	15000
MAS002（wheel mass）	mass[kg]	50
	inclination[degree]	-90
SPR00A（tire stiffness）	spring rate[N/m]	200000
STEP0	value after step[null]	0.1
	step time[s]	1

2. 建立批运行参数

1）在参数模式下，选择菜单"Settings"→"Batch Parameters"打开"Batch Control Parameter Setup"对话框。

2）选择"Body Mass"元件并拖动"Mass"参数到"Batch Control Parameter Setup"对话框。

3）选择"user-defined data sets"，配置成如图7-32所示的数据集。

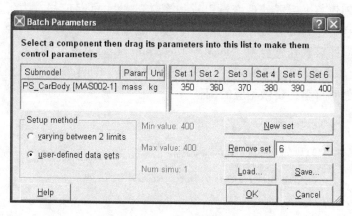

图7-32　Batch Parameters

4）切换到仿真模式，按表7-4设置运行参数。

3. 执行仿真，绘制车体位移，并转换为批运行绘制图

绘制仿真图形，如图7-33所示。

表 7-4　设置运行参数

名称	值	说明
Final time	5 second	仿真时间 5s
Print interval	0.01 seconds	间隔 0.01s
Run type	Batch	批运行
Simulation mode	Stabilizing + Dynamic	运行模式

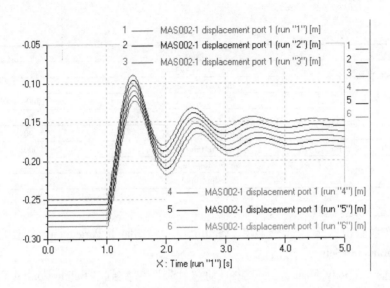

图 7-33　批运行仿真结果

4. 创建一个后置处理变量

下面将创建一个后置处理变量以求得车体的最大负向位移。为了完成上述要求，我们将观察在 $t = 1.15s$ 之后的第一个最小变化。

创建下面的后置处理变量 "locMin（leftTrunc（x@ Body_ Mass, 1.15））"，如图 7-34 所示。注意 "BodyMass" 是汽车质量的别名。如果在仿真回路中汽车质量的名字为其他字符串，要做相应的调整。

Name	Title	Expression	Default Result Set
A1	A1	locMin(leftTrunc(x@Body_Mass, 1.15))	ref

图 7-34　变量

5. 创建交叉变量

下面我们将创建两个交叉变量，第 1 个用来指定质量参数值，第 2 个指定最大负向位移变量。

1) 创建交叉变量 "Cross_ Var1" 和 "Cross_ Var2"。

拖动"mass"参数到"Cross result"选项卡，按图7-35所示的方式编辑。

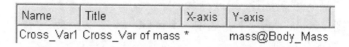

图7-35 Cross_ Var1 变量

右击"Cross result"选项卡，选择"Add"，"Y-Axis"选择窗体打开。定位到列表的A1处并双击，新行被添加到"Cross result"选项卡上，按图7-36所示的方式进行编辑。

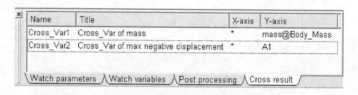

图7-36 Cross_ Var2 变量

- "Name"要求为系统变量中的唯一名字。
- "Title"是变量标题的任意文本。
- "X-axis"是一个一般表达式，用来指定结果。
- "Y-axis"是基本变量。

说明：对于一个交叉变量，"X-axis"是列表结果的名字。结果的名字是字符串后第二个"."的后面紧跟着的字符串。例如：system_ name_ .results. 1，这里结果的名字为1；system_ name_ .results. bak，这里结果的名字为bak；system_ name_ .results，这里没有设置结果的名字。

用户可以通过使用表达式选择指定的结果文件。默认情况下，"X-axis"列被设置为"*"，意思是选择所有结果。

在这个例子中，我们仅对批运行感兴趣，就是说对"QuarterCar_ .results. 1"到"QuarterCar_ .results. 6"感兴趣。

2）用下面的表达式编辑"X-axis"列为"［1-6］"，如图7-37所示。

Name	Title	X-axis	Y-axis
Cross_Var1	Cross_Var of mass	[1-6]	mass@Body_Mass
Cross_Var2	Cross_Var of max negative d splacement	[1-6]	A1

Watch parameters / Watch variables / Post processing / Cross result

图7-37 X-axis 列

6. 绘制质量的"Cross_ var"和"Cross_ var"的最大负向位移

1）拖动质量的"Cross_ var"到草图区域进行绘制。

2）拖动最大负向位移的"Cross_ var"到新绘制的图上。

3）右击"Y axis"，选择"Axis Format"。

4）切换到"Scale"选项卡，选中"Separate axis"复选框。

5）点击"OK"按钮。

此时将用 Y 轴分立的坐标方式显示图形，如图 7-38 所示。可以看见与仿真1 ~ 6 对应的质量和最大负向位移的变化图形。

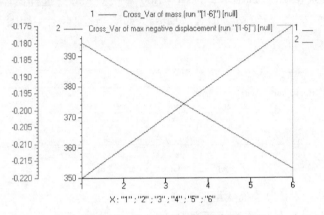

图 7-38　分立 Y 轴的图形绘制

点击"Convert time plot to XY plot"，并在空白图形上单击按钮，可以看到以车体质量作为横坐标轴、最大负向位移作为纵坐标轴的曲线图，如图 7-39 所示。

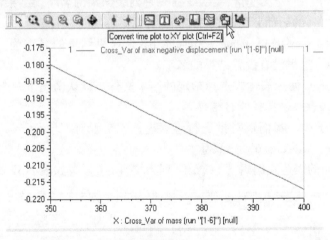

图 7-39　转换为 XY 图

就像期望的那样，该图为线性的。

第8章 线性分析

8.1 简介

　　线性分析工具允许用户在频域范围内对动态系统的结构特性进行分析。它包含在指定的点对动态系统进行线性化。得到的线性化的系统将更容易进行分析，对比时域分析来说，可以用非常有限的时间就能得到其动态属性的清晰结论。

　　AMESim 中可用的分析工具如表 8-1 所示。

表 8-1　线性分析工具

图标	线性分析工具	图标	线性分析工具
𝖠	特征值	𝖭	传递函数
▦	模态形状	▦	根轨迹

　　在线性分析背后的理论将在下面进行描述。但是，这些理论对 AMESim 用户来说是完全不可见的。这使线性分析工具的使用非常简单，同时它还提供了强大、有效的分析，这些分析对系统动态特性可以得到非常有趣的结果。

8.2　线性分析之前

　　线性分析是一个强大的分析工具，它可以直接描绘出系统的动态特性而不需要实际的输入信号。它同传统的时域分析法完全不同，后者是在给定的时域输入下通过分析时间响应的系统输出来分析系统的动态特性。

　　让我们分析时域内的一个非线性系统，其输山和输入以一个与时间相关的函数来表示。其原理图如图 8-1 所示。

图 8-1　时域中的非线性系统

要使用线性微分方程来描述这个系统，就需要对系统的方程进行线性化。

首先考虑一个简单的例子，某非线性函数 $Y = f(x)$，如图 8-2 所示。

假设需要在曲线上的点 a 附近工作。对点 a 附近微小的 X 和 Y 位移，在工作点 a 处的斜率为

$$\frac{\mathrm{d}Y}{\mathrm{d}X}\Big|_a$$

这样等价系统的近似线性关系为

$$y = \frac{\mathrm{d}Y}{\mathrm{d}X}\Big|_a \cdot x$$

AMESim 中的过程与上述类似，对所有变量的系统函数进行微分，以得到等价的线性系统的矩阵，如图 8-3 所示。

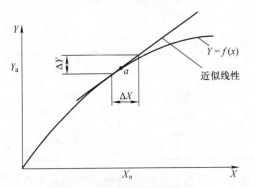

图 8-2 非线性方程的线性化

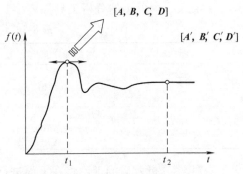

图 8-3 在工作点附近的 AMESim 线性化过程

线性化后的系统要么以拉氏变换的传递函数 H（s）形式表示，要么以常用的状态空间表达式 [$\boldsymbol{A}$，$\boldsymbol{B}$，$\boldsymbol{C}$，$\boldsymbol{D}$] 形式表示，如图 8-4 所示。

后者的状态空间表达式的形式为 AMESim 所采用，并且存储在雅可比文件 ∗._ jac0 中，如下所示：

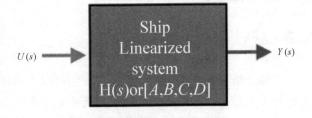

图 8-4 频域下的线性化系统

$$\begin{cases} \dfrac{\partial x}{\partial t} = \boldsymbol{A}x + \boldsymbol{B}u \\ y = \boldsymbol{C}x + \boldsymbol{D}u \end{cases}$$

式中　x——状态变量的向量（系统的状态）；

　　　u——控制变量的向量（输入向量）；

　　　y——观测变量的向量（输出向量）。

用户可能认为状态空间表达式 $[A, B, C, D]$ 的形式非常难以理解，事实上只是线性化系统将输入 $U(s)$ 和输出 $Y(s)$ 用线性矩阵 $[A, B, C, D]$ 来代表。而且上述过程对 AMESim 用户来说是完全透明的，用户只要关注线性分析工具的使用就可以了。下面将要对线性分析的工具进行介绍。

8.2.1 不同的分析用不同的工具

对于线性分析，系统的动态特性用下面的各项进行描述。

（1）系统的特征值 代表了系统的自然模式，它可以预报系统在特定频率（Hz）下发生的共振，以及与其相联系的振幅的阻尼比（%），如图 8-5 所示。

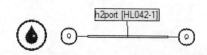

No	Type	Frequency	Damping ratio	Real part	Imaginary part
t_01	Time constant	0.000000	1.000000	-0.000000	0.000000
f_01	Oscillating mode	182.035581	0.000165	-0.188239	+/-1143.763274
f_02	Oscillating mode	351.665739	0.000085	-0.188239	+/-2209.580993
f_03	Oscillating mode	497.330457	0.000060	-0.188239	+/-3124.819414
f_04	Oscillating mode	609.102926	0.000049	-0.188239	+/-3827.106553
f_05	Oscillating mode	679.366038	0.000044	-0.188239	+/-4268.582705
f_06	Oscillating mode	703.331477	0.000043	-0.188239	+/-4419.161999

图 8-5 频率（Hz）和阻尼比（%）的特征值——液压管道在封闭条件下

（2）模态振型 代表了沿整个系统的固有模式（如频率和阻尼比）的空间分布，如图 8-6 所示。它们显示了与选择的固有模式相对应的系统被压紧的部分，并且指明了这些部分是如何振荡的（同相或异相）。这些部分被清楚地标示出来，然后可以很容易地通过在最好的位置、最好的设计阻尼器来减少系统的振荡。

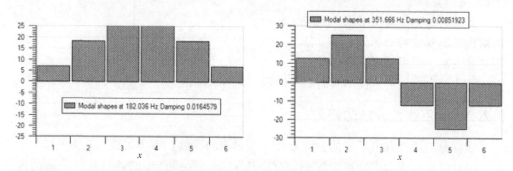

图 8-6 模态振型——两个封闭条件条件下的管道模型

（3）传递函数 代表了在控制变量（输入）作用下所观测到的变量（输出），以增益 G（dB）和相位 φ 形式代表的频率响应，如图 8-7 所示。它们允许预测在不同频率激励下振动的幅值，展示了在所选择的激励下的模态振型。

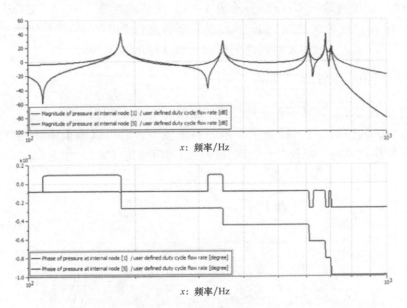

图 8-7　传递函数的 Bode 图

　　（4）根轨迹图形　代表了由于参数改变所引起的模态振型的频率和阻尼比的变化轨迹，如图 8-8 所示。使用该方法可以很容易地得到最优设置（例如标定精确的阻尼孔的直径），或者研究闭环控制系统的稳定性（例如压力调节器的稳定性）。

　　上述的每一项指明了用户系统的结构动态属性的一部分。综合使用这些方法，工程师可以得到动态

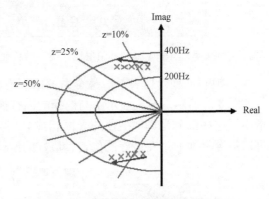

图 8-8　根轨迹典型响应特征值的位置

系统行为的全面理解，而不管时域中的输入是什么样的。

8.2.2　使用线性分析的好处

　　线性分析使提取出系统的关键参数（有影响的参数）成为可能（图 8-9）。
　　线性分析允许用户在指定频率带宽（Hz）下，保持最小的并且是最合适的模型。用户可以减小他们的模型以精确地包含他们想要在结果中包含的东西。
　　如果用户对研究的动态系统的 0 ~ 100Hz 的带宽感兴趣，那么研究用户的 AMESim 模型中模态振型高达 5000Hz 就没有什么意义，因为在 100 ~ 500Hz 带宽下

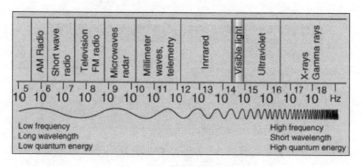

图 8-9　电磁脉冲谱的例子

的仿真会增加仿真的 CPU 时间，同时不会给用户带来有意义的信息。

而且，如果用户在频域内研究的模型是与频率相关的，那么在时域内也与频率相关（图 8-10）。在时域内对一个震荡执行快速傅里叶变换同在频域内通过特制值分析的频率响应或 Bode 图分析是相近的，如图 8-11 和图 8-12 所示。

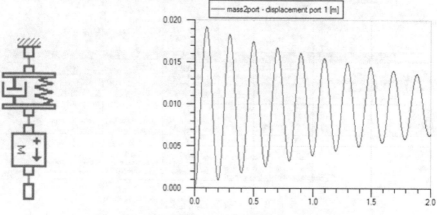

图 8-10　质量弹簧阻尼系统在时域内的位移输出

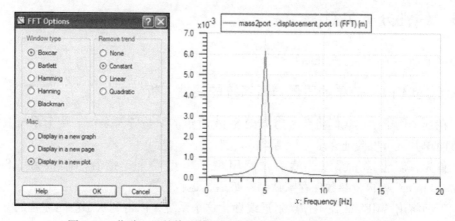

图 8-11　位移 x 上的快速傅里叶变换，在 $\pm 5Hz$ 处出现一个峰值

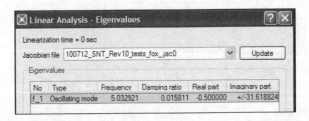

图 8-12　频域内的特征值，直接进入在频率为 5.03Hz 处的模态振型

频域分析比时域分析快，因为其不依靠占用较长 CPU 时间的时域激励。用户可以立即得到系统的动态属性，如图 8-13 所示。

	Eigenvalues	Modal Shapes		Transfer Functions			Root Locus
Techniques	Freq, ζ, Real, Imag	Magnitude	Energy	Bode	Black-Nichols	Nyquist	With Batch Runs
Illustration							
State variables (system)	(X) already included in the system	(X) already included in the system	(X) already included in the system	(X) already included in the system	(X) already included in the system	(X) already included in the system	(X) already included in the system
Control variables (inputs)				X 1 to N controls to be selected	X 1 to N controls to be selected	X 1 to N controls to be selected	
Observer variables (outputs)		X all same kind of observers to be selected	X all same kind of observers to be selected	X 1 to M observers to be selected	X 1 to M observers to be selected	X 1 to M observers to be selected	

图 8-13　系统的动态属性

8.3　线性分析实例

本节通过实例的方式介绍线性分析。

8.3.1　实例 1：简单的质量弹簧系统的线性分析

在这个例子中，我们将要考虑如图 8-14 所示的质量弹簧系统。这个系统具有足够简单并且可以验证许多分析结果的优势。

首先，创建这个系统；然后，使用主子模型功能；接着，命名为"SimpleMassSpring"；再将参数保存默认值；最后，运行仿真。

下面将用 AMESim 在工作点附近线性化这个系统，以得到状态空间方程的标准的 *A*、*B*、*C* 和 *D* 矩阵

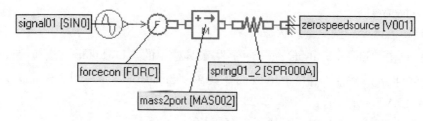

图8-14 简单的质量弹簧系统

$$\begin{cases} \dot{x} = Ax + Bu \\ y = Cx + Du \end{cases}$$

式中，x、u 和 y 分别为状态、控制和观测变量。上式严格说只对经典的常微分方程成立。AMESim 也能够解微分代数方程。

1. 线性分析

当用户选择了仿真模式，默认的情况下打开时域分析按钮 时，线性分析按钮 处于关闭状态。

1）点击线性分析按钮进入线性分析模式，此时线性分析工具栏（图 8-15）可用。

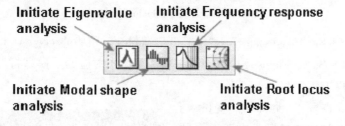

图8-15 线性分析工具栏

2）在系统中选择不同的元件。"Variable list" 对话框或者 "Contextual variables" 选项卡在第 3 列出现一个新的字段名为 "Status"。对于状态变量，这个字段显示为 "free state"。如果用户选择了这个字段，可以得到下面选项的菜单：

- free state；
- fixed state；
- state observer。

注意："fixed state" 被线性分析所淘汰。"state observer" 是一个 "free state"，同时也是一个观测变量。

对于其他种类的变量，原始的字段值是 "clear"，顺序是：

- clear；
- control；

- observer。

3）试着改变一些变量的状态。

4）点击"Linear analysis parameters"工具栏中的"LA Status"按钮 ⌷，显示当前的线性分析状态。用户也可以选择菜单"Simulation"→"Lineration parameter"→"LA Status"。

"LA Status Fields"对话框如图 8-16 所示。

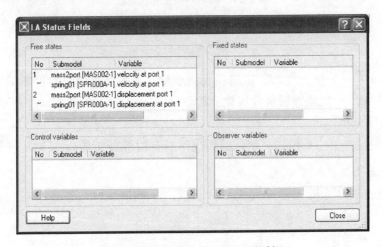

图 8-16　"LA Status Fields"对话框

5）确定没有"fixed states"、"control variables"和"observer variables"。如果用户点击"LA Status Fields"窗口中的一项，草图中对应的子模型将高亮显示，这可以帮助用户工作。

如果用户查看"free state"变量，会发现对同一个状态变量通常有两个标题。因此，两端口质量块 MAS002-1 的"velocity at port 1"状态变量同 SPR000A-1 的"velocity at port 1"相同，只要连接了弹簧子模型。

我们从一个没有控制变量和观测变量的简单线性化开始。所以，我们只能得到一个 *A* 矩阵，并且因为系统的方程是线性的，我们将总能得到相同的矩阵。

简单的线性化的步骤如下：

1）点击"LA times"按钮 ⌷，生成

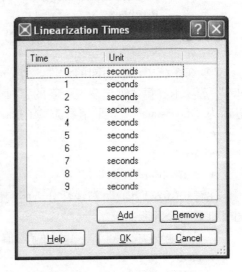

图 8-17　线性化时间对话框

的对话框如图 8-17 所示。

2）点击"Add"按钮，在输入对话框中设置一个值以指定线性化执行的时间。

3）输入线性化时间：0，1，2，3，4，5，6，7，8，9。用户可以输入任意多的线性化时间。要移除线性化时间，选中，然后点击"Remove"按钮。

4）运行仿真。在运行的过程中，文件名为"SimpleMassSpring_ .jac0"、"SimpleMassSpring_ .jac1"等的文件会被创建。每个文件会包含线性化结果（如在单个线性化时间处的 **A**、**B**、**C** 和 **D** 矩阵。但是，在本例中，**B**、**C** 和 **D** 矩阵是 0）。

2. 特征值分析

系统本质属性的许多信息可以通过计算雅可比矩阵（矩阵 **A**）的特征值得到。在本例中，用户不需要任何控制或观测变量，但必须有自由状态（free state）。

1）当运行完成后，点击特征值模态分析按钮 $\boxed{\Lambda}$。

很容易计算出系统的特征值为 $\pm \sqrt{1000}$。1000 是弹簧的刚度（100000N/m）和质量块的重量（100kg）在国际单位制下的比值。

2）在"Jacobian file"选择框中，依次选择 SimpleMassSpring_ .jac0，1，2 等。

图 8-18 中的特征值表格随着选择而更新，显示相关联的矩阵 **A** 的特征值。用户会发现对每个 .jac 文件，特征值总是相同的。

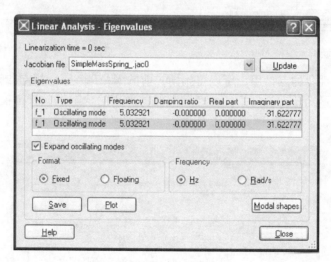

图 8-18　特征值分析对话框

用户可以通过点击对应列的标题根据实部、虚部、频率或阻尼比对特征值进行排序。默认情况下，根据频率进行升序排列。

3）要保存当前的特征值列表到文件中，点击"Save"按钮。

.jac 文件是 ASCII 文本文件，可用文本编辑器查看或者打印矩阵 **A** 的元素。

只要引入非线性特性，矩阵 **A** 和它的特征值就不是常量。可以用下面的方法试验。

1）将系统改成如图 8-19 所示，并且应用主子模型。

2）2 端口质量块图标被修改了。新的质量块的子模型为 MAS004，不同于 MAS002，包含了摩擦选项。默认的参数值没有摩擦选项，因此如果用默认值做线性化，会得到和 MAS002 完全相同的结果。

3）为了使仿真更有趣，改变库伦摩擦（Coulomb，动态）和静摩擦（stiction，静态）为 50N。

4）增加 sin 输入波形的幅值到 1000，改变频率为 0.3Hz，开始运行。

新参数给定一个在 -1000 ~ 1000N 变化的力，质量块在力的作用下在运动和静止（摩擦力保持）两种状态之间进行切换。

5）运行仿真，绘制质量块的位移，得到如图 8-20 所示的图形。

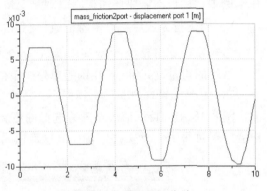

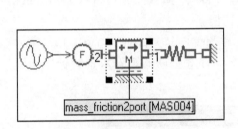

图 8-19　新的子模型 MAS004

图 8-20　质量块的位移

在一些线性化的点，用户可以得到同先前的 MAS002 完全相同的特征值。这对应于系统处于运动状态。但是，在摩擦力保持静止的状态下，特征值有很大不同，如图 8-21 所示。

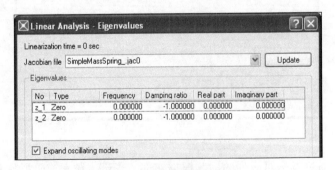

图 8-21　静摩擦的特征值

学术上说，这是一个非线性系统，或者更准确地说是一个非线性模型。我们可以把它描述为两个独立的线性模型。这两个模型被不连续地分开。

6）改变 MAS004 的粘性摩擦和 windage 为非零值，当前为零值。

此时在静摩擦下用户会得到线性（恒定的矩阵 **A** 和特征值）结果，当运动时会得到变化的矩阵和变化的特征值。

目前为止，我们不必在系统处于平衡位置状态时对系统进行线性化，并在这些时刻观察矩阵 *A* 及其特征值。这可以用来分析仿真进行的快慢的原因。一个明显的因素是系统的规模。大系统拥有大量的变量，可能使系统运行得非常缓慢。但是，也可能是其他因素造成的，特征值能够给出其信息。通常情况下，特征值是复数。粗略地说，结果是由元件组成的，一个元件对应一个特征值。实部给出了结果中元件的阻尼。虚部，如果非零，给出了振动和频率的估计值。

实部和虚部的单位都是 1/s。通常实部为负或为 0。如果为负，那么 $\frac{1}{\text{实部}}$ 为以 s 为单位的恒定值。非常小的恒定时间对应非常大的负特征值和非常快的瞬态特性，反过来将导致非常小积分步长。如果其快速收敛，将没有什么问题，并且积分步长增加。

下面将用一个一阶延时系统来说明这个问题，如图 8-22 所示。

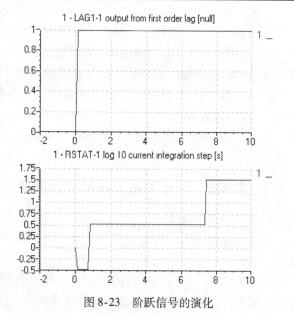

Time constant 1.0e-8

图 8-22　一阶延时系统

注意：该系统包含一个"run stats"元件，其子模型为 RSTAT。该元件在 Simulation 库中，允许用户监视积分过程的信息，如步长、积分方法、不连续过程的个数等。

设置如表 8-2 所示的参数，仿真将非常快的完成，阶跃信号开始由 $10^{-2.5}$（大约 0.003）上升到 $10^{2.5}$（大约 300），显示在图 8-23 中。

表 8-2　设置参数

子模型	标题	值	单位
LAG1	time constant[s]	1.0e8	NULL

如果系统的一些输入没有使元件的求解趋向收敛，用户的仿真将非常缓慢。总结如下：

• 带有负的非常大的实部的特征值，对应一个非常小的时间常量。当激发对应元件的求解时，运行将会变慢。如果这个元件被持续激发，整个仿真将会变慢。

• 如果特征值的虚部非零，对应元件的求解将会振荡。当对应元件的求解被激发时，积分步长不可能比对应周期（或一个完整振荡的时间）的

图 8-23　阶跃信号的演化

十分之一大。

- 最坏的情况将得到一个没有或只有很小阻尼的元件的非常高的振荡频率。

这可以用一个非常简单的带有二阶振荡延迟自然频率为 1000Hz、阻尼比为 1.0e-3 的系统（图 8-24）来加以说明。对应的周期为 10^{-3}s，所以积分步长不能超过 10^{-4}，如图 8-25 所示。但是，如果阻尼比为 1，元件由于阻尼的作用步长增加。

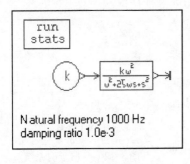

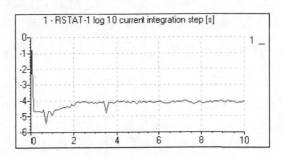

图 8-24　二阶振荡延迟系统　　　　　图 8-25　阶跃的幅值

3. 平衡位置

在本书中不可能给出一个频率分析的详细教程。有许多教材对这个有趣和有价值的技术做了详细的介绍。如果用户缺乏这方面的知识，建议找一本教材读完，再做这些例子。

频率分析的基本技术是基于在平衡位置假定进行了线性化。有时可能知道在一个平衡位置处手动设置起始值，这在目前的简单例子中得到了验证。但是，通常情况下，也可能是行不通的。

要确保是一个平衡位置，可以采用下面的几个方法：

1）选中"Hold inpus constant"选项进行一个非常长的动态运行。在结尾进行线性化，然后仔细地检查绘制的图形，确保已经得到平衡位置。

2）在起始时间处线性化，进行"稳定化"运行（Stabilizing run）。

3）在结尾处以"Stabilizing run and Dynamic run"选项线性化。

注意：如果用户做这种类型的分析，并且模型中包含动或静摩擦，要设置该值为 0。

8.3.2　实例 2：一个机械系统的模态形状分析

1. 模态振型的量级

要使用模态振型，用户应该：选择一个或多个观测变量；至少拥有一个自由变量。

在仿真中的一些时间进行线性分析。严格地讲应该在平衡位置进行这些工作，但是经验告诉我们，如果目标是加快仿真速度，可以在非平衡位置进行有效的分析。

如图 8-26 所示是一个非常简单的机械系统，仅包括线性一维运动（使用默认值）："TwoMassModeSpring. ame"。

K1=100e3 N/m   K2=100e3 N/m   K3=200e3 N/m

m1=100 kg   m2=200 kg

mass2port_2 [MAS002]   mass2port [MAS002]

图 8-26   简单的机械系统

设置两个质量块的速度为观测变量，设置变化的线性时间，然后仿真。特征值如图 8-27 所示。

Linearization time = 1 sec

Jacobian file TwoMassModeSpring_.jac0   Update

Eigenvalues

No	Type	Frequency	Damping ratio	Real part	Imaginary part
f_1	Oscillating mode	5.032921	-0.000000	0.000000	-31.622777
f_1	Oscillating mode	5.032921	-0.000000	0.000000	31.622777
f_2	Oscillating mode	7.957747	-0.000000	0.000000	-50.000000
f_2	Oscillating mode	7.957747	-0.000000	0.000000	50.000000

图 8-27   机械系统的特征值

特征值代表了系统的模式，模态振型分析决定了每个观测器是如何对选择的模式进行响应的。选择第一个特征值并点击 "Modal shape"，弹出如图 8-28 所示的对话框。

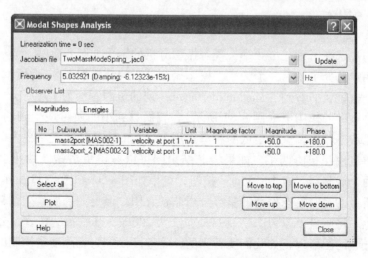

Modal Shapes Analysis

Linearization time = 0 sec

Jacobian file TwoMassModeSpring_.jac0   Update

Frequency 5.032921 (Damping: -6.12323e-15%)   Hz

Observer List

Magnitudes   Energies

No	Submodel	Variable	Unit	Magnitude factor	Magnitude	Phase
1	mass2port [MAS002-1]	velocity at port 1	m/s	1	+50.0	+180.0
2	mass2port_2 [MAS002-2]	velocity at port 1	m/s	1	+50.0	+180.0

Select all   Move to top   Move to bottom

Plot   Move up   Move down

Help   Close

图 8-28   第一个特征值的模态振型

该对话框的显示和期望的一样，两个速度响应同频率相同。

如果想对结果绘图看得更清楚，选择这两个观测器（使用 Ctrl 或 Shift 键），然后点击"Plot"按钮，如图 8-29 所示。

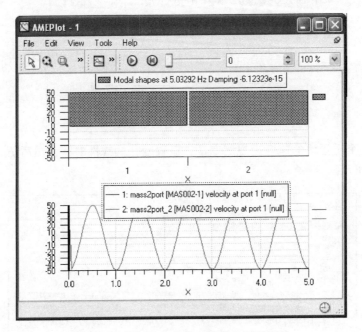

图 8-29　第一个振动模型的模态振型绘图

质量 1 = 100kg

质量 2 = 200kg

为了显示更有趣的方面，可以修改两个质量块的值再运行仿真：

质量 1 = 50kg

质量 2 = 200kg

如果用户选择了第一个频率，模态振型分析的结果如图 8-30 所示。

如果用户选择了最后一个频率，模态振型分析的结果如图 8-31 所示。

注意：这里我们看到"Magnituide factor"列的值两者都为 1。

在更高频率的作用下（图 8-31 所示），我们看到小的质量块受到的影响较大，与大的质量块不相协调。在更低的频率作用下，大的质量块会受到更大的影响，所以跟小的质量块互相协调了。如果绘制结果图可以看得更清楚。使用 Ctrl 和 Shift 键选择这两个观测器，点击"Plot"按钮，结果如图 8-32 和图 8-33 所示。

我们所做的对应模态振型的量级分析非常有用。但是如果质量差别较大，分析可能很疑惑。将质量 1 改为 1g，保持质量 2 为 200kg，开始新的仿真，充分分析过程，查看低频的图形。正如我们所看到的，将速度设置为观测变量绘制的图形与前面绘制的图形差别非常小，如图 8-34 所示。

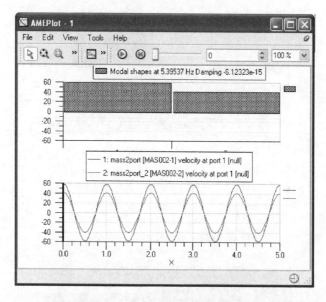

图 8-30 第一个振动模型的模态振型绘图

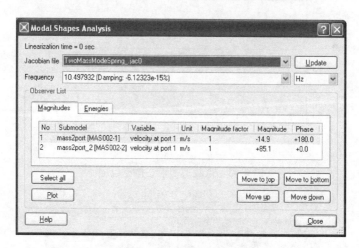

图 8-31 第一个特征值的新模态振型

2. 模态振型的活力

要展示质量的影响，可以用能量来进行仿真，AMESim 允许用户这样做。点击 "Energies" 选项卡，如图 8-35 所示。

如果现在绘制，将得到速度的平方，这不是我们想要的。对于动能来说，我们希望为 $\frac{1}{2}mv^2$，这意味着每个观测器必须乘以一个因数 $\frac{1}{2}m$。事实上当进行能量模态振型分析时，我们经常得到 1/2，因为我们只对相对比例感兴趣，可以忽略它。对应两个速度的能量如图 8-36 所示。

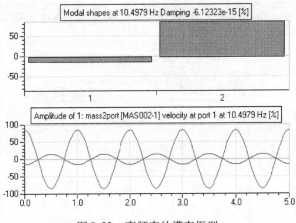

图 8-32　高频率的模态振型

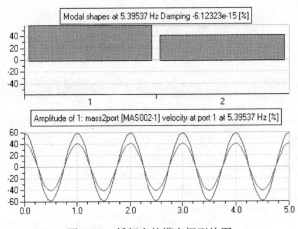

图 8-33　低频率的模态振型绘图

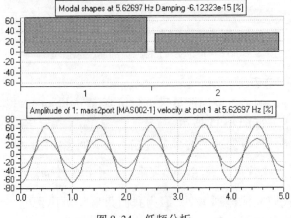

图 8-34　低频分析

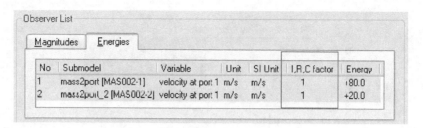

图 8-35　能量和模态振型

在 "I，R，C factor" 列中输入以 kg 为单位的质量，注意最后一列的改变

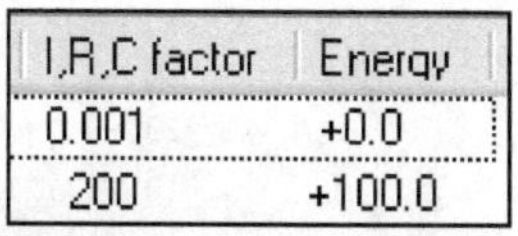

I,R,C factor	Energy
0.001	+0.0
200	+100.0

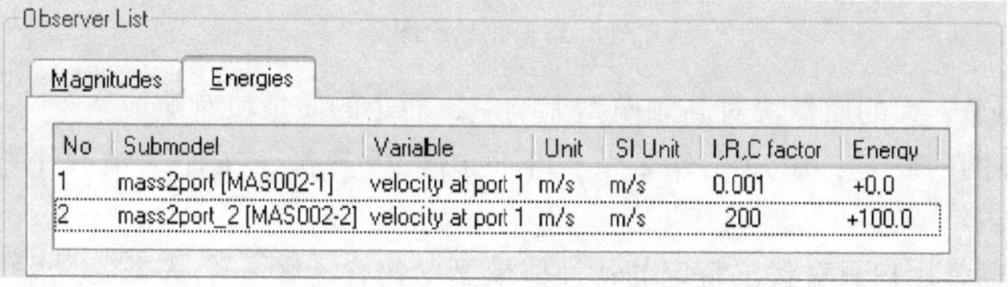

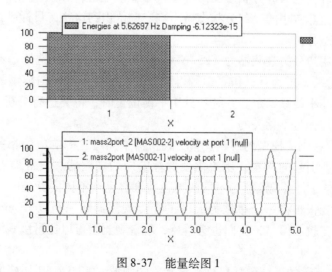

图 8-36　对应两个速度的能量

从能量的观点看，第一个速度的贡献是可以忽略的。这可以从绘图中得到肯定，如图 8-37 所示。

图 8-37　能量绘图 1

很有意思的是，对于另一个模型，情况完全相反，如图 8-38 所示。

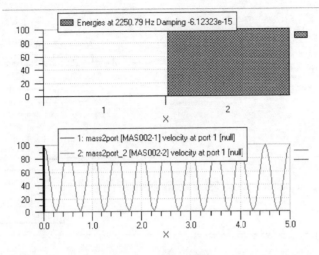

图 8-38　能量绘图 2

很明显，大的质量块对高频模型无响应，而小的质量块有响应。

现在的问题是：用户在什么情况下使用量级分析，在什么情况下使用能量分析？

1）通常用户只对找出特定的特征值模型中包含了哪一个状态变量感兴趣。用户选择这个模型主要因为对其感兴趣或者该模型给用户带来了麻烦。用户创建了所有的状态变量，然后查看这个模型的模态振型。通常在不处于平衡位置时分析也可以进行。

对于大系统，绝大部分状态变量不对模型做出响应，在量级（后能量）列中，它们为零，仅由非常小的一部分状态做出响应。认识到这些，目标已经达到，不需要进一步的模态分析。

在这里，用户分类观测器为 YES/NO。对量级还是能量的选择是不相关的。

2）用户想要知道为什么仿真运行得慢。答案就在识别出与模型的最高模式相关联的状态。几乎能够确定当系统不处于平衡位置时，将要进行分析。这是例子 1 的特殊情况，选择是不相关的。

3）对于那些响应模型的观测变量，用户需要知道它们响应的相关量。若要消除由这个模型所引起的问题，用户需要关注响应的观测器。通常"能量"选择比"量级"选择要好。当观测器为不同的单位或来自完全不同的领域时，这个说法有一定的真实性。很难将一个单位为 m/s 的速度观测器和一个以 L/min 为单位的流量观测器进行比较。但是，我们也会看见，能量观测器可以比量级观测器做更多的工作。

如图 8-39 所示的系统包括机械平移和旋转领域。按图 8-39 构建模型，使用主子模型功能，默认参数。

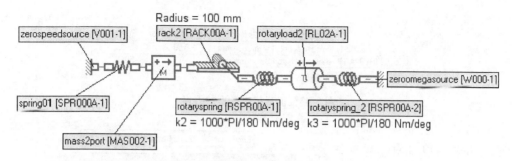

图 8-39   混合领域的例子

选择质量（velocity at port 1）和旋转负载（shaft speed port 2）作为状态观测器，设置"LA time"并开始仿真。有 4 个状态变量，特征值如图 8-40 所示。

No	Type	Frequency	Damping ratio	Real part	Imaginary part
f_1	Oscillating mode	5.032921	-0.000000	0.000000	-31.622777
f_1	Oscillating mode	5.032921	-0.000000	0.000000	31.622777
f_2	Oscillating mode	8.717275	-0.000000	0.000000	-54.772256
f_2	Oscillating mode	8.717275	-0.000000	0.000000	54.772256

☑ Expand oscillating modes

图 8-40   混合领域系统的特征值

选择最后一个特征值，点击"Modal shape"，弹出如图 8-41 所示的对话框。

No	Submodel	Variable	Unit	Magnitude factor	Magnitude	Phase
1	mass2port [MAS002-1]	velocity at port 1	m/s	1	-1.0	-180.0
2	rotaryload2 [RL02A-1]	shaft speed port 2	rev/min	1	+99.0	+0.0

图 8-41   混合领域系统的模态振型

下面将要以一些有意思的方式试着比较线性速度与旋转速度的响应。能量提供了这个方法，所以点击能量（Energies），如图 8-42 所示。

No	Submodel	Variable	Unit	SI Unit	I,R,C factor	Energy
1	mass2port [MAS002-1]	velocity at port 1	m/s	m/s	1	+1.0
2	rotaryload2 [RL02A-1]	shaft speed port 2	rev/min	rad/s	1	+99.0

图 8-42   能量模态振型

观测变量到国际单位制的转换已经完成，但提供"I，R，C factor"是我们的工作。对于线性速度，适合的因素是 m（质量块）。"I，R，C factor"必须设置成国际单位制，质量块必须以 kg 形式表达，惯量的单位为 kg·m^2。对于旋转速度为 I，惯量如图 8-43 所示。

No	Submodel	Variable	Unit	SI Unit	I,R,C factor	Energy
1	mass2port [MAS002-1]	velocity at port 1	m/s	m/s	100	+50.0
2	rotaryload2 [RL02A-1]	shaft speed port 2	rev/min	rad/s	1	+50.0

图 8-43　能量模态振型的因素

　　观察"Energy"列中的值，我们可以对响应做一个有意义的比较。图 8-44 是绘制的图形。

　　用户可以自由选择观测器的变量，但并不是它们中的所有都可以转换为能量，例如管道流动中的雷诺数。

　　表 8-3 是一个常用量转换为能量的因数。这其中所有的情况都忽略了 1/2 这个因数。

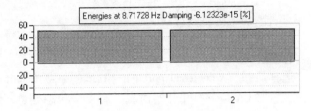

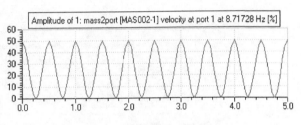

图 8-44　能量模态振型的绘图

表 8-3　常用量转换为能量的因数

观测器	因数	术　　语	观测器	因数	术　　语
线性速度	m	m = 质量，单位 kg	扭矩	$\dfrac{l}{k}$	K = 弹簧刚度，N·m/rad
旋转速度	I	I = 惯量，单位 kg·m²	电流	L	L = 自感现象，H
液体压力	$\dfrac{V}{B}$	V = 体积，m³ B = 弹性模量，Pa	电压	C	C = 容性，F
流体流速	$\dfrac{\rho L}{A}$	ρ = 密度，kg/m³ L = 长度，m A = 截面积，m²	磁电压	$\dfrac{\mu A}{L}$	μ = 导磁率，H/m A = 截面积，m² L = 长度，m
弹簧力	$\dfrac{l}{k}$	K = 弹簧刚度，N/m	温度	mC_p	M = 质量，kg C_p = 恒定压力下的热容

　　在模态振型菜单"Modal Shapes"中，有如表 8-4 所示的操作。

表 8-4　"Modal Shapes"菜单中的操作

操　　作	功　　能
Start/pause animation	按时间仿真模态振型动画。如果特征值是复数,用户可以看见振荡和阻尼。对实数特征值,可以看见阻尼。对于零特征值,形状恒定,不随时间改变。对于正实部的特征值,振型随时间呈指数形式增长,所以显示一个警告信息,不会出现动画
Start/pause all animations	如果在一个绘图中存在几个,则仿真所有模态振型的动画
Stop animation	停止动画,初始化显示

（续）

操 作	功 能
Animation parameters	指定每个循环的增量数量,整个动画的全部增量数量。可以参考下图 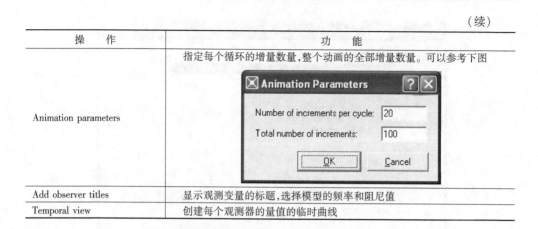
Add observer titles	显示观测变量的标题,选择模型的频率和阻尼值
Temporal view	创建每个观测器的量值的临时曲线

8.3.3 实例3：质量弹簧阻尼系统的频率响应分析

Bode 图、Nichols 图和 Nyquist 图是频率响应最常用的工具。用户至少需要一个控制变量和一个观测变量,并且要在平衡点对系统进行线性化。

下面用图 8-45 所示的系统举例说明。

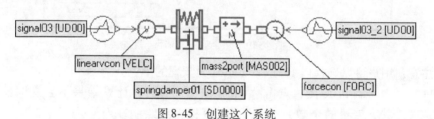

图 8-45　创建这个系统

1）创建这个系统。

2）使用主子模型,保存系统为"MassSpringDamper. ame"。

3）为了确保为平衡位置,设置这两个工作循环子模型的值为常值 0。其余参数保持默认值。

4）试运行,确保系统处于平衡状态。

5）绘制速度、位移随时间变化的曲线。

6）如果没有得到稳定状态,要么修改参数,要么进行一下稳定化运行。

7）切换到线性分析模式，设置来自工作循环子模型的两个输出信号为控制变量（control variables），设置质量块的速度和位移为状态变量（state observers）。

8）使用菜单"Simulation"→"Linearization"→"parameters"→"LA Times",设置一个在运行终点（10s）的线性化时间。

9）开始仿真。

10）选择标记为频率响应的按钮。

弹出如图 8-46 所示的对话框。该对话框允许用户选择将要使用哪一个控制变量或哪一个观测变量,以及绘制的类型,也显示起始和终止的频率值。

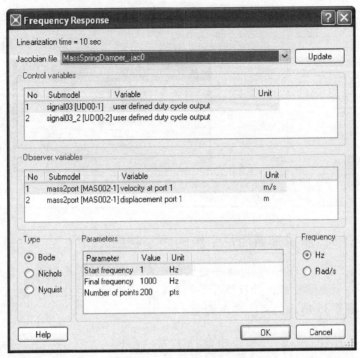

图 8-46　频率响应对话框

注意：用户可以选择以 Hz 或者 Rad/s 为频率的单位。

11）试着绘制 Bode 图，点击"OK"按钮。有时，计算结果不会立即显示出来（取决于状态变量的个数）。用户可以直接得到绘制在对数坐标下的 Bode 图，如图 8-47 所示。

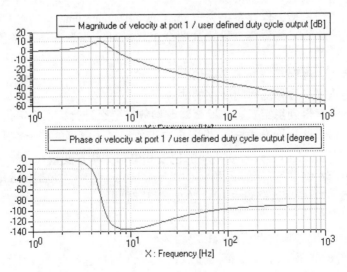

图 8-47　Bode 图

12）选择"Nichols"，得到如图 8-48 所示的图形。

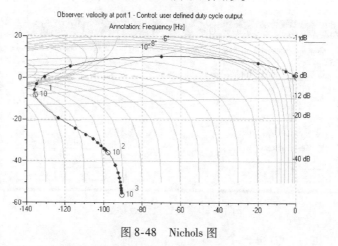

图 8-48　Nichols 图

13）选择"Nyquist"，得到如图 8-49 所示的图形。

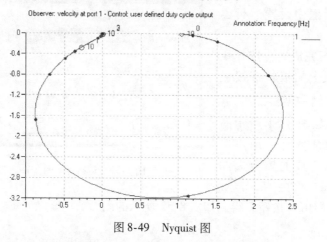

图 8-49　Nyquist 图

8.3.4　实例 4：根轨迹分析

我们考虑如图 8-45 所示的系统，即"MassSpringDamper"系统。

根轨迹的根是特征方程的根，换句话说是矩阵 A 的特征值。在根轨迹分析中与矩阵 B、C 和 D 无关。即不需要有控制变量或者观测变量。如果用户定义了这些矩阵，不会产生什么问题，这些矩阵只是被简单地忽略了。

该分析是基于一个变化参数的批运行的基础上的。每一次批运行，进行一次线性化。必须在平衡点位置进行才有意义。

1）除了阻尼比外，其余参数保持默认值。

2）设置批运行，阻尼比从 0 开始，以 250N/m/s 为步长，变化 40 次，如图 8-50 所示。

3）确保系统在平衡点。

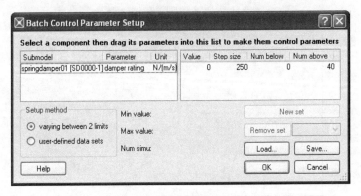

图 8-50　设置批运行参数

4）开始批运行，为每一个阻尼比的值生成 .jac 文件。在运行参数对话框中设置运行类型为批运行。

5）当运行完成后，选择线性分析工具栏上的根轨迹按钮 ⊞，进入根轨迹数据。

用户得到如图 8-51 所示的对话框，该对话框允许用户选择由批运行所生成的集合文件中的第一个 .jac 文件。

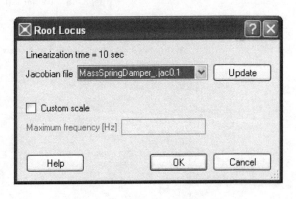

图 8-51　选择第一个 .jac 文件

6）点击"OK"按钮，得到如图 8-52 所示的图形。

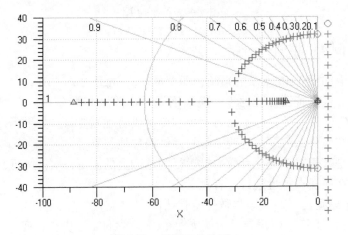

图 8-52　根轨迹的绘图

注意：有以下 3 种类型的符号。

● ◇：每个特征值的第一个值（在此对应 0 阻尼）。

● △：每个特征值的最后一个值（在此对应 10000N/m/s）。

● ＋：所有其他的特征值。

网格包含两种类型的曲线：圆代表等频率；直线代表等阻尼比。

如本例所示，所有的特征值有零或负的实部，也可能会有正实部的特征值，但是会导致一系列的稳定性问题。

要解释根轨迹的图形，参考图 8-53。注意在实轴上没有振荡。随着虚部的增加，振荡的频率加大。在虚轴上特征值没有阻尼。随着特征值沿着虚轴左移，阻尼增加。越向虚轴的右侧移动，幅值越大。

注意：在根轨迹绘图中，特征值的位置的典型图形如图 8-53 所示。

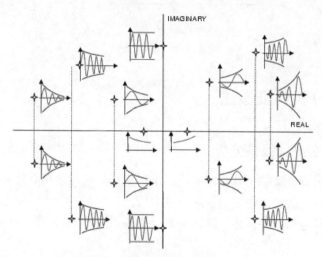

图 8-53　根轨迹绘图中的典型输出

如果用户的绘图包含了极端特征值，用户可以使用"Custom scale"选项限制显示频率的范围。为了展示这一点，我们进行另一个根轨迹的绘制，使用"custom scale"来放大绘制其中的一部分。

1）选择线性分析工具栏中的根轨迹按钮，进入根轨迹数据。

2）选中"Custom scale"复选框，此时"Maximum frequency"字段可用。

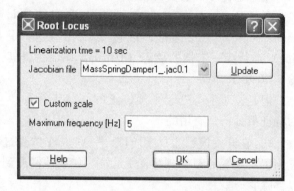

图 8-54　根轨迹图形设置对话框

3）输入值5，并点击"OK"按钮，如图8-54所示。

此时生成了一个新图形，此图形限制了频率，排除了大于5的频率，如图8-55所示。

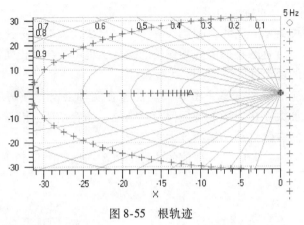

图 8-55　根轨迹

8.4　线性分析特征概述

8.4.1　为什么要做线性分析

即便对于很有经验的仿真专家来说，也很难分析时域的仿真结果。通常他们充分利用频域分析，换句话说他们使用线性分析。

重要的工具包括：特征值、模态振型、Bode 图、Nichols 图、Nyquist 图、根轨迹图。

要充分意识到，除非在平衡位置进行线性化，否则使用这些工具是无意义的。除此以外也必须关闭干摩擦。

用户怎样才能确定自己的系统处于平衡状态？

在"Run parameters"对话框中选中"Hold inputs constant"复选框，进行稳定化（Stabilizing）运行或一个长的动态（Dynamic）运行，如图8-56所示。

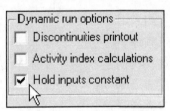

图 8-56　选中"Hold inputs constant"复选框

但是，对于不处于平衡位置的系统进行简单的特征值分析是有用的。

1）在开发模型的早期阶段，一些人在仿真过程中执行一系列的特征值分析，仅为了对系统的频率特性有所了解。如果他们遇到非常高的频率，将试着修改模型以移除它。

2）如果仿真非常缓慢，可以通过研究特征值来找出原因。最坏的情况是带有一个非常低阻尼的高频特征值。这将注定是一个很慢的仿真。可以通过修改模型但不要失去系统的关键特性来消除这些较高的频率。

8.4.2 线性分析的表现

当用户点击线性分析模式按钮 ![], 图 8-57 所示的工具栏将变为可用。菜单 "Analysis" → "Linearization" 也变为可用, 如图 8-58 所示。

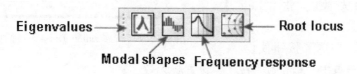

图 8-57 线性分析图标

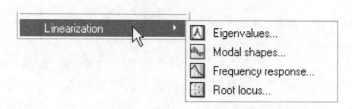

图 8-58 "Linearization" 菜单

要进行线性分析的排序, 用户要进行下面的工作:

1) 至少设置一个线性分析时间, 由 "Start time" 和 "Final time" 定义, 可通过 "Run Parameters" 对话框配置。

2) 初始化一个运行。

在标准运行 (Standard run)、系统名为 "NAME"、间隔时间为 N LA time 的条件下, 将创建文件 NAME_ . jac0, NAME_ . jac1, …, NAME_ . jacN。

如果批运行 M 次, 将创建 N×M 个文件。

1. 线性化参数

当用户选择线性分析模式 ![] 时, 菜单 "LA Times"、"LA Status" 和对应的选项都变为可用, 如图 8-59 所示。

图 8-59 "Linearization parameters" 菜单

(1) 设置线性分析时间

1) 选择菜单 "Simulation" → "Linearization parameters" → "LA Times", 或

者点击按钮 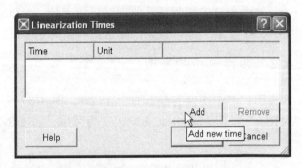，弹出
"Linearization Times" 对话框，
如图 8-60 所示。

2）用户可以按需输入任
意多的线性化时间。

3）要移除一个时间，选
中列表中的选项，点击 "Re-
move"。

4）点击 "OK" 按钮使设

图 8-60　"Linearization Times" 对话框

置生效，如果点击 "Cancel" 按钮，设置将无效。

（2）线性分析状态　我们定义的状态变量从宏观上包括：显式变量、隐式变
量、限定变量。

所有的状态变量都有 "LA status"，一定属于下面 3 种之一：Free state、Fixed
state、State observer。

"Fixed state" 是一个排除在线性化过程中的一个状态。如果一个状态不是
"fixed"，那么就是 "free"。如果有 N 个状态，其中 M 个是 "fixed"，其余 N – M
个就是 "free"。同时是观测变量的 "free state" 被称为 "state observer"。

除了状态变量，所有的其他变量也拥有 "LA status"，属于下面 3 种之一：
Clear、Control、Observer。

状态变量不能被设置为控制变量。

AMESim 可以在工作点附近线性化系统为 A、B、C 和 D 矩阵，状态空间方
程为

$$\begin{cases} \dot{x} = Ax + Bu \\ y = Cx + Du \end{cases}$$

式中，x、u 和 y 分别为状态变量、控制变量和观测变量。严格说上式仅对经典的
常微分方程成立。

可以应用线性过程为一个状态变量缩减子集。要这样做，排除的状态变量必须
为 "frozen" 或 "fixed"。接下来这些状态被设置为 "fixed states"。我们也可以说
它们的线性分析状态被设置为 "fixed status"。

因为这些状态被从线性化中排除，矩阵 A 的尺寸变小了，特征值的数量也变
小了。

如果状态不是固定的，它将包含在线性化中，至少是一个 "free state"。但是，
它也可以通过设置状态为 "State observer" 成为观测向量的一部分。

下面是一个可能的线性化分析状态的简介，及其对应的 x 和 y 向量。

● 任何一个设置为 "Fixed state" 的状态变量将从线性化中排除。

- 任何设置为"Free state"的状态变量将包含在 x 向量中。
- 任何设置为"State observer"的状态变量将包含在 x、y 向量中。
- 任何设置为"Control"的变量将包含在 u 向量中。
- 任何设置为"Observer"的变量将包含在 y 向量中。
- 任何设置为"Clear"的变量不会包含在任何向量中。

要查看当前变量的状态，点击按钮 ⊙，或使用菜单"LA Status"，将弹出"LA Status Fields"对话框，如图 8-61 所示。

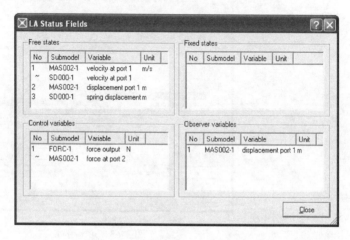

图 8-61 "LA Status Fields"对话框

注意：信息存储在 4 个列表框中，标题分别为"Free states"、"Fixed states"、"Control variables"和"Observer variables"。

如果一个状态变量同时也是一个观测变量，那么它将出现在"Free states"和"Observer variables"列表框中。这是一个变量能同时出现在两个列表框中的唯一的一种情况。

在每一项下面是输出变量。如果对应的输入变量存在，将添加一个前缀"~"。

用户不可以改变该对话框中的选项。要改变任何一个选项，要使用下一节介绍的方法。

2. 改变变量的"LA status"

（1）全局改变"LA status" 最常用的改变是在"free state"和"state observer"之间的改变，可以快速在它们之间进行改变。

1）选择系统的一部分或整个系统，按 Ctrl + A 键，或者选择菜单"edit"→"Select all"。

2）选择菜单"Settings"→"No states observer"或者"Settings"→"All states observer"，如图 8-62 所示。

（2）改变单独一个变量的状态

1）在 LA 模式下点击一个元件或一条管道，以激活"Contextual variables"选项卡，或者双击元件生成"Variable List"对话框，如图 8-63 所示。

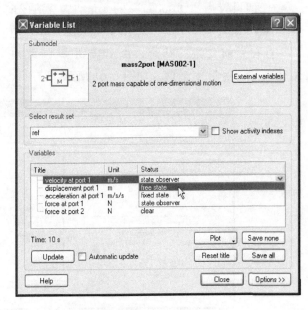

图 8-62　选择菜单　　　　　　　图 8-63　变量的状态

2）点击"Status"列中的一项，以弹出菜单。

3）选择需要的状态。

4）点击"Close"按钮完成设置。

注意：本版本的"Variable List"对话框和"Contextual variables"选项卡，用户可以改变一个变量的标题。

绘制图形时也要注意状态的向量、限制的或确定的变量的状态，根据"Expand vectors"选择的不同有两种显示方式，可以通过菜单"Tools"→"Options"菜单进行设置，如图 8-64 所示。

如果选中了该选项，每个元件的向量可以单独设置，如图 8-65 所示。

如果"Expand vectors"没有被选中，元件的向量就一次分配给相同的状态。在这种情况

图 8-64　"Tools"菜单中的扩展向量

下，对一个给定的元件有相同的状态，这个相同的状态将显示，否则"Status"字段列中将显示"???"。

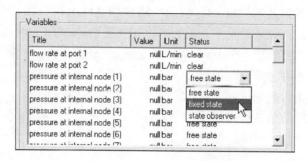

图 8-65　可以单独设置的元件的向量

3. 特征值分析

在 LA 模式，选择菜单"Analysis"→"Linearization"→"Eignvalues"，或者点击特征值按钮，弹出线性分析特征值对话框，如图 8-66 所示。

如果当前系统有 jac 文件，用户可以通过"Jacobian file"下拉列表框进行选择。

如果仿真以批标准或批运行的方式运行，生成很多 jac 文件，用户可以通过"Update"按钮得到最新的一个文件。

不同的类型以不同的颜色显示。

- 零：白色。
- 恒定不变：浅蓝。
- 振荡：深蓝。

振荡模式显示在一行中。用户可以选中"Expand oscillating modes"复选框在两行中查看正的和负的值，如图 8-67 所示。

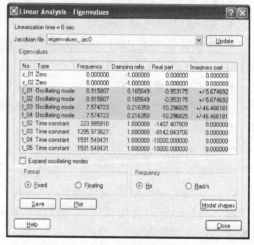

图 8-66　线性分析特征值对话框

No	Type	Frequency	Damping ratio	Real part	Imaginary part
f_01	Oscillating mode	0.915807	0.165649	-0.953175	-5.674692
f_02	Oscillating mode	0.915807	0.165649	-0.953175	-5.674692
f_03	Oscillating mode	0.915807	0.165649	-0.953175	5.674692
f_04	Oscillating mode	0.915807	0.165649	-0.953175	5.674692
f_05	Oscillating mode	7.574723	0.216350	-10.296825	-46.466181
f_06	Oscillating mode	7.574723	0.216350	-10.296825	-46.466181
f_07	Oscillating mode	7.574723	0.216350	-10.296825	46.466181
f_08	Oscillating mode	7.574723	0.216350	-10.296825	46.466181

☑ Expand oscillating modes

图 8-67　选中"Expand oscillating modes"复选框

注意：用户可以通过"Fixed"（1234.56）和"Floating"（1.23456e+3）格式单选按钮设置格式。如果看见了 0 值，可以切换到"Floating"模式查看精确值；

可以使用"Hz"或"Rad/s"单选按钮在频率的两种单位之间进行切换；通过点击每列的标签，可以按指定的列中的数值进行递增或递减的排列；用户可以通过"Plot"按钮绘制特征值的位置，绘制结果如图 8-68 所示。

用户可以用"Save"按钮保存特征值到文件中。

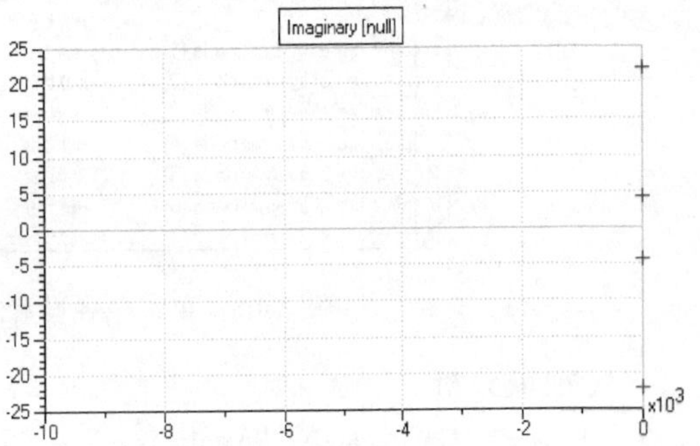

图 8-68　绘制特征值的位置

4. 模态振型

要绘制模态振型，用户必须：

- 至少拥有一个观测变量（可以是状态观测器，也可以不是）；
- 至少有一个自由状态（状态观测器算自由状态），也就是至少有一个特征值；
- 在平衡位置线性化。

如果用户打破了前两条规则，AMESim 将停止工作。第三条全由用户决定。

用户可以通过选择一个特征值来开始。注意：这意味着一个特殊的频率是系统的一个特征频率。

绘图显示了每一个观测变量是如何对一个小的频率干扰做出响应的。

（1）如何选择要使用的观测变量　如果有不只一个观测变量，为了进行有效的比较，最好对它们使用相同的单位，例如所有的线性单位为 m/s。这是对量级模态振型最好的解决方法。

一些变量，例如线性和旋转速度、液压或气动流量以及电流，能量与这些变量的平方成正比，在功率键合图理论中这些变量称为流。对每一个观测器必须引入一个不同的恒定比例以得到能量的表达式。在这种情况下，单位不需要相同。这是能量模态振型的解决方法。

一般的过程如下：

1）点击模态振型按钮 ，或选择菜单"Analysis"→"Linearization"→"Modal shapes"，生成模态振型分析对话框，如图 8-69 所示。注意：特征值要么是实数，要么是一对共轭的数。

2）选中感兴趣的特征值。注意：如果它是共轭数中的一个，用户可以从这个特征值或其共轭数得到完全相同的结果。

用户可以对列表中高亮选中的观测变量进行排序，使用"Move to top"、"Move to bottom"、"Move up"或者"Move down"。除此以外，用户可以通过按 Shift + 点

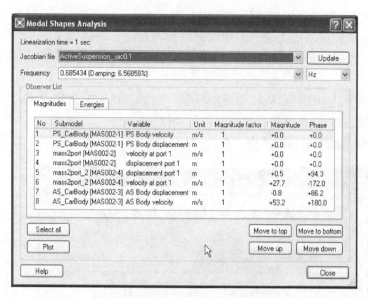

图 8-69　模态振型分析对话框

击（选择一段），或者 Ctrl + 点击（选择单个），或者按"Select all"按钮，在列表中做多项选择。用户也可以通过点击列表中的每列进行排序。用户这样做可能有以下几项原因：

● 通过量级来对观测变量排序非常有用，因为这表明观测变量对当前的模态或频率有影响；

● 按单位对观测变量排序，例如，仅对压力、流量等变量排序；

● 对子模型的观测变量排序，允许用户找到所有的对一个特殊的子模型是局部的所有观测器。

3）用 Shift 和 Ctrl 键选择用户感兴趣的观测器，这很有用，例如，只查看那些两级不为零、具有相同单位的观测变量。

如果用户点击"Move to top"、"Move to bottom"、"Move up"和"Move down"按钮，将对当前选择应用上述功能。

如果用户点击"Plot"按钮，将对当前选择的观测变量绘图。

用户现在可以：绘制量级、绘制能量。

（2）绘制量级　这是模态振型分析的最简单形式。

1）如果需要，调整一些量级因子，这样所有的观测器都有一致的值。如果使用不同的单位，这是有用的，在这种情况下，必须使用一个转换因子。量级因素的完整描述如下。

在下面的情况中，量级因素对变量的模态振型绘制很有帮助。

● 多领域中不同单位的变量（例如流量、质量的速度、和电流）。例如，在一个制动系统中，当液压管道控制一个活塞时，通过使用管道的截面作为量级因素，活塞的速度可以和管道中的流量相比较。

● 与方向相关联的变量，例如线性或旋转速度，液体流速等。例如，在一个液压管网中，两个相向流动流体，取决于符号约定，它们有相反的因素值（-1 或 +1）。

● 同一个已知比例系数相关联的变量。例如，在一个齿轮箱中，当比较两个旋转质量的速度时，必须要指出齿轮的传动比。

2）确保量级选项卡被选中，点击"Plot"按钮，生成如图 8-70 所示的图形。

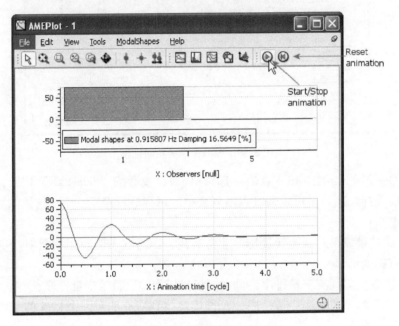

图 8-70　量级绘图

AMESim 生成动画以显示观测器是如何响应的。

要开始动画，点击"Start/Stop animation"按钮 ⊙，或者选择"Modal Shapes"菜单，如图 8-71 所示。

注意观测器的响应：如果特征值为复数，通常发生振荡；如果是负实部的特征值，通常为一个在幅值上的延迟；如果观测器不被频率影响，将什么也没有。

要调整动画，选择菜单"ModalShapes"→"Animation Parameters"，显示"Animation Parameters"对话框，如图 8-72 所示。

● 增加"Number of increments per cycle"，动画将运行得更慢更精细；

● 增加"Total number of increments"，动画将更长。

对 x 轴和 y 轴添加标题的步骤如下：

1）右击绘图，选择"Titles"，就像对标准绘图那样。但是，这么做不插入观测变量标题。

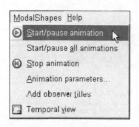

图 8-71 模态振型菜单

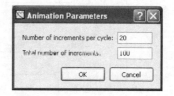

图 8-72 "Animation Parameters" 对话框

2）要显示观测变量标题，选择"ModalShapes"→"Add Observer Titles"。

对模态振型绘图的集合生成动画。如果有多个模态振型绘图，用户可以通过选择菜单"ModalShape"→"Start/Stop"生成动画，如图8-73 所示。

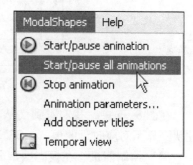

图 8-73 选择菜单

为了帮助理解模态振型，默认将提供临时查看功能。可以通过右键菜单"Remove"→"All graph（s）"来移除这个临时查看。为了恢复模态振型绘图的临时查看，可以应用下面的步骤：

1）选择菜单"ModalShapes"→"Temporal view"。

2）指针变成了一个手型，点击感兴趣的模态振型绘图，如图8-74 所示。

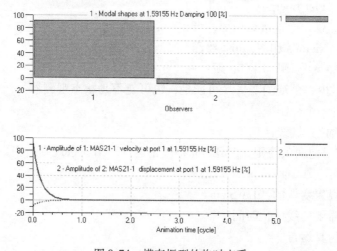

图 8-74 模态振型的临时查看

模态振型的初始绘图不在 $t = 0$ 时刻。事实上，显示的时间（t）是在沿着分析变量变化的最大幅值处。通过这种方法，我们得到一个可靠的对比参考点，避免了错误解释，如图8-75 所示。

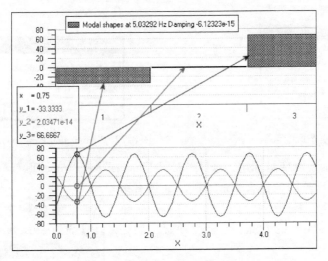

图 8-75　模态振型的初始绘图

在图 8-75 中，我们看到（从临时查看）最大的幅值发生在 $t = 0.75$s 处，所有柱状图显示对应时刻的值（-33.33 和 66.67），而不是在 $t = 0$ 时刻的值。

（3）绘制能量　在模态振型分析对话框中：

1）确定所有的观测变量是一种和它们的值的平方成比例的能量。

2）调整比例因数的值，以使当这些比例因数被观测变量的平方相乘后得到能量值。

3）点击"Plot Energires"按钮。

4）添加标题，像量级分析那样调整和启动动画。

5. Bode、Nichols 和 Nyquist 绘图

要使用这 3 种绘图，用户必须：

- 拥有至少一个观测变量（可能是，也可能不是状态观测器）；
- 至少有一个控制变量；
- 在平衡位置做线性化。

如果打破了前两条规则，AMESim 将停止运行。第三条规则由用户决定。

过程如下：

1）按需设置变量的"LA Status"。

2）设置需要的线性化时间。

3）执行仿真运行。

4）点击频率响应按钮，或者选择菜单"Analysis"→"Linearization"→"Frequency response"，弹出频率响应对话框，如图 8-76 所示。

5）如果需要，从菜单中选择需要的雅可比文件，如图 8-77 所示。

注意到根据所选的雅可比文件所显示的线性化时间。

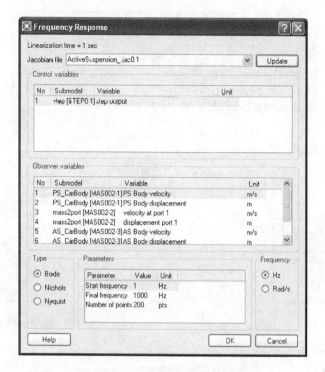

图 8-76　频率响应对话框

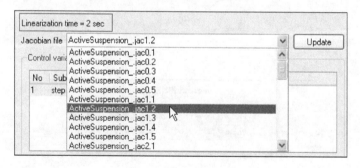

图 8-77　雅可比文件菜单

6）选择一个控制变量和一个观测变量。

7）按需要调整参数，如图 8-78 所示。"Value"字段是可以编辑的（默认值通常比较合理）。

8）确保"Frequency"单向按钮设置正确，如图 8-79 所示。

9）选择想要绘制的类型，点击"OK"按钮，如图 8-80 所示。

不能够选择多个观测变量并直接将所绘图形合并。但是，用户可以分别绘制并把它们拖动到一起，只要确保它们类型相同。图 8-81 显示了合并在一起的两个 Bode 图。

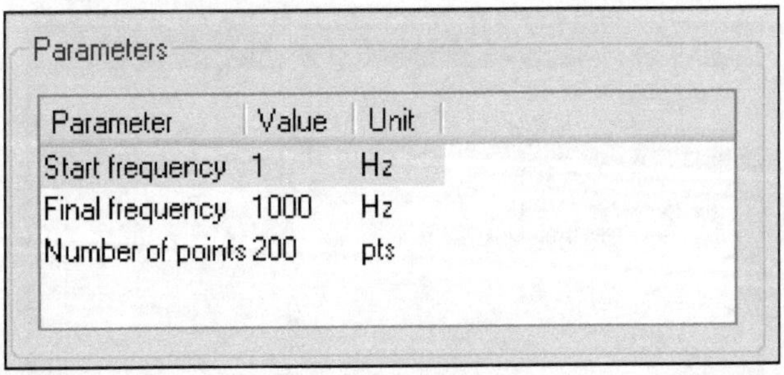

图 8-78　设置参数

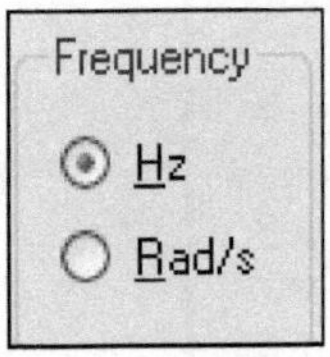

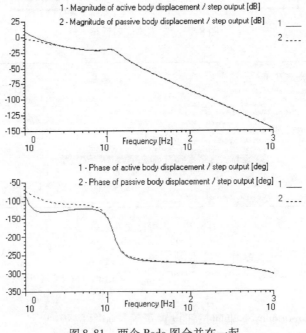

图 8-79　选择一个频率 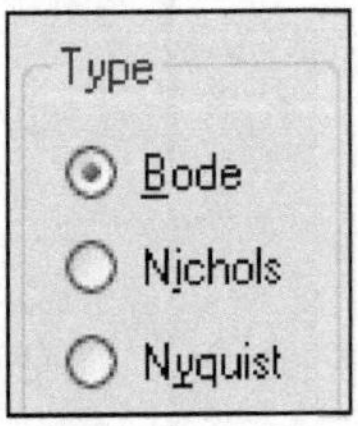　　　　　　　　　　图 8-80　选择一种要绘制的类型

图 8-81　两个 Bode 图合并在一起

对于 Nichols 图（图 8-82）和 Nyquist 图（图 8-83），曲线随着频率而变化，根据设置频率的单位为 Hz 或 rad/s。10 的次幂（例如 10^0，10^1，等）被标注由开环所指定。在这些开环之间，通过对数分度，使用了 9 个中间值来填充这个圆（例

如 2×10^0，3×10^0，$\cdots$，9×10^0）。

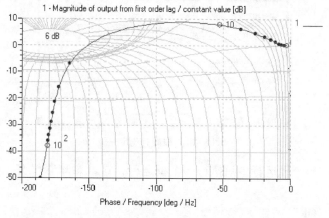

图 8-82 Nichols 图

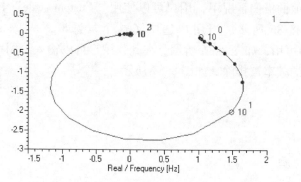

图 8-83 Nyquist 图

6. 根轨迹绘图

要显示一个根轨迹，用户必须：

- 利用一个变化的参数执行一个批运行；
- 拥有至少一个自由变量；
- 在平衡点进行线性化。

不需要任何控制变量或观测变量，因为它们在根轨迹中不起作用。

执行下面的步骤：

1）用标准的运行证明当前为平衡状态。

2）在平衡状态设置线性化时间。

3）设置批运行参数。

4）执行批运行。

5）点击根轨迹按钮，生成根轨迹对话框，如图 8-84 所示。

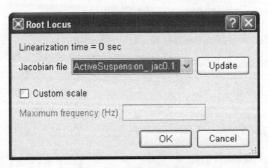

图 8-84　根轨迹对话框

6）通常在每个批运行中只执行一个批运行，这就意味着仅有一个雅可比文件可选择。

7）点击"OK"按钮。

绘图中显示由符号标明的独立特征值。默认的符号是"＋"，在序列中的第一个是敞开的圆，最后一个是封闭的圆。

在一些特征值的极值情况下，用户可以使用"Custom scale"选项限制频率的显示范围，如图 8-85 所示。当用户选中了这个复选框，"Maximum frequency［Hz］"字段变为可用，如图 8-86 所示。在此，用户可以输入绘图中显示的最大频率，大于最大值的频率被排除，如图 8-87 所示。

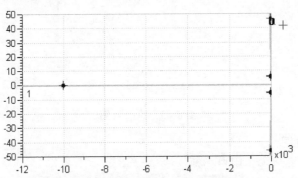

图 8-85　根轨迹绘图中的极值的例子

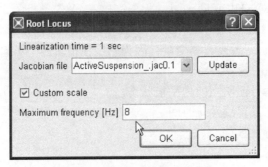

图 8-86　设置"Custom scale"

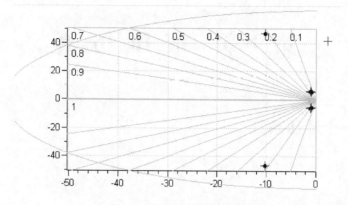

图 8-87 绘制应用的最大频率

对于 8Hz 的最大频率，根轨迹绘图比例更适合捕捉关于频率（圆弧）和阻尼比（直线）的信息。

第9章 液压仿真

9.1 第一个液压系统

9.1.1 简介

AMESim Hydraulic library（液压库）包括：
- 常用的液压元件，如泵、马达、孔口等，也包括阀；
- 硬管和软管的子模型；
- 压力源和流量源；
- 压力和流量传感器；
- 流体的属性。

单独液压系统仿真没有意义，将流体和控制过程引入才能够进行仿真。这就意味着液压库必须同 AMESim 库兼容。下面的库经常与液压库一起使用。

（1）机械库（Mechanical library） 用在流体传动领域内，此时液压功率转换成机械功率。

（2）信号、控制和观测器库（Signal，Control and Observer library） 用于控制液压系统。

（3）液压元件设计库（Hydraulic component design library） 利用非常基本的液压和机械元素构建特殊的元件。

（4）液阻库（Hydraulic resistance library） 该库是弯管、三通、弯头子模型的集合。其典型应用是在低压系统中，如冷却和润滑系统。

注意：在液压库中，可以使用不只一种液压元件。这对想在液压库中同时仿真冷却和润滑系统来说很重要。

液压库假设整个系统拥有一致的温度。如果热能因素很重要，用户可以使用热能液压库（Thermal Hydraulic）和热能元件设计库（Thermal Hydraulic Component Design）。

在液压库中有空穴和气蚀的模型。注意：该库也包含两相流库，典型的应用是空气环境系统。

9.1.2 实例1：一个简单的液压系统

在本练习中，用户将要创建的系统如图 9-1 所示。这可能是最简单、有意义的液压系统。其中的元件部分取自液压库（通常为蓝色的元件），部分取自机械库（通常为绿色元件）。

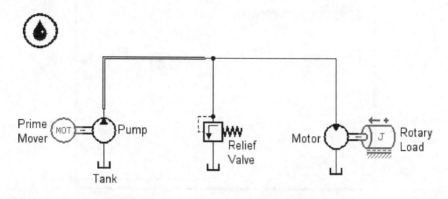

图9-1 一个非常简单的液压系统

液压部分使用的是利用取自液压系统的标准元件构建的。主电动机为液压泵供应能量，从油箱中吸取液压油。带有压力的液体被输送到液压马达，该马达驱动一个旋转负载。当压力达到某一个设定值时，溢流阀打开。从液压马达和溢流阀的输出油液返回油箱。从原理图上看是3个油箱，但事实上仅是1个。

第一个分类包含常用的液压元件，第二个包含特殊的阀。在本模型中使用的液压元件都可以在第一个分类中找到。如果用户点击分类元件图标，如图9-2所示的对话框打开。首先查看一下该库可用的元件，将鼠标指针移动到图标之上可以显示元件的标题。

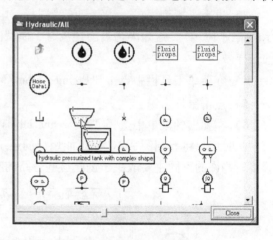

图9-2 第一个液压分类的元件

在向下进行之前关闭该库。

选择菜单"File"→"New"，弹出如图9-3所示的对话框。

选择字符串中含有"libhydr. amt"的选项，点击"OK"按钮。在左上角带有液压属性图标的新的系统草图将被创建。

用户也可以点击工具栏中的新建按钮，但是那样的话用户就得自己添加流体属性图标。

建立系统的其他部分并分配子模型的步骤如下：

1）按图9-1所示的元件构建系统。

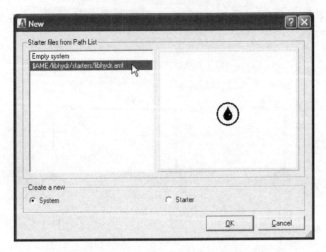

图 9-3　开始创建液压系统

2）保存为"hydraulic1"。

3）进入子模型模式。注意到液滴图标、电动机、节点和管道的模型与通常显示的情况不一样，这是因为目前还没有子模型同它们相关联。最简单的方法是像下面这样做。

4）在菜单工具栏中点击"Premier submodel"按钮 🔳。

5）点击鼠标右键。

6）在弹出的菜单中选择"Show line labels"。

此时用户将看到图 9-4。很可能用户的系统将 HL000 子模型连接到其中的一个管路。些许的不同主要取决于创建这些管路的顺序，不会影响仿真结果。

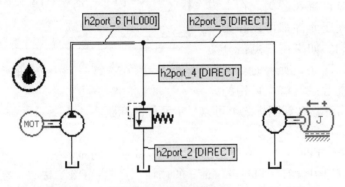

图 9-4　管道子模型

值得注意的是，其中一条管路的子模型是特殊的 HL000，而不是直接连接模型（DIRECT）。为了突出这一点，该条管道以特殊的方式显示。

记住 DIRECT 子模型相当于不存在管道，就好像管道两端的端口是直接连接在一起一样。

相反，HL000 子模型计算流进管道的净流量，用净流量计算压力和时间的关系。如果流入管道的流量是正的，压力随时间增加；如果为负的，压力随时间减少。HL000 产生的压力被传导到溢流阀的入口。该压力也被节点和 DIRECT 子模型传导到马达的入口。

1. 设置参数

1）进入参数模式。

2）按表 9-1 设置参数，其余保持为默认值。

表 9-1　设置参数

子模型	标题	值
HL000	pipe length［m］	4
RL00	coefficient of viscous friction［Nm/（rev/min）］	0.02

3）要显示管道子模型的参数，用鼠标在管道上点击左键，部分 HL000 的参数设置的对话框如图 9-5 所示。油液的压缩性和管道或胶管在压力下的膨胀性连同管道的体积都被考虑进去。HL000 通常需要液体和管道壁厚的体积模量及管道材料的弹性模量。利用这些值综合流体和管道的有效体积模量可以计算得出。软管的有效体积模量通常比硬钢管的体积模量小得多。

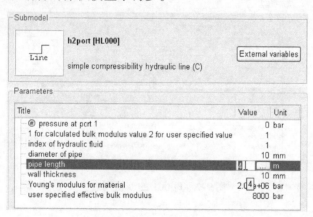

图 9-5　设置管道子模型 HL000 的参数

4）点击草图模型中的 FP04 流体图标，弹出一个新的对话框如图 9-6 所示。该对话框显示了流体的属性。当前这些值为默认值，动力黏度、弹性模量、含气量和温度都用常用的单位给出。

注意到列表中的第一项是枚举整型参数。许多属性可以进行复杂的变化但是本练习基本值可以满足要求。

5）点击"Close"按钮。

2. 运行仿真

1）切换到仿真模式并运行仿真。运行参数对话框的默认值适合这个例子。

2）点击开始仿真按钮。

3）点击泵元件，弹出对话框如图 9-7 所示。一些变量（如压力）没有方向同它们相联系。测量压力 – 0.1bar 表明当前压力在大气压之下。相反另外一些变量，例如流量，有方向同这些量相联系。流量为 – 6L/min 表明流量与默认标准方向相反。

现在用户可以使用 "Replay" 工具来全局查看仿真的结果图形。图 9-8 显示了在 10s 内以 L/min 为单位的流量。

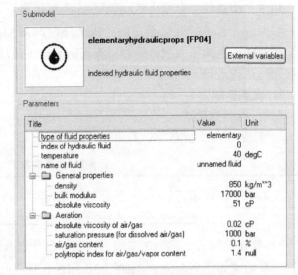

图 9-6　子模型 FP04 的流体参数

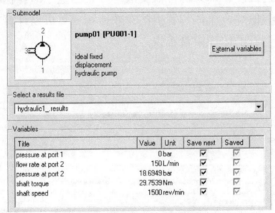

图 9-7　PU001 的变量列表

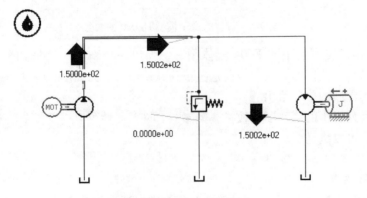

图 9-8　重播放显示的流量

4）为了绘制与管道子模型相关联的变量，点击对应的管道。

5）绘制子模型 HL000 的 "pressure at port 1"，如图9-9所示。

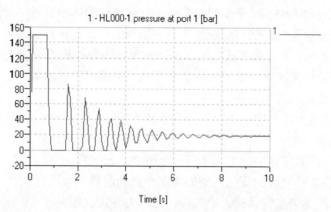

图9-9 管道中的压力

注意：压力升高到几乎超过溢流阀的设定值（150bar）时，负载的速度迅速上升，事实上已经超速。此时马达需要比泵输出更大的流量。结果是压力必须下降并且溢流阀关闭，然后压力继续下降并低于零。但是，压力不像电压和力，不可能存在 -100bar 的压力。绝对零压大约 -1.013bar。

3. 气穴和空气释放

当压力下降到非常低的水平时，会发生两件事情：

- 先前溶解在液体中的气体开始变成气泡；
- 压力达到液体的饱和蒸气压，出现蒸气泡沫。

以上现象分别被称为空气释放和气穴。它们能带来很多危害。使用 "Zoom" 功能，从仿真图片上可以更好地看到较低的压力值，如图9-10所示。

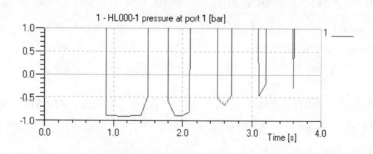

图9-10 液压管道的低压

所有的 AMESim 子模型都用 bar 来表示液体的压力。图9-10中的低压是由于负载的速度超过了稳态值或平衡值。这种现象非常不希望发生，因为会导致实际系统的损坏。

实际上，我们赋给管道的压力和负载的速度的起始值是不实际的，电动机要从停止状态启动或者阀会调节进入马达的流量。但是，液压传动系统通常从气穴和空气释放中受到严重的损害。

注意：所有的 AMESim 子模型以 L/min 显示液体的体积流量。对流量有两个可能的解释：①流量是在局部当前液体压力下测得的；②流量是以参考压力测得的。

AMESim 选择了②，参考压力为 0bar。这就意味着体积流量总是与质量流量成比例。在大部分的情况下，这两种流量之间的不同是可以忽略的。但是有三种情况会造成两者产生很大的不同：

1）存在非常大的气容，压力下降到溶解在液体中的气体的饱和压以下，在液体中形成了气泡。

2）压力下降到液体中的饱和蒸气压水平并形成气穴。

3）压力发生特别高的变化，例如特定种类的燃料注射系统。

第一种情况称为空气释放，第二种情况称为气穴。如果在泵的入口处出现气穴或明显的空气现象，根据流量的第一个定义，流量不会下降。但是，用 AMESim 的方法（按照相对压力测量流量）流量将显著减少。

流体的属性变化非常大，对其进行建模是一个非常专业的过程，模型可能极其简单，也可能极其复杂。复杂程度极大地影响运行时间。

9.1.3　实例 2：使用更加复杂的流体属性

在液压库中有两个特殊的元件可以用来改变流体的属性。

（1）普通液压属性（General Hydraulic Properties）　在 AMESim 中总是使用这个图标（图 9-11）。该图标与子模型 FP04 相联系，包含了简单和复杂的流体属性集合。

（2）液滴液压属性（Drop Hydraulic Properties）　这是一个特殊的模型，只是用来与 4.0 版本或更早的模型相兼容。在本模型中不要使用这个图标。（图 9-12）

图 9-11　普通液压属性　　　　　　　　　　　　图 9-12　液滴液压属性

图 9-11 是一个无端口元件的例子。我们不能将该图标同其他图标连接起来。

关于 FP04 有两点值得注意：

1）它有一个整型参数 "index of hydraulic fluid"，其范围为 0～100。这就意味着在一个 AMESim 液压仿真系统中可以使用不只一个流体属性。

2）流体属性的特性是由其参数决定的。这些特性在 "type of fluid properties" 中进行设定，有 7 种可能，如图 9-13 所示。

●simplest：该分类具有恒定的动力黏度。弹性模量是恒定的并在气体饱和压之上，该值的 1/1000 在气体饱和压之下。该模型很陈旧，但仍然被一些 AMESim 用户使用。使用该模型可以使仿真运行最快。

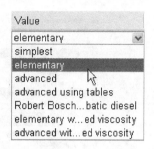

- elementary：默认参数，以带有动力黏度的恒定流体体积模量为特征。在空气释放和气穴之下处理流体属性。

- advanced：允许用户设置一些在 elementary 下不能设置的气穴参数。

图 9-13　7 种属性

- advanced using tables：类似 advanced 选项，但是要求用户通过表格定义随压力和温度变化的体积模量和动力黏度。

- Robert Bosch adiabatic diesel：该属性由 Robert Bosch 公司提供，包含许多柴油机燃料的特性。

- Elementary with calculated viscosity：基本的计算黏度。

- Advanced with calculated viscosity：高级的计算黏度。

下面使用特殊流体中的一种进行仿真。

（1）使用高级（Advanced）流体属性

1）返回本章第一个实例，添加另一个流体属性图标。

2）在参数模式下设置"Premier submodel"模式，此时仿真回路如图 9-14 所示。

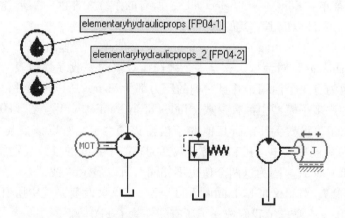

图 9-14　带有两个 FP04 实例的仿真回路

3）查看 FP04-2 的参数。改变枚举整型参数为"advanced"。"Change Parameters"列表如图 9-15 所示。

改变 FP04-2 的"index of hydraulic fluid"为 1。该参数的范围为 0 ~ 100。如果用户查看系统中其他的液压元件会发现其索引值为 0，因此它们依然使用 FP04-1 的流体属性。我们可以进入到每个液压元件中应用第二个流体属性，设置参数

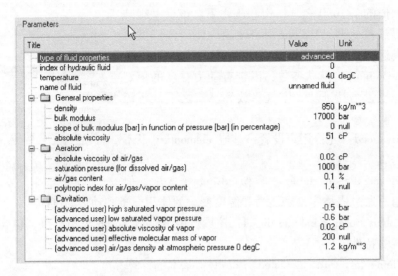

图 9-15 "advanced" 流体属性

"index of hydraulic fluid" 为 1。对于一个大系统来说将会非常繁琐，也有可能漏掉某个元件。

在这里我们采用另一种方法批量设置所有的流体索引值为 1。

（2）设置所有的流体索引值为 1　做这件事最好的办法是使用一般参数（common parameter）工具。

1）选择菜单 "Edit" → "Select all"，所有的系统元件都会被选择，按住 Shift 键点击 FP04-1 元件以取消对其的选择。

2）选择菜单 "Setting" → "Common parameters"，弹出如图 9-16 所示的 "Common parameters" 对话框。这是一个被选择对象的一般参数列表。它们将至少出现两次。因为有 3 个油箱，并且它们的压力都为 0bar，所以在对话框中显示了该值。被选中的许多子模型中都有参数 "index of hydraulic fluid"。在 FP02 中 "index of hydraulic fluid" 设置为 1，而其他的子模型该值为 0，所以该值显示为 "???"（表示不统一）。同样，电动机和旋转负载都拥有一个共同的参数（严格说是变量）标题为 "shaft speed"。因为这两个值也不相同，所以显示 "???"。

3）设置参数 "index of hydraulic fluid" 为 1。这会改变系统中所有元件的该参数，除了 FP01（不要忘了我们选择了所有元件除了 FP01）。

（3）运行仿真绘制变量曲线　用户会发现仿真结果同例 1 非常相似。

（4）修改含气量来进行批运行

1）在参数模式下选择菜单 "Settings" → "Batch parameters"。

2）从 FP04-2 中拖动含气量参数（air/gas content）到 "Batch control parameter setup" 对话框中。

3）按图 9-17 所示设置批运行参数，这样含气量参数会从 0% 变化到 10%，变化步长为 2% 。

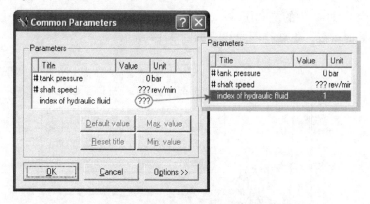

图 9-16 通用参数的不同值

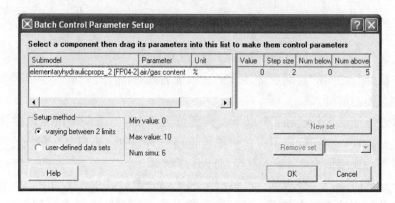

图 9-17 设置含气量的批运行参数

4）在"Run parameter"对话框中指定批运行，并运行仿真。

5）通过选择菜单"Tools"→"Batch Plot"，绘制批运行的图形以比较不同含气量的结果，如图 9-18 所示。

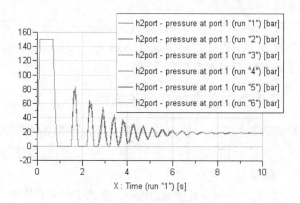

图 9-18 管道中的压力

放大到压力为 0bar 以下的区域，会发现仿真结果有一点不同，但不是非常大。

6）改变 FP04-2 中的饱和压（saturation pressure）为 400bar。

7）重复批运行，更新绘图曲线，如图 9-19 所示。

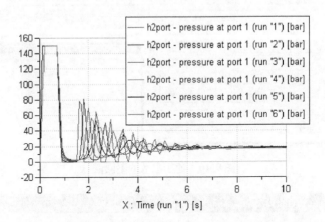

图 9-19　饱和压 400bar 下的管道中的压力

现在批运行之间的差别变得显著了，系统的动态特性完全改变了。需要对此现象做一些必要的解释。

通常液压油的含气量在 1% 以下，典型值为 0.1%。通常都认为保持该值越低越好。但是，在一些实际应用中，例如齿轮箱的润滑中，油和空气充分的混合，在这种情况下，典型值为 2.5%，甚至可能升高到 10%。

在给定的时间内，合理的空气量会全部或部分地溶解在液压油中。所有空气都溶解的最低压力被称为饱和压。对于较慢的系统，所有的空气在饱和压之上溶解，在该压力之下，部分溶解。Henry 的法则对处于溶解平衡下的这部分气体给出了一个合理的近似值。

一些系统慢到非常接近平衡位置（图 9-18），通常典型的流体传动系统就像这样。对于当前的系统，原来的饱和压更合适。

但是气体的溶解需要时间，对于快速变化的系统该时间是不够用的。燃料注射系统是该方面的典型例子。因此，对于这样的系统，人工设置较高的分离压使大量的气体在所有的压力下都不溶解会更加合适。

9.1.4　实例 3：使用更加复杂的管道子模型

本例的系统同实例 2 的系统一样（图 9-14）。本节将使用更加复杂的管道子模型来修改这个系统，并执行仿真实验。最后讲解一些在子模型背后的理论。

步骤 1：改变子模型

在当前系统中，所有的子模型被自动地选择，下面手动对其中的一些进行修改。

1）进入子模型模式，修改一些管道子模型。在进行修改之前，注意下面的几点：

• 图形上管道的折弯不是物理上的弯管，只是原理图上的转弯。

• 图形中有 3 个管道在一点相连，在物理上该点是一个三通管道。

• 在草图上三通管接头用一个 3 端口的节点代表，子模型为 H3NODE1。该模型模拟在管道相接处，在保持流量质量不变的情况下，压力相等。

• 有大量的液压管道子模型是必须的。

• 在当前的系统中，设置了 3 个子模型：DIRECT、DIRECT 和 HL000，如图 9-20 所示。这些管道子模型都没有考虑阻力损失。我们可以假定溢流阀与三通管接头的节点很近，但是马达和泵距离节点的距离比较远，沿着管道的压力损失不能被忽略。我们将要选择新的将阻力损失考虑进去的管道子模型。

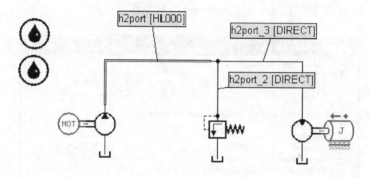

图 9-20　当前的管道子模型

• 从泵到三通管道。

• 从三通管道到马达。

2）点击与泵相连接的管道，在子模型列表中选择 HL03，如图 9-21 所示。

Submodel list

Name	Description
HL000	simple compressibility hydraulic line (C)
HL03	compressibility + friction hydraulic line (C-R-C)
HL09	hydraulic line with lumped element (C-IR-C)
HL12	distributive hydraulic line with lumped elements (C-R - *** - R-C)
HL042	distributive hydraulic line with lumped elements (C-IR - *** - IR-C)
HLG0022D	hydraulic line CFD 1D Lax-Wendroff (C-IR-***-IR-C)

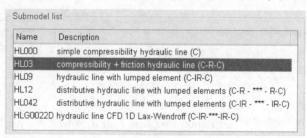

图 9-21　液压管道子模型变量

注意每个管道子模型的简短描述。在这些描述中 C 代表压缩性，R 代表阻力（管道的摩擦），I 代表惯量（流体的动量）。我们先前用到的子模型 HL000 只考虑了压缩性。而 HL03 子模型考虑了压缩性和摩擦。该模型模拟在两个液压压缩体之间存在一个液阻，如图 9-22 所示。

图 9-22　带有液阻的液压压缩体

为什么不选择一个带有惯量的更复杂的子模型？在下面的练习中将回答这个问题。

3）对于连接三通节点到马达的管道，选择子模型 HL01。

4）对于三通节点和溢流阀之间的管道，已经选择了子模型 DIRECT，保持不变。

步骤 2：设置运行仿真的参数

1）进入参数子模型，设置 HL01 和 HL03 的参数，其中"pipe lengths"为 5m，"pipe diameter"为 10mm。

可以一次一个完成这个设置，但是用户有其他选择。按住 Shift 键，点击 HL03 和 HL01 管道子模型将两者选择，选择菜单"Settings"→"Common parameters"，弹出如图 9-23 所示的"Common Parameters"对话框。

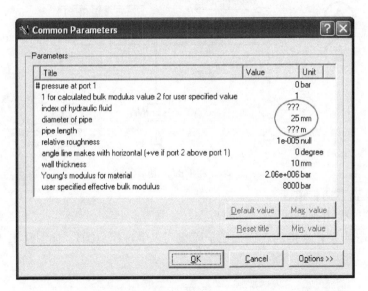

图 9-23　两个管道子模型的"Common Parameters"对话框

图中"???"代表在两个管道子模型中该值不同。设置"index of hydraulic fluid"为 1，"diameter of pipe"为 10，"pipe length"为 5。

2）在 FP04-2 中重设"Saturation pressure（for dissolved air/gas）为 0bar。

3）用默认的运行参数运行仿真。如果之前设置了批运行，不要忘了设置"Run Type"为"Single Run"。

4）绘制 HL03 的两个压力，如图 9-24 所示。

从图中可以看出，沿着管道有很大的压力降，这种现象可以被认为是设置的尺寸的问题。但除此以外，将溢流阀设置到离高压口如此之远在实际工程中也不合理。

步骤 3：查看其他的管道子模型

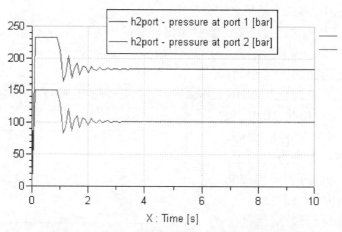

图 9-24 在泵和三通节点之间的管道端点的压力

1）返回到草图模式，利用复制粘贴方法复制部分系统，如图 9-25 所示。

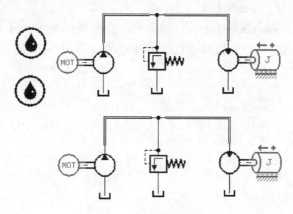

图 9-25 部分系统被复制

2）在子模型模式下，改变下面那个回路的两个管道子模型，如图 9-26 所示。

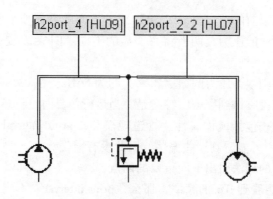

图 9-26 新的管道子模型

系统允许用户在两个结果之间进行比较。

3）进入运行模式运行仿真，绘制泵出口处的压力（pressure at port 2），如图 9-27 所示。

我们注意到曲线几乎相同。试着放大曲线，发现使用 HL07 和 HL09 子模型相比 HL01 和 HL03 子模型没有明显的优势。如果我们把两个系统分别构建，分别仿真，会发现子模型更加复杂的那个系统仿真时间更长。

4）改变运行参数对话框中的"print interval"为 0.001s，然后运行仿真。

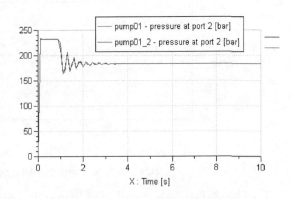

图 9-27 泵出口处的压力

如果用户查看"Simulation run"对话框中的"Warnings/Errors"选项卡，会发现一些关于子模型的建议（图 9-28）。对 HL03 也有一个相似的建议。该建议为：HL01 应该被 HL07 取代；HL03 应该被 HL09 取代。

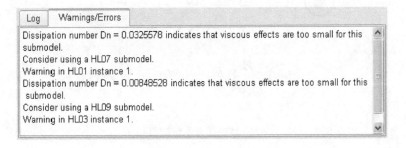

图 9-28 "Warning tab"下的信息

换句话说，在当前的"print interval"下，下面的系统要好于上面的系统。如果重新绘制泵出口处的压力，两者将有明显的不同。图 9-29 是放大后所观察到的图形。

在起始处振荡剧烈，压力的振荡频率大约为 56Hz，在 0.1s 后衰减。为什么在先前的运行中我们没有得到警告？答案是，当运行仿真时，许多检查被应用于用户的子模型。这些检查包括流体属性、管道规模和"print interval"。当"print interval"为 0.1s 时，不可能看到这些振荡，因此没有警告。

一些非常简单的算法引出下面重要的两点：

1）如果用户想看到 fHz 的频率，那么"print interval"不能大于 1/（10f）s。

2）"print interval"为 xs，用户能看见的频率在 1/（10f）Hz 以下。因此如果

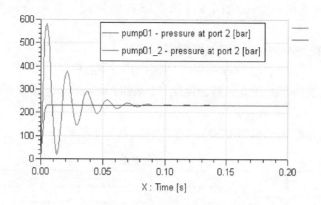

图 9-29　泵出口处的压力

"print interval"为 0.1s，用户可以看见低于 1Hz 的振荡。

在当前的例子中，我们对 1Hz 和 0.1s 以下的振荡不感兴趣，因此 HL01 和 HL03 是合适的。

注意：在液压系统中总是使用复杂的管道子模型是不正确的。正确的过程是先选用能达到仿真目的的最简单的管道子模型。注意到用户感兴趣的频率和在当前的"print interval"下能看到的频率。

如果用户选择的不正确，CPU 的仿真时间将 10 倍、100 倍地增长。

除此以外，如果用户强迫积分器计算其不感兴趣的高频现象，那么在当前的频率下看不到该高频现象。在"Warning"选项卡中的信息将非常有帮助，应阅读这些信息。

9.1.5　实例 4：带工作循环的阀

步骤 1：创建系统设置参数

1）创建如图 9-30 所示的系统，并保存为"servovalve"。

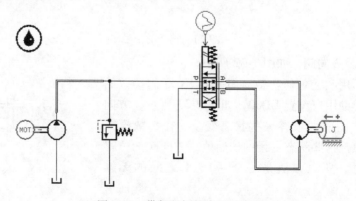

图 9-30　带伺服阀的液压系统

注意：用户将用一个方向阀改变负载的旋转方向。本例将使用以下两个新元件。

- 在液压库分类中的三位四通方向阀。
- "Signal，Control and Observers"库中的工作循环元件。

2）当新系统的草图建立好后，使用"Premier submodel"设置系统为最简单的子模型。

3）设置工作循环子模型 UD00 的参数值如表 9-2 所示。

表 9-2　设置参数

标题	值
duration of stage 1［s］	1
output at start of stage 2［null］	40
output at end of stage 2［null］	40
duration of stage 2［s］	3
output at start of stage 3［null］	－ 40
output at end of stage 3［null］	－ 40
duration of stage 3［s］	3

注意：如果用户不改变这个参数，阀不会打开。马达和负载就根本不会旋转！简单起见，其他元件的子模型保持默认设置。

输入的信号如图 9-31 所示。

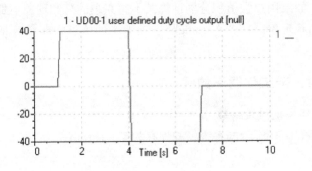

图 9-31　输入的信号

4）选择方向阀，如图 9-32 所示。

用户不用改变任何参数，但是对 SV00 的参数的理解可以帮助用户设置 UD00。如图 9-33 所示，方向阀在列表中的前两项有一些状态变量。在参数模式下，这些值是这些状态变量的初始值。方向阀的位移是一个分数，所以该值是一个 － 1 ～ 1 之间的无维的量。

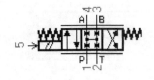

图 9-32　方向阀

下面的 12 个参数决定了覆盖了 4 条路径的阀的流量特性。当阀在其中的一个极限位置，阀芯位置为 +1 时，P 口连通 A 口，T 口连通 B 口。在另一个极限位置，阀芯的位移为 –1 时，端口之间是 A 和 T 相连，B 和 P 相连。

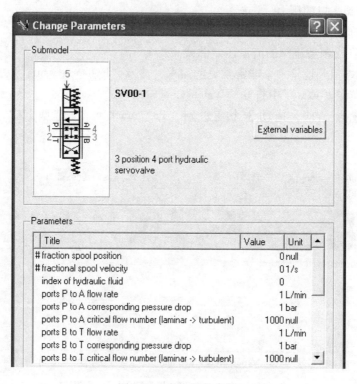

图 9-33 方向阀的参数

当方向阀的位置为 0 时，没有流量。为了定义阀在极限位置下的流量特性，使用一对流量和压力降参数进行定义。这两个参数的默认值是 1L/min 和 1bar。这些值可以在供应商的样本中找到。参数 "critical flow number（laminar- > turbulent）"不重要，保持为默认值。点击 "Help" 按钮，用户可以查看任何子模型的详细信息。对于 SV00，弹出的对话框如图 9-34 所示。

参数 "valve rated current" 设置为 40mA。这意味着输入信号为 40mA 时阀芯的位移为 1。当阀芯移动时，其行为类似二阶系统。用户可以指定固有频率和阻尼比。

5）在 "Run Parameters" 对话框中选中 "Discontinuities Prinout"。

6）用默认的运行参数运行仿真。

图 9-34 子模型 SV00 的 "Help"

7）选择溢流阀元件，在一个图形中绘制下面 3 个量的曲线。

- 溢流阀的出口流量［L/min］；
- 溢流阀入口的压力［bar］；
- 溢流阀出口的压力［bar］。

步骤 2：绘制溢流阀的流量压差曲线

对于二端口阀这是一个非常常见的需求，涉及"Post processing"功能的使用。

1）从菜单"view"中打开"Watch view"。

2）选择溢流阀，拖动 3 个变量到"Post processing"选项卡中，如图 9-35 所示。

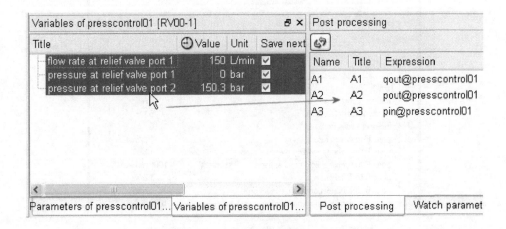

图 9-35　拖动变量到选项卡中

3）在"Post processing"选项卡中右键单击，添加一行。在"Title"中输入"Differential pressure"，在"Expression"中输入"A3-A2"，如图 9-36 所示。

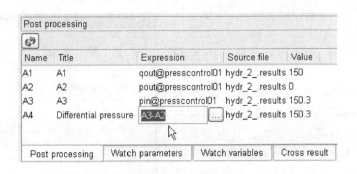

图 9-36　输入表达式

在同一幅图上绘制新的后置处理变量和流量，如图 9-37 所示。

转换绘图为"XY plot"，如图 9-38 所示。

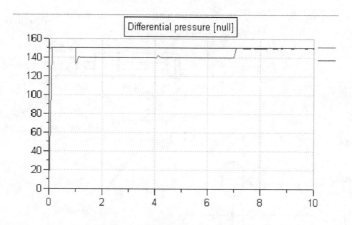

图 9-37　新的后置处理变量和流量

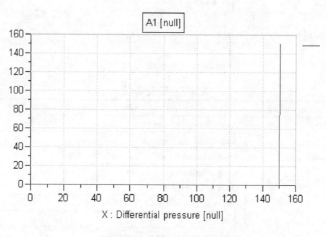

图 9-38　转换为 XY 绘图

9.1.6　实例 5：液压缸的位置控制

本练习的系统草图如图 9-39 所示。液压缸推动一个负载采用位置反馈进行控制。位置传感器用于转换液压缸的位置为信号。位置循环用位置循环子模型设定。指定的位置同传感器反馈的位置比较产生误差值。该误差乘以一个增益后的信号用于驱动伺服阀。另一个工作循环通过位移传感器对液压缸施加一个外负载力。

步骤 1：建立系统设置参数

1）建立这个新系统并保存为"actuator"。位置传感器在机械库中。一个信号端口用于把位置反馈到回路中。

2）使用"Premier submodel"按钮为系统设置最简单的子模型。

3）按表 9-3 的值设置子模型的参数。

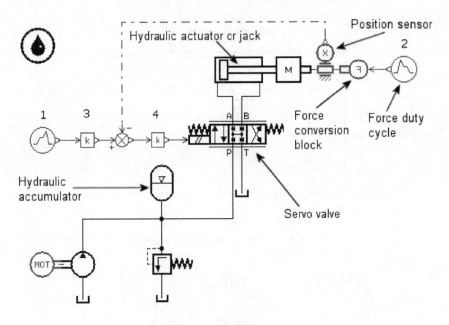

图 9-39　位置控制系统

表 9-3　设置参数

子　模　型	编号	标　　题	值
HJ000		piston diameter [mm]	30
		diameter of rod [mm]	20
		length of stroke [m]	1
PU001		pump displacement [cc/rev]	35
UD00	1	duration of stage 1 [s]	1
		output at end of stage 2 [null]	0.8
		duration of stage 2 [s]	3
		output at start of stage 3 [null]	0.8
		output at end of stage 3 [null]	0.8
		duration of stage 3 [s]	1
		output at start of stage 4 [null]	0.8
		output at end of stage 4 [null]	0.2
		duration of stage 4 [s]	3
		output at start of stage 5 [null]	0.2
		output at end of stage 5 [null]	0.2
UD00	2	output at start of stage 1 [null]	1000
		output at end of stage 1 [null]	1000
SV00		valve natural frequency [Hz]	50
		valve damping ratio [null]	1
		valve rated current [mA]	200
DT000		gain for signal output [1/m]	10
GA000	3	value of gain [null]	10
GA00	4	value of gain [null]	250

　　注意：HJ000 的参数给定了一个"非对称缸"，从仿真结果的图形中能看到这一设置。液压缸右侧的外负载力为恒值1000N。位移传感器的增益将液压缸的位移（范围为0～1m）转换成一个信号（范围为0～10）。子模型 GA00 的增益乘以工作循环子模型也是10。这样，工作循环直接代表了以 m 为单位的液压缸位移。

　　4）当用户设置 HJ000 的参数时，点击"External variables"按钮，调用如图9-40 所示的对话框。

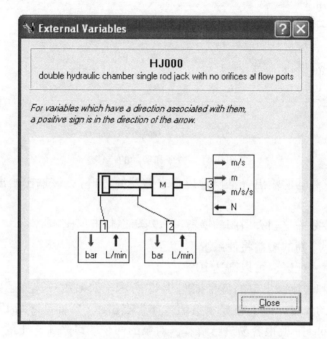

图 9-40　HJ000 的外部变量

　　从图中可以看出，正的速度意味着活塞杆向右伸出，位移越大，伸出越长。对当前的例子，0 位移和速度意味着活塞和活塞杆保持静止，活塞在液压缸的最左端。

　　加速度和外负载力的符号的意义应该清楚。正的负载力同其他变量的方向相反。换句话说，它对加速度起到负的作用。因此它试图减少速度和位移。

　　点击"Close"按钮关闭对话框。

　　步骤2：运行仿真绘制图形

　　1）运行仿真，设置"final time"为12s，"print interval"为0.05s。

　　2）绘图：

- 在同一幅图中绘制液压缸的位移和工作循环的输出；
- 在同一幅图中绘制出液压缸两个端口的流量；
- 在同一幅图中绘制出泵出口的流量和溢流阀出口的流量；
- 方向阀的位移。

从图 9-41 可以看出液压缸的位移与输入的工作循环匹配的程度。

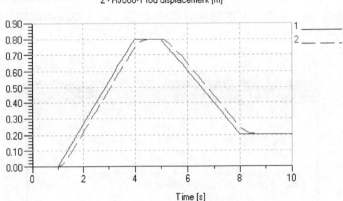

图 9-41　命令和实际的位移

3）绘制求和器的输出（准确地说是求差器的输出），该输出给出了以 m 为单位的位置误差。

4）试着改变连接到方向阀的增益、自然频率和阻尼比。

5）包含一个高的增益将使系统不稳定。

6）试着引入死区，可以高达 10%。

典型的泵和溢流阀出口的流量如图 9-42 所示。如果用户选择了泵入口的流量而不是泵出口的流量，图上将显示负值。如果点击了"Variable List"对话框中的"External variables"就很容易进行解释。对泵的两个端口来说，正的流量指明从泵向外流。很明显泵的入口处的流量必然为负。

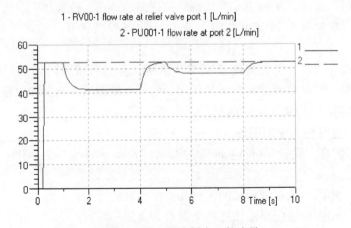

图 9-42　泵和溢流阀出口的流量

7）绘制液压缸两个端口上的流量。对这个子模型来说，流量是两个流量端口

的输入。这意味着正的流量表明流进元件。图 9-43 为典型的结果。注意流量的幅
值不同是由于两腔面积不等。

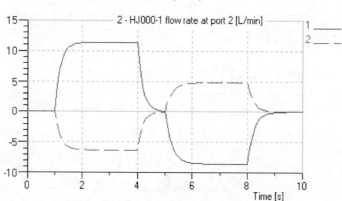

1 - HJ000-1 flow rate at port 1 [L/min]

2 - HJ000-1 flow rate at port 2 [L/min]

图 9-43　液压缸的流量

8）绘制阀芯位移。阀芯位移展示了在工作循环中阀是否接近饱和。如果位移
值达到了 +1 或 -1，阀就饱和了。

9.1.7　实例 6：对一个液压循环的简单设计训练

系统如图 9-44 所示，是带有两个节流孔的液压缸阻尼器，蓄能器为弹簧。把
这个系统应用到卡车的驾驶室上，每一个悬架上的力为 2500N。

步骤 1：建立系统并运行仿真

1）使用"Premier submodel"建立系
统。通过简单的计算可以确定尺寸，但是
仿真可以在很大程度上帮助快速计算和添
加固定状态值的动态性能。液压缸的两个
端口是连通的并且是平衡的。液压缸活塞
上、下两腔的压力应该相等。设活塞的面
积为 A_{pist}，活塞杆的面积为 A_{rod}，则在平
衡位置的力平衡方程为

$$pA_{pist} - p(A_{pist} - A_{rod}) = 2500\text{N}$$

即

$$pA_{rod} = 2500\text{N}$$

从上面这个公式看出，如果我们希望
操作压力为 70bar，则活塞杆的直径必须
为 21.3mm。我们将使用一个活塞杆直径

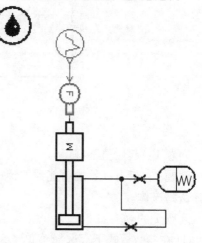

TRUCK SUSPENSION

图 9-44　简单的液压悬架

为 20mm、活塞直径为 40mm 的液压缸。

2）按表 9-4 所示设置参数。

表 9-4　设置参数

子模型	参 数 标 题	值
HJ000	rod displacement ［m］	0.15
	piston diameter ［mm］	40
	diameter of rod ［mm］	20
	angle rod makes with horizontal ［degree］	90
	total mass being moved	250
两个 OR0000	parameter set for pressure drop	pressure drop/flow rate pair

3）运行 10s 的仿真。图 9-45 显示了系统的位移和压力。在这一步，可能会出现两个问题：

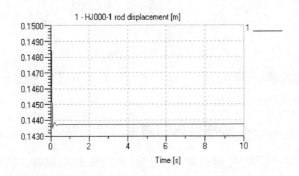

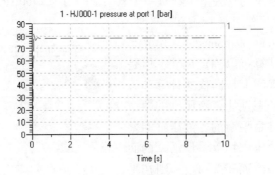

图 9-45　位移和压力曲线

问题 1：起始值不好。

问题 2：带有弹簧的蓄能器的预压力为 100bar，在仿真中没有涉及。当前唯一的弹簧是流体。

问题 1 的解决如下：

① 在参数模式下，选择菜单"Settings"→"Set final values"。这会给出状态变量的合理启动值，会发现活塞从中间位置下降了一点。

② 重设如表 9-5 所示的参数。

表 9-5 重设参数

子模型	参 数 标 题	值
HJ000	rod displacement〔m〕	0.15
	rod velocity〔m/s〕	0

③ 运行仿真，检查系统在平衡位置，活塞杆在中间位置。

问题 2 的解决如下：

我们可以改变的两个参数是蓄能器的预充压力和体积。对于像弹簧一样工作的蓄能器来说，预充压力必须低于平衡压力。

液压缸中的流体体积随活塞的位置而改变，这是由于活塞杆的影响。最小和最大油液体积之间的差值为 $A_{rod} \times stroke$，为 0.1L。蓄能器的体积应该比该值大一点，但不能为 10L。

① 设置如表 9-6 所示的参数。

表 9-6 设置参数

子模型	参 数 标 题	值
HA001	gas precharge pressure〔bar〕	10
	accumulator volume〔L〕	0.5

② 运行仿真，测试这些值不能打破系统的平衡。该值应该改变弹簧刚度但不是平衡位置。我们现在需要查看一下弹簧刚度。

③ 设置如表 9-7 所示的值。

表 9-7 设置参数

子模型	参 数 标 题	值
UD00	output at start of stage 1〔null〕	0
	output at end of stage 1〔null〕	2500
	duration of stage 1〔s〕	40
	output at start of stage 2〔null〕	2500
	output at end of stage 2〔null〕	-2500
	duration of stage 2〔s〕	80

4）运行 120s 的仿真。

5）绘制如图 9-46 所示的图形：

● 活塞杆的位移（HJ000）；

● 端口 1 的压力（HJ000）；

● 活塞上的外负载力（HJ000）。

2500N 的力作用在悬架系统上一个对应于车体重量的值。-2500N 的力将作用在悬架系统上的力全部除去。工作循环力的缓慢变化确保系统在所有时间都接近平衡状态。

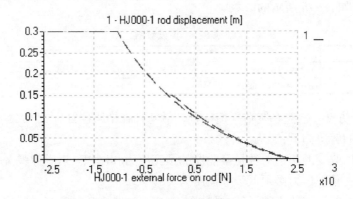

图 9-46　相对于力的位移

对应力的活塞杆位移显示了弹簧的非线性特性。该图形也显示出悬架不是平底而是平顶。

图 9-47 显示了当悬架伸出时，最大压力为 160bar，最小压力 40bar。

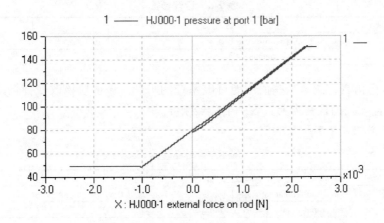

图 9-47　对应外负载力的压力

我们可以进一步进行分析，通过批运行的方式改变蓄能器的预充压力和蓄能器的体积，感兴趣的读者可以试一试。

但是，下面将通过考虑主要由两个阻尼孔提供的阻尼来结束本节的练习。为了简化，我们假定它们两特性相同。

步骤 2：改变孔的直径来建立一个批运行，车体的重量对应一个阶跃力

1）选择菜单"Settings"→"Global parameters"。

2）设置全局参数，如图 9-48

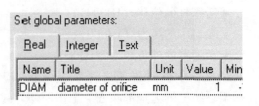

图 9-48　设置全局参数

所示。

3）按表9-8 设置两个孔的参数。

表 9-8　设置两个孔的参数

子模型	参 数 标 题	值
OR000	parameter set for pressure drop	orifice diameter/maximum flow coefficient
	equivalent orifice diameter [mm]	DIAM

4）建立一个工作循环，提供一个阶跃力，如表9-9 所示。

表 9-9　建立工作循环

子模型	参 数 标 题	值
	output at start of stage 1 [null]	0
	output at end of stage 1 [null]	0
	duration of stage 1 [s]	1
UD00	output at start of stage 2 [null]	500
	output at end of stage 2 [null]	500
	duration of stage 2 [s]	9

5）选择菜单"Settings"→"Batch parameters"。

6）拖动全局参数到"Batch parameters"对话框中，按图9-49 设置批运行值。

Select a component then drag its parameters into this list to make them control parameters

Submodel	Parameter	Unit		Value	Step size	Num below	Num above
Global - DIAM	diameter of orifice	mm		1	0.5	0	10

图 9-49　批运行参数

7）将"Run Parameters"中的"Run type"设置为"Batch"。

8）批运行10s，绘制活塞的位移，如图9-50 所示。

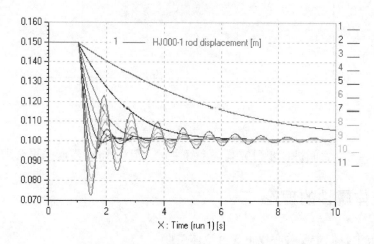

图 9-50　活塞杆位移的批运行结果

批运行设置孔的直径为 1 ~ 6mm 变动，步长为 0.5mm。通过放大绘图，很明显 3mm 给出了一个合理的阻尼。

9）从 UD000 中移除阶跃信号，这样为一个恒定的 ON 的力。

10）插入一个线性化的时间 10s。

11）重复批运行，查看振荡频率的阻尼比。

选择 .jac0.1 到 .jac0.11 文件，查看特征值，发现在 2.5mm 以下，系统是过阻尼的。但是，1mm 直径的结果给出了一个大约 25Hz 的频率，这有些古怪，但可以使用诸如"modal shapes"的工具进行查看。当直径大于 2.5mm 时，振荡频率大约为 1Hz，阻尼比如表 9-10 所示。

表 9-10　阻尼比

孔的直径/mm	阻尼比	孔的直径/mm	阻尼比
2.5	0.835	4.5	0.143
3	0.482	5	0.104
3.5	0.303	5.5	0.078
4	0.203	6	0.060

可以在根轨迹绘图中观察这些值的演化。图 9-51 所示的图形可以通过设置左边轴为 X 轴在 -7 ~ 1 之间、Y 轴在 -10 ~ +10 之间得到。

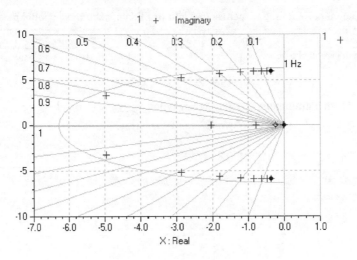

图 9-51　根轨迹的绘制

在 2.0 ~ 3.0 之间进一步研究是一个好主意，但 2.5mm 看起来更合理。

9.2　流体属性的理论

在本节中我们主要关心以下 3 个流体属性。

- 密度：密度和质量相关，因此影响流体的惯量。

- 黏性：影响流体的摩擦力。
- 可压缩性：引出体积模量，导致液压系统的刚度。注意，影响压缩性的因素包括空气释放、气穴现象、管道、胶管或包含液压流体的腔体的扩张。

9.2.1　密度和压缩性系数

单位体积的质量称为密度，即

$$\rho = \frac{M}{V}$$

密度的单位是 kg/m^3。先前提到，密度是压力和温度的函数，即

$$\rho = \rho(P, T, nature\ of fluid)$$

这个方程可以用三阶泰勒公式来近似

$$\rho(P + \Delta P, T + \Delta T) = \rho + \left(\frac{\partial \rho}{\partial P}\right)_T \Delta P + \left(\frac{\partial \rho}{\partial T}\right)_P \Delta T$$

也可以被表示成

$$\rho = \rho\left(1 + \frac{\Delta P}{B} - \alpha \Delta T\right)$$

这里

$$B = \rho\left(\frac{\partial P}{\partial \rho}\right)_T$$

和

$$\alpha = -\frac{1}{\rho}\left(\frac{\partial \rho}{\partial T}\right)_P$$

两方程是流体的线性化状态方程。使用密度的定义，α 和 B 这两个参数也可以被表示成

$$B = -V\left(\frac{\partial P}{\partial V}\right)_T, \quad \alpha = \frac{1}{V}\left(\frac{\partial V}{\partial T}\right)_P$$

B 就是恒温体积模量；α 就是体积膨胀系数。

因为流体的密度随着供油压力而改变，这就意味着对给定质量的流体，只要压力改变，其体积就改变。这种现象导致了体积压缩系数 β 的定义

$$\beta = -\frac{1}{V}\left(\frac{\partial V}{\partial P}\right)_T$$

这里 β 的单位为 Pa^{-1}（或 m^2/N）。考虑下面这个关系 $V\rho = M$，在一个封闭的液压回路中，质量为定值，因此

$$d(V\rho) = 0, \quad Vd\rho + \rho dV = 0$$

即

$$\frac{d\rho}{\rho} = -\frac{dV}{V}$$

使用体积压缩系数 β 的定义，我们得到

$$\frac{1}{\beta} = \frac{\rho}{\dfrac{\partial \rho}{\partial P}}$$

我们更经常地使用体积模量 B，即体积模量

$$B = \frac{\rho}{\dfrac{\partial \rho}{\partial P}}$$

ρ 和 B 之间的关系意味着质量守恒。在计算中用户必须严格地遵守这个关系。在建模和仿真流体动力系统时，忽视 ρ 和 B 之间的关系将在封闭的回路中导致反常的压力变化，并最终导致膨胀和压缩的循环。如果回路中充满空气（当溶解在流体中的空气再次以气泡的形式出现），这种现象被着重强调。在审查充气和气穴现象时我们会提到这个问题。

空气对流体的压缩性也会产生不利的结果。在流体中，空气以两种形式出现：浮泡和溶解。

1. 浮泡

当回油管没有伸入油箱液面以下，喷射状的流体可以携带一些气泡到油箱中。另一种影响流体中空气的量的现象是泄漏。如图 9-52 所示。

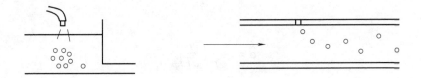

图 9-52　回油和泄漏

流体中的空气保持气泡状态，这将改变流体的压缩性。在这种情况下我们讨论有效弹性模量。图 9-53 显示了柴油在 40℃ 时含气量为 0、0.01%、0.1%、1% 和 10% 时的弹性模量。绘图是用下面的系统（图 9-54）得到的。

柴油的模型属性是基于精确的试验测量，并且被应用于变化非常快的注射系统中。因为这个原因，空气假设处在裹挟状态而不是溶解状态。

2. 溶解空气

空气也能溶解到流体中，一定量的空气分子可以是流体的一部分。在这种情况下溶解的空气不明显地改变流体的属性。

9.2.2　空气释放和气穴

空气可以溶解也可以裹挟在流体中，这就使空气可以在两种形式之间进行转换，转换取决于流体所处的条件。

假设流体处在溶解气体占确定百分比的平衡状态（通常空气包括氮气和氧

气）。降低压力到刚好一个被称为饱和压的压力之上时将导致曝气。这是一个溶解的气体形成液体中的气泡的过程，该过程一直进行直到所有溶解的气体都释放出来。所有溶解的气体都从溶液中析出的精确的压力很难指出，因为这取决于气体的化学组成和行为。这是一个非对称的动态过程，增长的过程同气泡消失时没有相同的动态过程。结果由于压力下降而析出的气泡在压力又上升时可能（或不能）重新溶解在液体中。

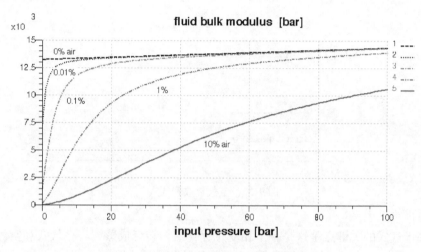

图9-53　混入了空气

如果压力继续降低到刚好高于另一个关键值——蒸气压，流体本身便开始蒸发。这相当于流体的相变。在某一点只存在流体蒸气和气体。在流体系统中，气穴一词通常指流体中空腔的形成和破灭，即使空腔包含空气或液体蒸气。

图9-55总结了上面介绍的几点。

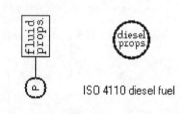

图9-54　系统

空腔的发育现在公认与成核中心（例如微观气体离子、磨损或壁上的粗糙度）相关联。当流体遭受张应力时，空腔不是因为流体的破裂而形成，而是由于这些核的快速增长而形成。

为了更好理解，试想一个盛有啤酒（也可以是香槟酒）的瓶子。当瓶子密封时，你看不见气泡，液体看不出来起泡的样子。瓶子里的压力在液体中气体的饱和压之上。当你打开瓶子，突然间出现了气泡，这样溶解的气体（液体中分子形式的气体）开始以气体的形式出现。事实上流体是气饱和的，并且大气压低于液体的饱和压。这种现象很明显不是气穴而是空气释放（曝气）。考虑核的影响，气泡仅在瓶子壁的特定位置形成：沿着瓶壁（由于小的粗糙表面）和液体中出现的任何小微粒。理论上，如果液体绝对纯净，盛装液体的容器壁绝对光滑，空气释放或

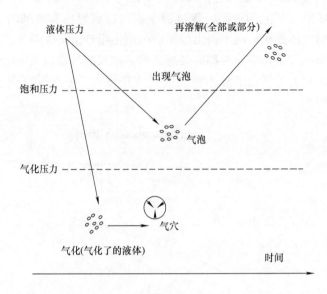

图 9-55　空气释放和气穴

气穴将很难发生。

　　关于气穴的关键点是这是一个相变过程：液体转变成蒸气。在气穴和空气释放之间可以进行一个比较。查看如图 9-56 所示的相变图表。

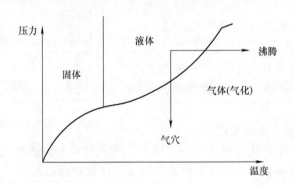

图 9-56　气穴和空气释放

　　沸腾是在恒定压力变化温度下的相变，而气穴是在变化压力恒定温度下的相变。

　　在任何系统中，如果压力进一步降低，空气释放将开始发生，气穴也可能发生。这就意味着，人们有时谈论的气穴现象实际上是空气释放。这两种现象都将导致对材料或元件的损坏。

　　这两种情况都是因为夹带了气体而造成的破坏。当空腔在回路的下游遭遇高压，这些气泡或空腔变得不稳定可能破裂。在破裂处压力升高足以对盛装液体的容器造成剧烈的机械损坏。众所周知，液压泵和管道可以被气穴和空气释放造成严重的损坏。

在所有的典型液压系统中，空气释放和气穴必须避免以防止材料损坏，但是有时还需要这一现象，例如在喷射系统中防止蒸气的形成。

9.2.3　黏性

黏性是用来度量阻止流体流动的力。这一特性对流体传动系统有积极和消极两方面的影响。过低的黏性将在可移动机械部件之间的死区部分产生泄漏，过高的黏性将导致在管道中的压力损失。

黏性是流体和气体的特性，并且通过内阻尼中的运动被证明。黏性是由于两层不同速度的流体之间的分子扩散而造成的动量交换。从这层意义上说，黏性是流体属性而不是流动性能。

图 9-57 显示了两层之间不同的流动速度和剪切约束。

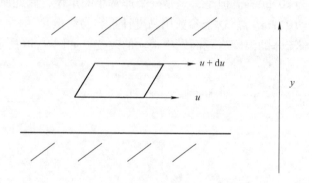

图 9-57　黏性

黏性的定义是牛顿首先提出的。在距离为 $\mathrm{d}y$ 的两层之间，两层之间的内摩擦力由下式给出：

$$F = \mu A \frac{\mathrm{d}U(y)}{\mathrm{d}y}$$

式中　$U(y)$——取决于径向位移 y 的速度；

$\mathrm{d}U(y)/\mathrm{d}y$——速度梯度。

这一比例原则表达了牛顿流体的概念，引入的参数 μ 定义了动力黏度。μ 的量纲是 $[ML^{-1}T^{-1}]$，国际单位制单位是 kg/m/s 或 Pa·s。过去的单位是泊（Poise），即 P，相当于 0.1kg/m/s。但是，由于非常小，因此采用毫泊（milli Poise），即 mP，该单位是常用的单位，为 10^{-4}kg/m/s。

动力黏度和两个液层间的应力及其剪切强度成比例

$$\tau = \mu \frac{\mathrm{d}U(y)}{\mathrm{d}y}, \ \mu = \frac{\tau}{\frac{\mathrm{d}U(y)}{\mathrm{d}y}} = \frac{\text{剪应力}}{\text{剪切率}}$$

但是动力黏度在基本的公式中不常使用。例如在两个液层间的体积单元，动态特性表达为

$$A \frac{\mathrm{d}\tau}{\mathrm{d}y}\mathrm{d}y = \rho A \mathrm{d}y \frac{\mathrm{d}U(y)}{\mathrm{d}t}$$

因此使用剪应力计算

$$\frac{\mathrm{d}U(y)}{\mathrm{d}t} = \frac{1}{\rho}\frac{\mathrm{d}\tau}{\mathrm{d}y} = \frac{\mu}{\rho}\frac{\mathrm{d}^2 U(y)}{\mathrm{d}y^2}$$

在其他的公式中（如 Navier Stoke），动力黏度和密度的比值经常出现，所以定义了一个新的参数，称为运动黏度 ν

$$\nu = \frac{\mu}{\rho}$$

运动黏度 ν 的量纲是 $[\mathrm{L}^2\mathrm{T}^{-1}]$，国际单位是 m^2/s。运动黏度原来的单位是斯（Stoke），即 St，为 $10^4\mathrm{m}^2/\mathrm{s}$。但是，这是一个非常小的单位，因此厘斯为更加常用的单位，即 $1\mathrm{cSt} = 10^{-6}\mathrm{m}^2/\mathrm{s}$。这个参数用黏度计很容易测量。

注意：黏性随流体的温度变化而发生很大的改变，如图 9-58 所示。

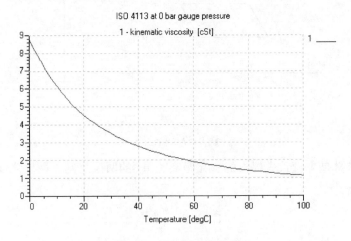

图 9-58　黏度随温度的变化

在没有空气释放和气穴的情况下，运动黏度随压力的变化不显著，除非压力变化得非常剧烈。

1. 黏性对流动的影响

黏性另一个重要的方面是对流体流动特性的影响。我们可以划分出两类流动。

- 层流（Laminar flow）：流线是平行的，剪切力产生的压降。
- 紊流（Turbulent flow）：流动颗粒被打乱了，不规则的运动导致了压降。

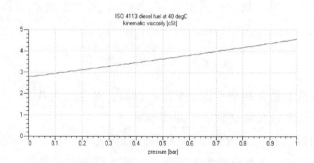

图 9-59　运动黏度随压力的变化曲线图

这两种流动状态可以用雷诺数来进行区分，雷诺数的定义为

$$Re = \frac{U\rho d}{\mu} = \frac{Ud}{\nu} = \frac{\text{惯性因素}}{\text{黏性因素}}$$

式中　U——平均流速；

　　　d——管道的直径（其他几何形状为水力直径）；

　　　ρ——液体的密度；

　　　μ——动力黏度；

　　　ν——运动黏度。

从层流到紊流的变化发生在临界雷诺数处。临界雷诺数没有被精确地定义，通常是一个过渡区。在液压管道中，临界雷诺数通常在 1500 ~ 2000 之间。对不均匀的几何体（薄壁孔口），临界雷诺数可以低于 100。

对非圆形的截面，可以用水力直径来计算雷诺数。水力直径用下式定义：

$$D_h = \frac{4A}{x}$$

式中　A——通流面积；

　　　x——湿周。

这里我们给出以下两个例子：

（1）圆形孔口的直径

$$D_h = \frac{4\pi \left(\dfrac{d}{2}\right)^2}{\pi d} = d$$

（2）矩形孔口，长 L、宽 l

$$D_h = \frac{4Ll}{2(L+l)} = \frac{2Ll}{L+l}$$

当 $L \geqslant l$ 时，$D_h \approx 2l$。

2. 通过孔口的流动

孔口（也被称为阻尼孔）可以是固定的，也可以是变化的，大量应用在流体

系统中。在工科中出现其数学描述很正常。该方程基于伯努利方程并具有下面的
形式：

$$Q = C_q A \sqrt{\frac{2(P_{up} - P_{down})}{\rho}}$$

式中　C_q——流量系数。根据系统情况取不同值：典型值为 0.7，或者随着孔口的
　　　　几何形状和雷诺数的不同而不同。

　　第二种值的取法显然更正确。如果我们取固定值，我们将不得不面对 Q 对
$\Delta P = P_{up} - P_{down}$ 的梯度在原点处为无穷大。这是不可能的，如果这样去实现将导致
数值上的错误。

　　很明显，在足够小的压力降下流动是层流，这意味着 C_q 不是恒值。一种解决
方式是进行详细的试验，计算相对于雷诺数的 C_q 值。对孔口（不是必须为圆形）
的情况，雷诺数为 $Re = \dfrac{UD_h}{\nu}$。这里 U 是平均流速，D_h 是水力直径。如果我们取 $U =$
Q/A，我们最终得到 $C_q = f(Q)$，最后

$$Q = F(Q)$$

像这样的隐式方程的形式可以工作，但是我们想要得出更明确的公式。

　　得到这个公式的方法是通过引入一个无量纲数——流量系数，用 λ 来代表。
该式被定义为

$$\lambda = \frac{D_h}{\nu} \sqrt{\frac{2(P_{up} - P_{down})}{\rho}}$$

从建模的观点看，λ 包含已知量。使用 λ 可以得到

$$Q = \frac{C_q A \nu \lambda}{D_h}$$

假若有 $C_q \equiv C_q(\lambda)$，将得到一个非常容易计算的明显关系。$C_q \equiv C_q(\lambda)$ 不比
$C_q = C_q(Re)$ 更难得到，所以流量系数有许多优势。

　　注意：P_{up} 和 P_{down} 都需要。只有 ΔP 是不够的，从 1bar 到 0bar 的压力降同
1001bar 到 1000bar 的压力降是不同的。

　　对于应用哪个压力来计算 ρ 和 ν 是不明确的。可以使用 P_{up}、P_{down} 或
$(P_{up} + P_{down})/2$ 缩流断面上的压力。AMESim 使用$(P_{up} + P_{down})/2$。

　　$C_q \equiv C_q(\lambda)$ 的表格也可以使用 CFD（计算流体动力学，Computational Fluid Dynamics）软件来计算。

　　对于较高的 λ 值，C_q 几乎保持为恒值。

　　λ 最低值处 C_q 几乎为恒值，称为临界流量系数 λ_{crit}。

　　薄壁锐边的孔口的临界流量系数大约为 100，对于细长孔大约为 3000。

对于长边界孔，恒定的 C_q 值也是最大值。

对于锐边孔口，最大的 C_q 值可以比恒定值稍微大一点，该值出现在稍低于 λ_{crit} 处的 λ 值。

在通常的应用中，AMESim 子模型 OR000 和 OR002 需要 λ_{crit} 值和 C_q 的极限值。λ 的值从下式计算出：

$$\lambda = \frac{D_{\mathrm{h}}}{\nu} \sqrt{\frac{2(P_{\mathrm{up}} - P_{\mathrm{dwon}})}{\rho}}$$

流量系数用下式计算：

$$C_q = C_q^{\max} \tanh\left(\frac{2\lambda}{\lambda_{\mathrm{crit}}}\right)$$

当 $\lambda = \lambda_{\mathrm{crit}}$ 时，C_q 大约为 $C_q^{\max}$ 的 96%。

图 9-60 为相对于 λ 的 C_q 图形。

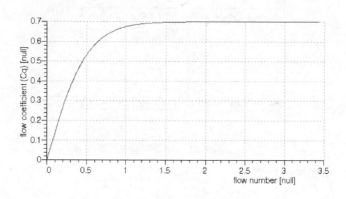

图 9-60　相对于 λ 的 C_q 图形

3. 摩擦阻力

属于这个分类的子模型用于模拟在直管道中的流动阻力。沿着恒定截面的直管道流动的压力损失可以用 Darcy-Weisbach（达赛韦史巴赫）方程描述，即

$$\Delta p = \lambda \cdot \frac{l}{D_{\mathrm{h}}} \cdot \frac{\rho Q^2}{2A_{\min}^2}$$

式中　　λ——相对长度 $1/D_{\mathrm{h}} = 1$ 的段的摩擦系数；

　　　　D_{h}——水力或当量直径；

　　　　l——流量段的长度。

对这种类型的子模型，全局摩擦因数 ζ 由下式给出：

$$\zeta = \lambda \frac{l}{D_{\mathrm{h}}}$$

直管道中，在层流状态下，液体或气体的运动阻力源于内部的摩擦力，这是因

为其中一层液体（或气体）相对于另一层有一个相对运动。这些黏性力与流速的一次方成比例。我们有

$$\lambda \equiv \lambda(Re)$$

随着雷诺数的增加，与流速的平方根成比例的惯性力，开始占统治地位。随着流动变成紊流，阻碍运动的现象将明显增加。部分阻力的增加是由于流体壁面的表面粗糙度。因此，我们有

$$\lambda \equiv \lambda(Re, rr)$$

式中　rr——相对粗糙度。

相对粗糙度是通过评价表面粗糙度的高度和管道的直径的比值计算出的，如图9-61 所示。

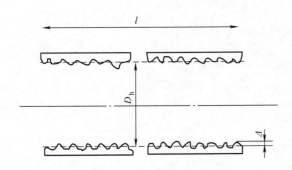

图 9-61　相对粗糙度

管道相对粗糙度的公式为

$$rr = \frac{\Delta}{D_h}$$

式中　Δ——管道的等效均匀粗糙度；

　　　D_h——管道的水力直径。

新的光滑管道的绝对粗糙度 Δ 的采样值由 Binder 提供，如表9-11 所示。

表 9-11　绝对粗糙度 Δ

管道材料	绝对粗糙度 Δ	管道材料	绝对粗糙度 Δ
硬黄铜	1.5μm	白铁	150μm
硬铜	1.5μm	锻铁	260μm
型钢	45μm	木质排气管	0.2 ~ 0.9mm
铸铁	45μm	混凝土	0.3 ~ 3mm
沥青锻铁	120μm	铆接钢	0.9 ~ 9mm

同雷诺数和相对粗糙度相关的内摩擦力的演化如图9-62 所示，被称为尼古拉斯图形。

在液压库中所有带摩擦力的管道都使用摩擦阻力系数。

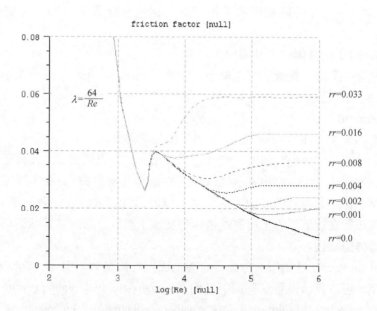

图 9-62 同雷诺数和相对粗糙度相关的内摩擦力的演化

9.3 AMESim 流体属性

9.3.1 简介

AMESim 允许用户在一个仿真回路中使用几个流体属性。每个回路中要使用的流体属性都要添加到一个流体属性图标。

每个流体属性图标需要设置一个参数 "index of hydraulic fluid"，范围为 0 ~ 100。这些图标允许用户进入下面将要介绍的子模型。

我们这里不打算介绍 FPDROP 子模型，因为其太陈旧了。它只兼容更老的系统（如 4.0 或更早）。

⬤所示的子模型有一个枚举参数，该参数允许用户设置许多流体属性，这些属性按层来区分复杂性。

我们现在来描述和每一个枚举属性相关联的参数。

1. elementary

这一选项提供下列参数：index of hydraulic fluid、density、bulk modulus、absolute viscosity、saturation pressure（for dissolved air/gas）、air/gas content、temperature、polytropic index for air/gas/vapor content、absolute viscosity of air/gas、name of fluid。

这个选项做了下面的假设。

1）零气容的液体的体积模量是恒定的，这就意味着密度随压力成指数形式增长。

2）零气容下的液体的黏性为定值。

该项包含一个空气释放和气穴模型。注意："name of fluid" 是一个字符串，代表流体。

2. advanced

这个选项类似 "elementary"，但提供了附加的参数。

当压力达到流体的饱和压时，气体会释放出来。如果压力进一步降低，将要达到液体的高饱和蒸气压，将出现蒸气（气穴：液体开始沸腾）。在实际工程中使用的流体化学上都不是绝对纯净的。由于这个原因，气穴可以在一系列压力下发生，低饱和蒸气压指在这个压力下所有的液体都变成了蒸气。所有这些状态的改变强烈地改变了流体的特性。

在 "elementary" 选项下，考虑了合理地固定气穴参数。但是，在 "advanced" 选项下，用户可以自己设置这些值。它们是：high saturated vapor pressure、low saturated vapor pressure、absolute viscosity of vapor、effective molecular mass of vapor。

对于 "elementary" 选项，没有这些高级参数，但是有下面的恒定值：

- high saturated vapor pressure：－0.9bar；
- low saturated vapor pressure：－0.95bar；
- absolute viscosity of vapor：0.02cP；
- effective molecular mass of vapor：200。

3. advanced using tables

这个选项用来在当前压力和温度下使用流体密度、体积模量和黏性的值。这个子模型使用下面的参数：index of hydraulic fluid、saturation pressure（for dissolved air/gas）、air/gas content、temperature、polytropic index for air/gas/vapor content、absolute viscosity of air/gas、（advanced users）high saturated vapor pressure（cavitation）、（advanced users）low saturated vapor pressure（cavitation）、（advanced users）absolute viscosity of vapor、（advanced users）effective molecular mass of vapor、（advanced users）air/gas density at atmospheric pressure 0 degC、name of fluid、name of file specifying fluid properties。

注意：密度、体积模量和黏度在参数中没有出现。

它们通过特定的函数从表格中的值计算得出。这些函数采用插值方法从表格中的值计算流体特性。这些表格以文本文件的形式提供，如图 9-63 所示。这些文本

图 9-63　文本文件

文件指明了子模型的流体属性参数。

在 AMESim 的安装光盘中提供了 3 个这样的例子文件：tblprop1. txt、tblprop2. txt、tblprop3. txt。

用户可以从下面的目录中拷贝这些文件：$AME/misc（Unix 系统）或者 %AME%\misc（Windows 系统）。

每个文件描述了一个定义流体属性的模型。对于密度和体积模量，可以使用 3 个模型：

• 在模型 1 中，密度和体积模量是从参考密度、参考压力和一系列相对压力的体积模量表格的值来定义的。一个给定温度对应一个表格（参考 tblprop1. txt）。

• 在模型 2 中，密度和体积模量是从一系列的相对压力的密度值的表格来定义的。一个给定温度对应一个表格（参考 tblprop2. txt）。

• 在模型 3 中，密度和体积模量是从一个参考密度、参考压力和一系列声速值对压力值的表格来定义的。每个表格对应一个给定温度（参考 tblprop3. txt）。

在定义密度和弹性模量之后，液体的黏性也用这些文件来定义。对于黏性来说有两个模型可用：

• 在模型 1 中，动力黏度以 cP 为单位，利用动力黏度表格来定义。一个给定温度对应一个表格（参考 tblprop1. txt）。

• 在模型 2 中，动力黏度用以 cSt 为单位的动力黏度表格来定义。一个给定温度对应一个表格（参考 tblprop2. txt）。

想使用这个功能的最好的办法是复制这些文件到一个合适的目录，然后参看这些文件。带有 "#" 开头的行是注释，这些注释给用户提供关于数据分布的进一步信息。用户可以选择自己认为合适的文件，也可以修改这些文件以从中使用自己的数据。

4. Robert Bosch adiabatic diesel

该子模型定义了柴油的属性，是由 Robert Bosch 股份有限公司提供的。其参数是：fuel type、index of hydraulic fluid、（advanced users）high saturated vapor pressure、（advanced users）low saturated vapor pressure、（advanced users）effective molecular mass、absolute viscosity of air/gas、（advanced users）absolute viscosity of vapor、air/gas content、temperature。

参数 "fuel type" 是一个枚举整型参数，提供了 9 种柴油的定义，如图 9-64 所示。

假定这些流体是应用在快速动作的注射系统中而没有时间进行气体的溶解和析出。用户设定一个固定温度。局部温度使用一个近似的绝热变化关系来进行计算。

5. simplest

这个选项给出了一个最简单的液压流体属性，其参数为：index of hydraulic fluid、density、bulk modulus、absolute viscosity、saturation pressure、air/gas content、temperature、polytropic index for air/gas content、name of fluid。

这个子模型可以应用在不同的情况下。在气穴和空气释放的积分器使用了较简单的计算过程，所以当其他方法都不成功时，采用这个选项可能得到一个解。

9.3.2　实例

复制"$AME/misc/tblprop1.txt 或 %AME% \ misc \ tblprop1.txt"到一个合适的目录。启动 AMESim，建立如图 9-65 所示的系统。

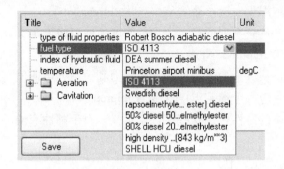

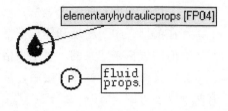

图 9-64　9 种柴油的定义　　　　　　图 9-65　绘制流体属性的简单的系统

FP04 是该图标的唯一一个子模型。设置液压子模型的"index of hydraulic fluid"参数为 1。改变输入压力的参数为 10s 内从 0 ~ 100bar 进行变化。改变名为"file specifying fluid properties"的参数指向用户自己的文件"tblprop1.txt"。

开始仿真，绘制 FPROP 子模型的密度、体积模量和黏性相对于压力的曲线。然后编辑自己的文件"tblprop1.txt"，再仿真。观察属性的变化。

9.4　液压管道模型

液压管道模型是许多用户一直希望得到的模型，因此本节将给出一些规则帮助用户选择合适的子模型。在本节中，不是全面地介绍管道模型的理论和公式，而是介绍一些重要的事实并接着介绍一些实例。用户也可以参考 AMESim 提供的液压管道演示（hydraulic line demo）模型。

9.4.1　简介

管道子模型在表面上是简单的模型，在内部却非常复杂。为什么有如此多的管道子模型呢？主要是由于在流体管道和软管中流动的复杂性，以及不同的应用对细节要求的不同造成的。下面的特性可能会很重要：

- 流体压缩性的变化和管道或软管在压力下的扩张；

- 流体的惯性；
- 随压力而改变的体积模量；
- 随着压力而改变的黏性；
- 层流、紊流和不稳定流动；
- 频率对摩擦的依赖性；
- 空气释放和气穴。

流体是可压缩的，虽然不像气体那样大，但是在建模中它们的压缩性必须被考虑到。当遭遇高压时，液体的密度增加。除此以外，内有流体流动的管道或软管在压力的作用下发生扩张。最后的结果是电容（弹簧）效应。

要使流体流过水平横管，我们必须提供一个压力梯度来驱动流体。这被称为电阻效应。

流体有质量，所以有惯性。

1. 零维的管道子模型

最简单的管道子模型是 DIRECT 和 HL000，这些子模型是零维描述的。

DIRECT 管道子模型假定两个端口距离很近，管道长度为零。

HL000 只考虑电容效应。管道的长度太小没有明显的液阻。流体的速度和质量太小没有明显的惯性。液压腔体子模型 HC00 本质上与 HL000 相同。

2. "集中的"（lumped）和"集中分配的"（lumped distributive）管道子模型

通常情况下使用"lumped"子模型可以得到满意的结果，在该子模型中，诸如压力这样的属性是由一个值来代表的。换句话说，在管道内部我们假定随位置的不同压力的变化很小。但是，如果管道很长，或者波动动力学很明显，就要采用"lumped distributive"子模型。对于这种子模型，诸如压力这样的量是从一系列位置计算得到的。通常这些值被保存为一个数组。

下面这些模型是对 1 维 Navier-Stoke 方程的连续性和动量求解得到的：

$$\frac{\partial \rho}{\partial t} + \frac{\partial (\rho u)}{\partial x} = 0$$

$$\frac{\partial (\rho u)}{\partial t} + \frac{\partial (\rho u^2 + P)}{\partial x} + \eta_{friction} = 0$$

式中 ρ——密度；

u——管道中的速度；

$\eta_{friction}$——摩擦力。

在"集中分配的"情况下，这些方程简化为一系列的常微分方程来对管道进行建模。然后这些方程提供给 AMESim 求解器，并随着时间的推移而集成。这在同源的实现中有优势。可以从 AMESim 环境中应用所有的特性到管道模型上，例如，可以对管道模型应用线性分析。

但是，其缺点是引入了许多附加的状态变量给 AMESim 的求解器。特别是对带有惯性和依赖摩擦的频率的管道来说，如果引入了许多节点，计算时间将非线性地增长。这些常微分方程的另一个缺点是，频谱被缩短了，管道模型的最高特征值通常超过非物理的方式。

典型的"集中分配的"管道模型是 HL07 或者 HL040。

3. Lax-Wendroff "CFD 1D3" 管道子模型

一维的 Navier-Stoke 方程也可以用偏微分方程求解方法求解，例如 Lax-Wendroff 方法。该数值方法被应用在管道元件或子模型内部。这意味着管道不再由 AMESim 的常微分方程求解器求解。

这些数值算法被声速、流体速度和单元格大小限制了时步。基本上，求解器的时间步长必须小于波穿过一个单元格的时间。这通常被称为 CFL (Courant Friedrichs Lewy) 条件。Lax-wendroff 管道有其自己的时间步长，其几乎是一个确定的步长集合。存在偏微分方程求解器和 Lax-Wendroff 求解器的联合仿真。

在管道子模型 HLGCENTER、HLG0020D、HLG0021D、HLG0022D 中使用 Lax-Wendroff 求解器。在每个子模型后面的物理方程和数值实现是一致的，子模型之间的不同仅体现在因果关系和连通性。

这些管道子模型相对偏微分方程求解器也有许多优点。因为 Lax-Wendroff 方程同系统中其他的方程求解方法不同，对系统中其他的部分没有引入额外的状态变量。添加许多节点主要增加了时间步长，并且创造了更多的点，而没有为偏微分方程求解器引入额外的状态变量。在通常的情况下，带有大量节点的（10，20，30，…）的管道模型不会明显地消耗 CPU 时间。而且，在 HL040 模型的依赖摩擦的频率引入许多状态变量在 Lax-Wendroff 方程中已经实现了，不消耗多余的 CPU 时间。最后，Lax-Wendroff 方程的一个有趣的特性是它不会产生像常微分方程方法那样的数值振荡。

使用 Lax-Wendroff 方法也有缺点。因为它们使用不同的求解器，引入了基于物理时间步长的联合仿真。联合仿真需要对管道端点之间的连接所产生的不连续进行统一的管理。这将使仿真减速，特别对于稳定状态。典型的常微分方程求解器当遇到稳定状态时采用非常大的时间步长，由于 CFL 条件，采用 Lax-Wendroff 求解器就不行。另一个缺点是 Lax-Wendroff 模型不能提供像集中和分散管道那样的所有特征。例如，Lax-Wendroff 管道使用硬管道假设，而集中和分布式管道考虑管道壁的刚度。

最后，因为 Lax-Wendroff 管道使用局部求解器，这就意味着其不为 AMESim 的常微分求解器可见。因此，当用户想执行线性分析时，线性过程忽略了 CFD 一维管道。同样，Lax-Wendroff 管道也不能执行稳定化运行。

4. 在"Lumped/Distributive"和"CFD 1D Lax-Wendroff"子模型之间进行选择

集中/分布管道和 CFD 1D Lax-Wendroff 模型是补充模型。

集中分布管道模型非常适合于大的驱动和液压缸系统。它们也用来代表在 1D 假设中不包含的短管,一个 Lax-Wendroff 管道需要至少 3 个单元格,典型的纵横比为 L/D =6。

Lax-Wendroff 管道模型用来代表长管道,在管道中需要精确地代表波传播。典型地,CFD 1D 管道可以用来模拟注射系统中的高压共轨及连接轨道和喷嘴之间的连接管道。

9.4.2 管道子模型的选择

子模型的选择取决于用户的需求,有不同的方法。

一种方法是考虑模型的频率范围。用户需要分析要建模的系统,然后定义感兴趣的频率范围。关于管道模型的简单理论计算可以为覆盖感兴趣频率范围(对 Lax-Wendroff 模型和 ODE 模型都一样)所需要的节点数提供指导。然后可以应用 AMESim 中的线性分析确定需要覆盖的频率范围。这一过程需要更丰富的经验及对仿真和模型更深入的理解,但这是通常的建议过程。用户可以参考训练 HYD2_ SYS 来得到这一方法更进一步的信息。

另一种方法是跟随界面上下一步提供的向导,该向导提供了更合理的模型。

当建模一个管道时,用户应该在头脑中清楚地从全局角度考虑要建立的管道模型。液压管道可以如图 9-66 所示被切分成 3 种不同的子模型。

图 9-66 液压管道被切分成 3 种不同的子模型

但是,建模必须考虑到物理管道事实上为 30m + 40m + 60m = 130m 长。

AMESim 的管道模型通常分 3 组,这是由子模型外部变量输出和输入特性造成的。如果我们连接 个管道到元件上,元件的子模型通常在连接点处做以下两件事中的一件:

1)从压力(输入)计算流量(输出);

2)从流量(输入)计算压力(输出)。

上面的每种情况,都需要管道子模型为元件子模型提供正确的变量。图 9-67 显示了 3 种标准的可能情况。箭头指明了流量信息的方向。因此第一种情况左边端口的流量是由相连接的元件子模型计算的,而压力是由管道子模型计算的。最重要的特性是大部分的管道子模型都涵盖在这 3 种情况中。

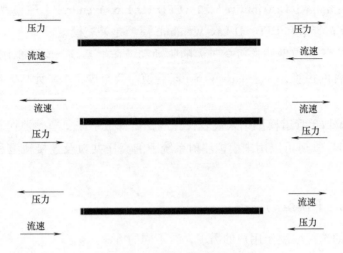

图 9-67　3 种不同的情况

9.4.3　3 个重要的量

1. aspect ratio

当用户使用一个包含"aspect ratio"（长度或直径比）小于 6 的一维子模型时，AMESim 中的检查算法将会发出警告。

该比值是用长度 L 和直径 D 计算的，即

$$A_{\text{ratio}} = \frac{L}{D}$$

短粗的管道与长细的管道需要的子模型不同。

对于分散的管道子模型，管道被划分成一系列的单元，每个单元的长度直径比必须不能大于 6。

2. dissipation number

另一个重要的检测项是"dissipation number"。该参数定义为

$$N_{\text{diss}} = \frac{4L\nu}{cD^2}$$

式中　ν——运动黏度；

　　　c——声速。

$$c = \sqrt{\frac{B}{\rho}}$$

当"dissipation number"达到 1 时，主特征值变为实数，波的影响将不明显。当上述条件为真时，考虑惯性的模型不应被采用。

如果"dissipation number"远远小于 1，考虑波的影响就很重要，如表 9-12 所示。

表 9-12 考虑波的影响

管道子模型	考虑的因素	dissipation number	用于
HL01 HL02 HL03	容性＋阻性	＞0.8	相对短、带有较高 "dissipation number"的管道
HL007 HL008 HL009	容性＋阻性＋惯性＋ 依赖摩擦的频率	＜1	带有较低"Dissipation number"的短管
HL021	阻性＋惯性		非常高的流速、 相对短的管道
HL10 HL11 HL12	容性＋阻性	＞0.8	带有较高"dissipation number"、 非常长的管道
HL040 HL041 HL042 HLG0020D HLG0021D HLG0022D	容性＋阻性＋惯性＋ 依赖频率的摩擦	＜1	适度长度的管道

测试的结果必须在下一节介绍的重要参数的限制下。

3. print interval

声波在管道中传播的时间用下式计算：

$$T_{\text{wave}} = \frac{L}{c}$$

如果时间比"print interval"小很多，用户在绘图中将看不到声波，所以使用声波动态模型是没用的。这就是为什么改变"print interval"会导致警告信息的出现。

可以比较 T_{wave} 和"print interval"时间 T_{com}，以决定能否在结果中看到波形。

流体体积子模型 HC00 和 HC01，基本上类似 HL000，为了完整性也包括在内。类似地，零体积子模型 ZEROHV 也包括在内。

下面我们将用图表的方式（图 9-68）来帮助用户决定该选择哪一个管道子模型。在学习的过程中要注意下面的几点。

图 9-68 中的决策过程类似一个 AMESim 使用者决定哪一个子模型是适合的这样一个过程。如果子模型被认为不合适，会弹出警告信息，给出所选择的管道的一段"aspect ratio"和"dissipation number"数据。

流程图中的最终结果通常是 3 个子模型，如 HL01、HL02 和 HL03。因为 AMESim 会检查因果关系，仅仅把那个与相连接的子模型兼容的子模型提交给用户来做一个选择。

大部分时候流程图用来提供一个向导并给出一个更好的选择。但是，也存在高级用户打破这些规则的情况。

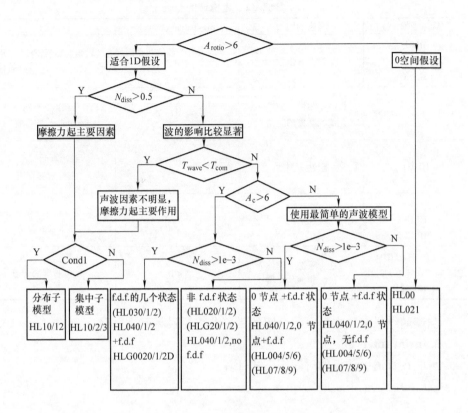

图 9-68　流程图

9.4.4　选择的过程

当使用一个管道子模型时，在开始仿真时要进行一些检查，与图 9-68 所示的流程图相吻合。在每个过程，警告信息（如建议参数检查、调整子模型或相关的配置选项）将有可能显示。这些信息基于前面提到的、下面将要列出的无量纲数据的分析上。

- 管道的"aspect ratio" A_{ratio}；
- 单元的"aspect ratio" A_c；
- "dissipation number" N_{diss}。

如果 N 代表了内部节点的数量，管道单元的"aspect ratio"由下式给出：

$$A_c = \frac{1}{N+1}A_{\text{ratio}} = \frac{L_{\text{cell}}}{D}$$

式中　L_{cell}——单元的长度。

在一些情况下，会提供一个节点的最大数量 $N_{\max}$ 的建议值以得到管道离散化的最优。在这种情况下将使用下面的公式：

$$N_{\max} = \max\left[E\left(\frac{A_{\text{ratio}}}{6}\right) - 1, 0 \right]$$

式中 $E(x)$——x 值的整数部分。

在不可能离散化的情况下，流程图将建议改变所选的管道子模型为一系列（N_i 个）更简单的管道子模型的实体。实体的数量（故意限制为10）由下式定义：

$$N_i = \min\left[N_{\max} + 1, 10 \right]$$

下面的观点由液压管道子模型的选择流程图决定：

• 如果用户正确地配置了管道子模型，即使是一条淘汰的模型，警告信息也不会显示。

• 当两个子模型要为一个目的而应用，有时会弹出警告信息。如果用户已经选择了其中之一，就不会建议另一个子模型，除非存在错误或存在一个更好的选项。

• 如果用户第一次运行仿真，关注了所有的建议修正所产生的警告信息，第二次运行时警告信息将不再出现。

• 每次当离散管道子模型指定的节点数目过高时，将产生一个警告信息，提示离散个数要少于 $N_{\max}$，以节省计算时间。

请注意，如果子模型的名字是写在括号中的，意味着其为过期子模型。

流程图中的条件"Cond1"由下式给出：

$$\text{Cond1} = (A_{\text{C}} > 6)\,\&\,(N_{\max} > 9)\,\&\,(N > 5)$$

第 10 章　HCD 库的使用

10.1　概述

　　HCD（Hydraulic Component Design）含义是液压元件设计（先前的名字是 Hydraulic AMEBel，意思是 AMESim Basic element library）。HCD 库可以由非常基本的模块建造出任一元件的子模型。HCD 大大增强了 AMESim 的功能。在使用 HCD 之前最好能够熟悉其他 AMESim 标准子模型。

　　为什么需要创建这个库？本章将给出答案。下面将介绍 5 个使用 HCD 的例子。在本章的最后部分，将给出一些使用户更好地使用 HCD 库的规则。

　　前 4 个例子关注绝对移动。用户使用的绝大多数的应用都在这个分类里。第 5 个例子与相对运动相关。建议用户使用 AMESim 重建前 4 个例子。

　　使用 AMESim，可由库中元件构建一个机械系统的模型。起初，AMESim 用于这些元件的符号标记采用基本的表示方法（例如液压元件的 ISO 标记）。对于某一领域的工程师，这使最终的系统草图看起来非常标准和非常容易理解。这里存在两个问题：元件的差异和技术的差异。

　　元件的差异问题可以表述为：无论有多少元件，都是不够的。例如一个液压千斤顶，有以下的可能：有一个或两个液压腔；有一个或两个活塞杆；有一个、两个或零个弹簧。

　　这样一共就有 12 个组合，每个都需要一个单独的标记，而每个标记都必须至少对应一个子模型。对多数 AMESim 标记来说，一个子模型就足够了。在这种情况下，就需要 12 个子模型。如果考虑到伸缩式千斤顶，模型数量将会翻倍。有时还需要在端口进行不同设置，以得到不同结果，这就需要数量更大的模型。

　　在标准 AMESim 库中，不可能提供如此大量的标记和相应的子模型。因此只提供一些比较通用的元件标记和子模型。当然，AMESim 的专家用户可以通过 AMESet 来添加新的标记和新的子模型。

　　第二个问题，在 AMESim 中，要构建好的元件子模型需要什么技术或其他的软件。列表如下：

- 懂得构建和操作该元件；
- 清楚元件运作时的物理变化；
- 给物理量制定数学运算法则，以便子模型由输入量得到输出量；
- 可将运算法则编译成可执行代码。

除此之外，还要对子模型进行测试、纠错和修正。这就意味着子模型的开发需要机械、物理、数学和计算机科学方面的综合能力。这就是技术上的问题。同时具有这些技术的人寥寥可数，因此构建优良子模型的任务是专家级别的工作。

HCD 的开发就可以解决这些问题。上面提到了，传统 AMESim 库使用的模型是标准 ISO 标记。这些标记是将模型细分成子模型。很显然这个细分不是唯一的，也不是最佳的方法。可以将细分应用于更大或更小的单元。

HCD 使用细分可以由最少的子模型创建出最多种的机械系统的模型。回到液压千斤顶的那个例子，可以发现所有建立起来的组合都是由下列元素组成的：

- 压力作用下的液压流体；
- 环状变化的容积腔；
- 机械弹簧；
- 由微元压力和面积产生的力推动的活塞。

这才是对细分较好的利用，可以与基于 ISO 标准模型下的细分组合，很明显，基本模块少很多。因为每个单元都是工程中的实体，可以将其称之为技术单元。对于大部分的 HCD 图标，用户可以在商店买到相应的物理部件，组装成想要的元件。在下面的章节中，我们将返回到这个例子中，通过一系列的例子介绍 HCD 的特性。

10.2　实例指南

10.2.1　利用 HCD 库构造单向阀

这一节，将构建如图 10-1 所示的单向阀。该元件的工作方式很简单。采用这个元件的原因是即便对于初学者该方法也比较清晰。

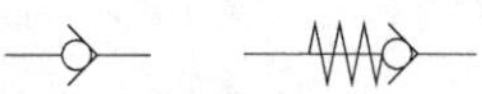

标准 AMESim 库已经提供了这类元件的子模型，对液压系统的一般仿真都是适用的。但当要与其他系统进行比较时，无法得到其动态特性，因为假定它是瞬时作用的。

图 10-1　单向阀

图 10-2 是 HCD 库标记。其中的元件列表如图 10-3 所示。前 19 个元件是用于绝对运动的，紧接着的 18 个是相对运动元件。在图 10-4 中列出了 3 个特殊的纯液压元件。这些相对运动元件的内外部件都是可动的；而绝对运动元件，若有外部部件，则是固定的。这里学习的重点是绝对运动的元件。

图 10-2　HCD 库标记

对于多数绝对运动元件，都有两个轴线直线端口，至少一个液压端口是提供压力的。重要的是压力作用的活动面。在符号上用粗直线或曲线来表示这个活动面，还有箭头指向该面。它们通常与轴向直线端口相连形成一个元件：滑阀、液压执行机构或是上述的例子——截止阀。然而，许多其他部件也是以同样的形式构建而来的，如液压制动机构、自动变速箱以及燃料喷射系统的内部部件。

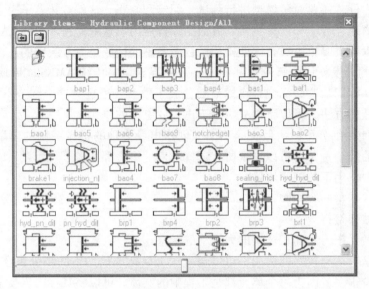

图 10-3　HCD 库元件

这里最常用的液压元件就是有压缩性的压力体，它与需计算液压的子模型相连。该模型有 4 个液流端口，接收来流的流速和体积，由此可计算得到总体积和总来流量。如果总流量为正，则压力增加；为负，则压力降低。有压缩性的压力体如图 10-5 所示。

图 10-4　特殊元件　　　　　　　　　　　　　　图 10-5　有压缩性的压力体

最简单的截止阀中，阀球在一个限定位移内自由移动。在一个极限位置，阀门是全关的，在另一个极限位置则是全开的。为了平衡，阀球的位置取决于作用在液压端口的压力。

HCD 包含两个液压流道中阀芯为球形的元件（图 10-6），一个是放置于平面圆上，另一个则是放置在锥形斜面上。放置于平面上的子模型如图 10-7 所示。

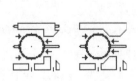

图 10-6　阀芯为球形的元件　　　　　　　　　　图 10-7　子模型

有两个液压流动端口，作用在两端口上的压力作为输入量；如果阀球在右极限位置，则流道是完全关闭的；如果阀球在左极限位置，则流道是完全打开的；与阀球相连的杆在该模型中的直径默认为 0。

阀球受到压力作用，失去平衡，开始移动，表明这里需要引入阀球的惯量。由于在截止阀中阀球的运动是有限制的，所以要选择图 10-8 中右侧所示的图标，其外部变量的详细内容如图 10-9 所示。

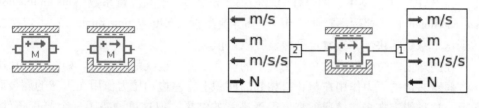

图 10-8　图标　　　　　　　　　　　　　　图 10-9　子模型

图 10-10 给出系统的两种可能形式。每个系统都包括单向阀和两个压力源，以便对其进行简单测试。存在两种形式的原因很简单：为了让 HCD 的使用尽可能简单，许多 HCD 的标记都对应两个子模型。回看图 10-7 中 BAP21 子模型的外部变量，可见 BAP22 的外部变量就是其镜像。所以这两个系统得到的结果是一样的，但为了让例子简化，按照图 10-10 左侧的系统进行构建。

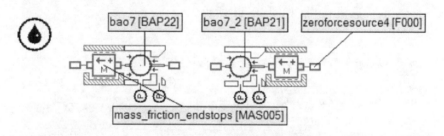

图 10-10　单向阀的两种可能的形式

注意：零力源（F000）连接到自由机械端口。

在子模型类型的选择上，使用第一个子模型（Premier Submodel）是较为简便的。然而，如果要手动设置惯量，就要注意两种模型可能在位移限制上的不同，通常与其是否具有终点挡板有关。在处理终点挡板处的接触时有两种不同方法：

- 理想无弹性碰撞，速度瞬时降到 0；
- 机械弹簧阻尼器。

这两种形式都有可用之处，第二种方法需要设置弹簧和阻尼器的阻尼率。MAS005 采取的是第一种处理方法。

MAS005（质量块）中的参数，质量设为 10g，位移下限设为 0mm，位移上限设为 4mm。子模型需计算质量力，因此还有个角度要设置。而在本例中，相对于压力，质量力可以忽略，所以对角度的设置是无关紧要的。这里设置动摩擦（库仑摩擦）和静摩擦是不适合的。非零的黏性摩擦可以让该单元更稳定，但实际情况中，阀门通常是在全开或全关的状态。所以这里把黏性摩擦设为 0。其他的参数与 Stribeck 摩擦相关。在 HCD 库中引入其他与摩擦相关的参量是为了实现静摩擦到动摩擦更为平滑的过渡。通常这些量都可以保留其默认值。若这里将动摩擦和静摩擦都设为 0，那么这些量在任何情况下都不起作用。

在 BAP22 子模型中，两个杆的直径都要设为 0。最大流量系数（maximum flow rate coefficient）不要远离默认值 0.7。临界流量数（critical flow number）可以控制达到这个系数的快慢，通常也是保留其默认值。

在阀球上的总作用力就是作用其上的所有压力。也就是外部力。如图 10-10 所示，假定右边的压力作用在与孔口相邻的面积上，左边的压力作用在阀球的剩余面积上。这种假定在多数情况下都可得到满意的结果，但这里预备了一个修正条件：喷射力（jet force）。这是个驱使球阀关闭的力。用一个系数——喷射力系数来决定这个修正。默认为 0，不考虑此条件；设置为 1，即考虑该修正。可通过实验数据设置成其他的值，以得到符合要求的子模型。

将左边的压力源设为定值 50bar。右边的压力源在 1s 内由 0bar 升至 100bar，再在 1s 内降至 0bar，进行一个 2s 的仿真，设置时间间隔为 0.01s。

单击球阀子模型，在"Variables"选项卡中，找到"pressure port 2"，拖动到"Post processing"选项卡中，如图 10-11 所示。

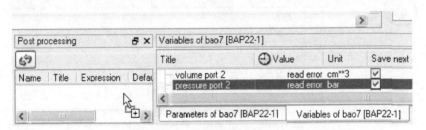

图 10-11　拖动变量

用同样的方法将变量"pressure port 1"拖动到"pressure port 2"上，在弹出的菜单中选"subtract －"，添加完后的结果如图 10-12 所示。

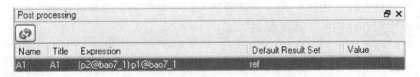

图 10-12　压差变量

此时变量 A1 代表压差，也可以修改"Title"字段中的"A1"为"differential pressure"。将"Variables"中的"flow rate port 1"变量拖动到草图区域，将绘制流

量随时间变化的曲线图，如图 10-13 所示。

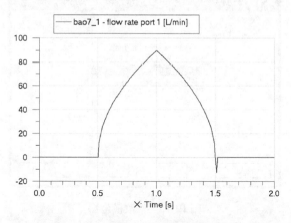

图 10-13　流量随时间变化的曲线图

单击 AMEPlot 窗口的菜单 "Tools" → "Plot manager"，展开 "Plot manager" 对话框中树形控件最下面的节点，如图 10-14 所示，可以看见此时横坐标的变量为时间（Time）。

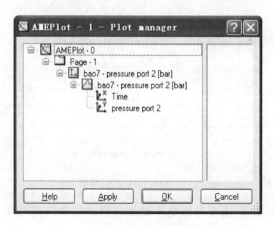

图 10-14　横纵轴变量

此时，拖动 "Post processing" 选项卡中的 "A1" 变量到 "Plot Manager" 对话框中的 "Time" 处，并释放鼠标左键，如图 10-15 所示。

单击 "Apply" 按钮，再单击 "OK" 按钮。此时可以得到横坐标为 "进出口压差"、纵坐标为流量的曲线图，如图 10-16 所示。

图 10-16 绘制了通过单向阀流量随差压的变化，这是个动态子模型，所以当压差为负时，流量也不为 0。尽管压力下降的稳态特性使阀门关闭，但惯量引起的阀球在离开稳态位置后的滞后导致了反向的流动。在阀门打开时也是同样的原因，使末尾的曲线不一样。

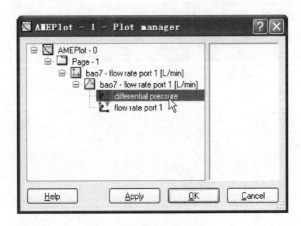

图 10-15　修改横坐标

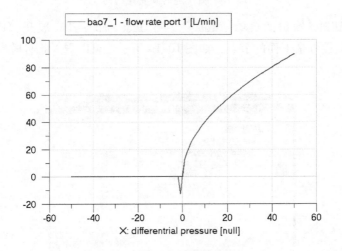

图 10-16　压差流量曲线

为得到稳态特性，要让压力变化得更加缓慢，增加仿真时间。

注意到球阀子模型还计算了在两个流动端口处外部变量中的体积，这些量将对液压千斤顶之后的一些部件起到重要作用。

接下来，在单向阀中加入一个弹簧（SPR0），将其变换成为弹簧阀。修改后的系统如图 10-17 所示。在弹簧的另一端附上一个固定的零速度源（V000）。

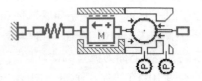

图 10-17　弹簧阀

需要注意：弹簧始终处于被压缩状态。

依旧有两种方式来构建这个阀，如图 10-18a、b 所示。惯性力作用在球阀的哪一面都可以。然而，弹簧必须在左侧，否则它会要将阀门打开而不是关闭。

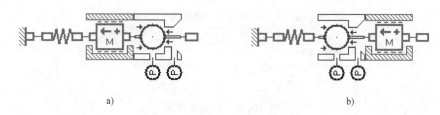

a)　　　　　　　　　　　　　　b)

图 10-18　两种构建单向阀的方式

弹簧在两个端口都有一个作用力，所以左边的弹簧端口必须用一个零速度源关闭而不是零力源。

调整弹簧刚度和预载荷以得到所期望的特性。通过对这些值的适当选择，可以设置一个开启压力和一个流量压力特性。

在质量块子模型 MAS005 中计算得出基本位移和相应的速度。如图 10-7 和图 10-9 所示，这些值通过子模型 BAI21。图 10-19 示意出弹簧子模型的外部变量。SPR000 接收来自 BAI21 的速度和另一个来自 V001 的速度（该速度通常为 0）。

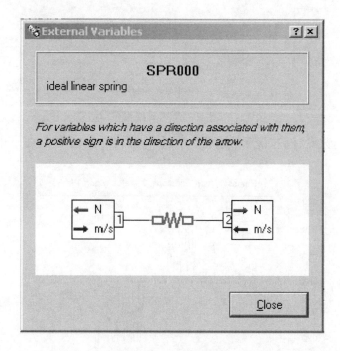

图 10-19　弹簧子模型

当设置弹簧的参数时，我们尝试给单向阀一个比较小的预载荷，该载荷决定阀的开启压力。如图 10-20 所示，我们设定这个参数为 10N。

以同上例相同的压力设置运行仿真。图 10-21 显示了单向阀的流量压力特性，

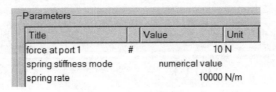

图 10-20　参数值设定

从图中可以看出，单向阀的开启压力大约为 5bar。在大约 22bar 处曲线发生改变是因为阀芯钢球运动到了极限位置。

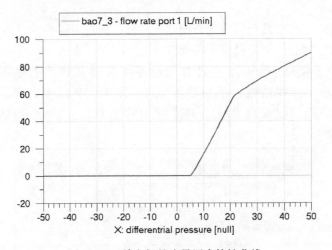

图 10-21　单向阀的流量压力特性曲线

图 10-22 显示了阀芯钢球的速度。从图中可以看出，当阀门部分开启时，出现

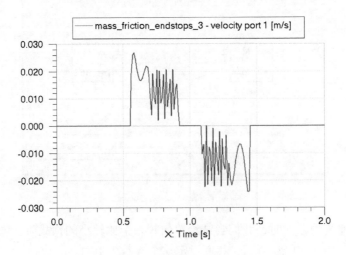

图 10-22　阀芯速度的不稳定现象

了不稳定现象（最后将仿真的间隔时间设置为 0.001s 以看得更加清楚）。这种现象可以通过添加一个阻尼孔来解决。在第 3 个仿真例子中将用到这一概念。

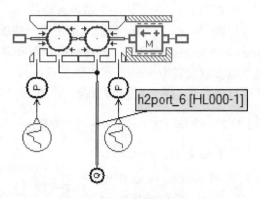

图 10-23　修正的模型

作为一个可选择的练习，用户可以修改单向阀的模型为图 10-23 所示的形式。单向阀检测两个压力源的压力，哪个压力源压力更高将连接哪个压力源。模型中间部分的两个端口实际上是一个端口。保证把钢球子模型连接到一个管道节点的两个管道子模型被设置为 DIRECT，同流量源相连接的管道子模型设置为 HL000。

阀建立起来是为了测试在两个压力源所代表的两个供给系统作用下，所需的流量为多少。

设置流量源在 10s 内流量从 0 变化到 10L/min（对于该流量源应该为 – 10L/min），左边的压力源在 0 ~ 100bar 变化，右边的压力源在 100 ~ 0bar 变化，左右变

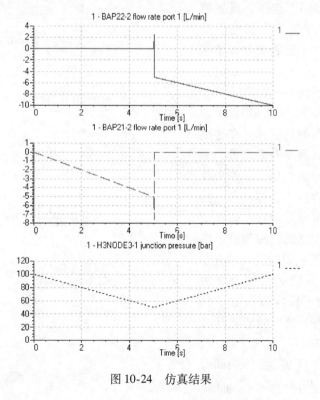

图 10-24　仿真结果

化时间都为 10s。为了让两个钢球都能移动，用户必须设置左边的钢球子模型相对于零位置的位移（lift）。设置质量块终点挡板的下限为 0，设置上限为 0.005m（= 5mm）。对于右边的钢球，设置钢球相对于零位置的开口度为 0，对左边的钢球子模型该参数设置为 5mm。管道的长度设置为 0.01m。运行仿真，绘制通过每个球阀的流量曲线和输出的压力曲线，如图 10-24 所示。

10.2.2　使用 HCD 构造一个液压缸

　　本节回到本章开头部分介绍的液压缸。讨论如图 10-25 所示的简单液压缸模型。注意该模型包含一个质量负载，是 AMESim 的一个标准模型。最简单的 HCD 模型如图 10-25 所示。

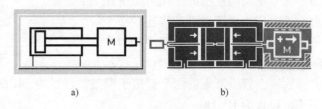

图 10-25　液压缸模型

　　构建如图 10-26 所示的两个系统，这样的话可以在 HCD 构建的模型和使用标准 AMESim 库构建的模型之间进行比较。本例使用了惯性图标，该图标给出了符号规则，同标准液压缸子模型 HJ000 中的规则相吻合。为尽可能多的子模型应用 "Premier Submodel" 选项。设置质量块子模型为理想的终点挡板形式。在参数模式下设置参数以使这两个系统尽可能接近。这需要进行认真的设计，下面是一些建议。

　　子模型 BAP11 和 BAP12 代表了活塞和活塞两侧的腔体。在这里不是两个活塞，而是一个。每个子模型处理活塞一侧的压力。箭头及粗实线指明压力作用在哪一面。注意质量子模型可以放置在左边甚至这两个活塞模型之间。左侧的子模型的活塞杆必须被设置为 0。两个子模型的活塞直径必须被设置为 25mm，以等同于标准液压缸子模型 HJ000。右侧子模型的活塞杆必须被设置为 12mm。在这个阶段，不必关心参数标签为 "chamber length at zero displacement" 的参

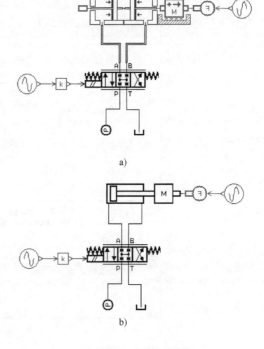

图 10-26　阀控缸系统

数。接下来会介绍该参数。

注意，当设置 HCD 子模型参数时，这 3 个特性将非常有用：全局参数、复制参数、通用参数。

注意，对于活塞的直径，我们引入全局参数，命名为 pdiam，并设置为 25mm。这样的话只需手动设置一次，然后可以复制给其他子模型。也可以通过通用参数功能来进行设置。

在 HJ000 子模型中，默认的行程是 0.3m，默认的质量是 1000kg。因此具有理想端点的质量块设置其质量为 1000kg，下限为 0m，上限为 0.3m。箭头和符号表明，当位移为 0 时，质量块在左极限位置。HJ000 的初始位置为 0，意味着活塞在左侧。所以我们保持 MAS005 子模型的初始位置为 0m。

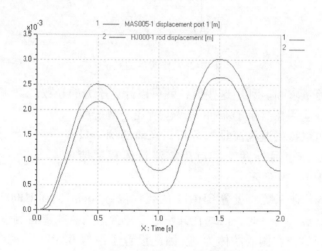

图 10-27　两个液压缸的位移

设置供油压力为 100bar，调整输入信号的频率为 1Hz，运行仿真。图 10-27 是位移的典型结果。

为什么结果有些许的不同呢？答案非常简单。图 10-26b 所示系统在阀和缸之间连接的管道使用的是 DIRECT（直接连接）子模型。这就意味着在管道里没有动态特性。这等同于说阀被直接安装在缸上。压力的动态特性只与缸体内部的流体体积有关，该体积随活塞位置的不同而不同。相反，图 10-26a 所示系统，在缸体内部没有液压腔体，但是在阀和缸体之间有管道子模型 HL000。该管道有压力动态特性但是体积固定。

很容易添加液压缸内部的流体体积的压力动态特性。图 10-28 为修改后的系统。

这里比较重要的图标是连接两个活塞的流量端口的液压腔体模型。对应的子模型为 BHC11，用来模拟压力的动态特性。该模型有 4 个端口，每个都需要输入以 L/min 为单位或以 cm³ 为单位的流量。子模型将 4 个腔体求和并添加一个死容积，

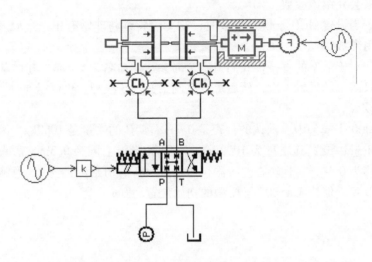

图 10-28　修改后的系统

并且也将 4 个流量求和。利用这些值，就可以计算压力的导数。

该模型可以应用在复杂的条件下，包括几个液压腔体的情况，也可以提供泄漏流量的分析。当前的例子只需要两个端口，所以另外两个端口用零流量体积源堵上，该模型如图 10-29 所示。

图 10-29　零流量体积源

按图 10-28 修改系统。设置 BHC11 的死容积为 $50cm^3$，和 HJ000 的值相同。

当质量块的位移为零时，活塞在其左极限位置。这意味着右侧液压腔的长度为 0.3m（或 300mm），左侧的腔体为 0。因此设置子模型 BAP11 中的参数 "chamber length at zero displacement" 为 300mm，而 BAP12 中的该参数为 0mm。

为什么混合使用长度单位 mm 和 m？跟液压缸一样，HCD 子模型也被用来构

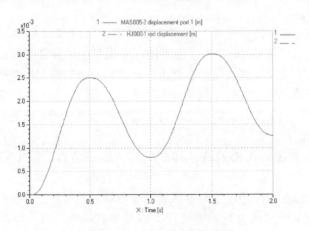

图 10-30　位移曲线的比较

造许多其他种类的阀。对于阀来说，m 为单位太大，mm 更加合适。但是，质量块模型使用 m 为单位，因为其更可能与标准 AMESim 子模型相连接。

图 10-30 所示曲线为 HCD 的液压缸模型和 HJ000 的液压缸模型的位移比较。现在这两个模型输出的结果一致。

用户现在可以检查两个液压缸腔体 BHC11 的体积，如图 10-31 所示。

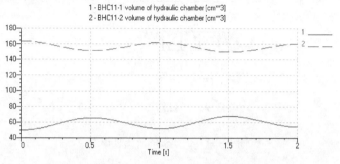

图 10-31　液压缸腔体的体积

一个没有包含在我们的 HCD 液压缸模型中的选项是通过活塞的泄漏。很容易解决这个问题，只要在两个活塞之间插入泄漏图标就可以了，如图 10-32 所示。对应的子模型为 BAF11（和其镜像 BAF12），计算泄漏流量，该流量是端口 1 和 2 的输出。除此以外，还提供一个通常为 0 的体积量。这就意味着这些端口可以连接液压缸腔体子模型 BHC11。

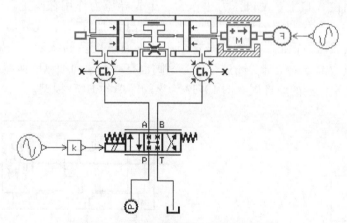

图 10-32　插入泄漏图标的液压缸模型

泄漏的流量依据活塞的直径、间隙、活塞的长度和黏性来计算，也考虑黏性摩擦力。

本节考虑如图 10-33 所示的液压缸。该液压缸不包含在标准 AMESim 库中。现在应该很清楚，该液压缸可以用图 10-34 所示的系统构建仿真模型。

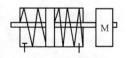

图 10-33　液压缸

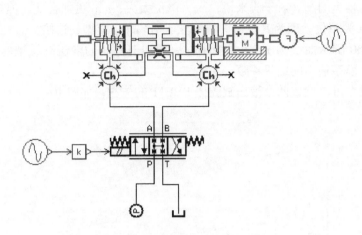

图 10-34　带弹簧的液压缸模型

注意观察 HCD 子模型，很容易可以看出该模型基于什么样的假设。很明显，从图 10-34 可以看出压力动态特性被考虑进去，有泄漏，并且终端位置也考虑进去了。而图 10-33 这些假设并不清楚。

10.2.3　创建一个减压阀

本节将建立一个如图 10-35 所示的比压调节阀。压力源作用在标签为 P 的口上，负载作用在 A 口上。A 口压力也作为一个先导压力作用在阀上。阀的原理是在 A 口保持一个预先调定的压力。弹簧力试图保持阀口打开，先导压力与此作用相反。如果负载压力很低，弹簧打开这个阀允许通过更多的流量。如果 A 口压力较高，先导压力部分或全部关闭这个阀。该阀也有一个通向油箱的泄漏口。

图 10-36 为该阀的原理图。图 10-37 为该阀简单的 HCD 模型。

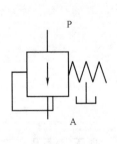

图 10-35　减压阀图标

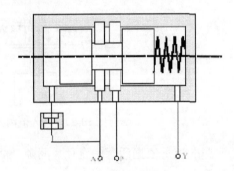

图 10-36　阀的原理图

注意：压力腔体的动态特性使用管路模型 HL000；不包含泄漏；有一个属于端口 A 的一部分的阻尼孔，没有该阻尼孔，元件的性能将很差；活塞上有 3 个环形

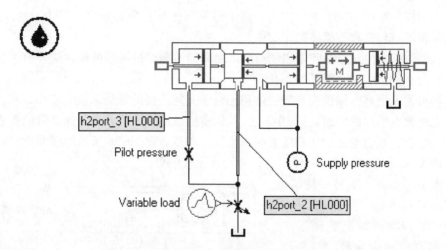

图 10-37　阀的 HCD 模型

的表面，压力作用在其上，同弹簧力相同或相反。

图 10-38 给出了一个扩展了的模型。管道的子模型 HL000 被压缩腔体模型 BHC11 取代。需要强调的是，先导腔的变化体积被传递给了 BHC11 子模型。

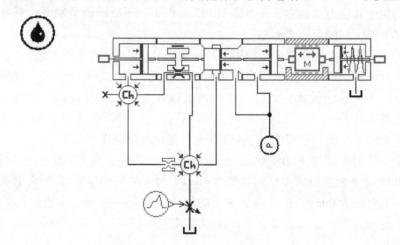

图 10-38　扩展模型

对比图 10-37，在孔和先导端口之间同时使用了管道 HL000 子模型和普通阻尼孔。这就意味着用固定体积取代了先导压力腔的变化体积。这会产生一些不同，但是，如果 HL000 的参数被设置为先导压力腔的平均体积，仿真结果将很接近。

对应阻尼孔的子模型是 BHO11。它与 OR000 的不同在于每个端口上除了流量输出外，还有一个零体积输出。

可以设置许多变化，也可以把质量的动态特性放在不同寻常的位置上，但是这不会改变仿真结果。其余的改变源自不同的假设条件，这些假设可以使仿真结果产生极大不同。在图 10-37 中，使用了两个带有压缩体的管道模型（HL000）。先导腔的体积没有包括在压缩体的影响中。

在图 10-38 中，左侧腔体和供油端口之间的泄漏也被考虑进来。这等价于在平行于阻尼孔处多了一个额外的小孔。

哪种假设更好？如果先导腔的体积相对于其所连接的管道来说非常小，并且在它们之间没有明显的限制，图 10-37 所示的模型就足够了。但是，如果阻尼孔直接连到先导腔，或者腔体的体积随着阀的位移而改变，图 10-38 所示的模型更好。注意：HCD 能够测试不同的假设组合，并能够比较结果。

图 10-39 显示了另一种模拟弹簧腔的方法。图 10-37 和图 10-38 与物理情况更接近，两者都有泄漏通油箱。但是，更进一步的检查发现不存在泄漏。我们很容易加入一个泄漏，但是其可能性及其小。对图 10-39 来说，对待弹簧腔唯

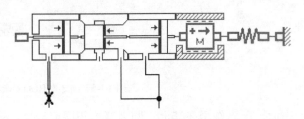

图 10-39　另一种弹簧模型

一的不同在于其压力总是零，而对图 10-37 和图 10-38 所示模型来说，只有油箱的压力为零其弹簧腔的压力才为零。

按图 10-38 建立仿真系统，使用 "Premier Submodel" 设置子模型。

在参数模式下通过指定直径来设置两个小孔的特性。对可变小孔，设置最大直径为 8mm。不要忘记设置整数参数以确定其特性是由小孔的直径决定的。设置阻尼孔的直径为 0.5mm。对于附加在可变阻尼孔上的信号源在第一个 5s 内从 0 变到 1，在下一个 5s 内从 1 变到 0。这将仿真一个变化的负载循环。

对于子模型 BAP12 和 BAO011，设置默认的活塞直径为 10mm。在 BAO011 和中间的 BAP12 子模型设置连杆的直径为 4mm。对于另一个 BAP12 子模型和 BAP16 设置连杆的直径为 0mm。这将确保中间的腔体压力是平衡的。左边腔体的压力同弹簧力相比较。对于泄漏子模型 BAF11 设置直径和接触长度为 10mm。此处可以使用全局变量。

对 BAP16 子模型来说，弹簧的刚度和预压缩量决定了阀所要保持的负载压力。位置由质量子模型 MAS005 决定。当位置为零时，滑阀应该在其最左边的位置上，此时弹簧在零位置的力应该是弹簧在最大伸长长度时的力。设置该力为 200N，弹簧的刚度为 10N/mm。当位移为零时，先导腔最长。参数 "chamber length at zero displacement" 设置为 40mm，它被用来计算腔体的体积。但是，因为我们没有压力动态，这个参数可以保留其默认值。除了为液压腔体子模型提供体积的 BAP12 外，其他的子模型都相同。当位置为零时，腔体的长度最小，所以输入零值。可以使用一个更大一点的值来设置这个死体积，可以在液压腔体子模型 BHC11 中进行设置。

设置控制腔（左 BHC11）的死体积为 $2cm^3$，输出腔的死体积为 $100cm^3$。

设置供油压力为恒值 100bar，设置仿真为 10s 进行仿真。图 10-40 显示了负载压力。注意整个阀大致保持压力为 25bar。在 5s 处压力发生了什么？如果用户绘制位移曲线，会发现此时阀口完全打开。

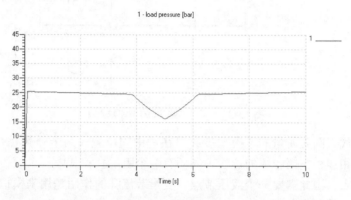

图 10-40　负载压力

用户可以很容易地观察到某一参数可以影响整个阀的稳定性。试着设置阻尼孔的直径为 1mm，然后绘制负载压力和阀芯位移，将会发现整个系统变得不稳定。接着设置阻尼孔为 0.8mm，整个阀将处于临界稳定状态。这表明，在先导压力腔一个非常小的体积或者 HL000 子模型的一个非常小的体积也会使系统变得不稳定。

10.2.4　三位三通液压方向控制阀

本节将介绍方向控制阀。图 10-41 是一个三位三通的方向控制阀。注意图中未画出驱动，阀芯被弹簧定位在中间位置。如果阀芯向左移动，压力源 P 口会与 A 端口相连。如果阀芯移向右侧，A 端口与油箱 T 口相

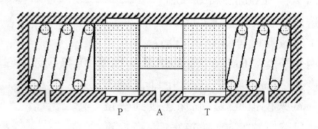

图 10-41　方向控制阀

连。如果弹簧的刚度很小，只要很小的力就能打开一端或另一端的阀口，这时阀要么全开，要么全闭。如果弹簧的刚度再大一点，这就意味着使阀口全开的力要比使阀口开始打开的力大得多。如果阀足够稳定，就可能存在一个保持阀既不全开也不全闭的中间位置。

图 10-41 没有画出任何驱动器。阀的单元可以手动、电动或用先导液压力来驱动。为了保持阀芯的稳定，弹簧腔应该与中部的腔体通过阻尼孔相连接。

图 10-42 所示是一个简单的用 HCD 构建的机械操作阀。

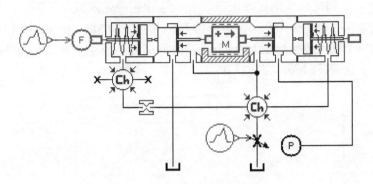

图 10-42　机械操作阀的 HCD 模型

　　注意：代表阀芯质量的子模型被放置在了中间位置；两个弹簧/活塞子模型与中间的腔体相连，左侧腔体的连接中间还有一个阻尼孔；其中一个液压腔 5 个流量体积作为输入，因此需要一个液压节点；变量节流孔的作用是用来模拟负载；供油压力模拟简单的压力源。

　　构建这个系统，并且用"Premier Submodel"功能设置子模型。所有的活塞和阀芯的直径、活塞杆的直径都有恒定的默认值，这些值对本例是合适的。对于质量子模型 MAS005，设置质量为 50g，最低和最高位移限制为 –0.002m 和 0.002m。这样总的位移量为 4mm，在中间位置时位移为 0。设置

Title	Value	Unit
index of hydraulic fluid	0	
piston diameter	10	mm
rod diameter	5	mm
spring stiffness	50	N/mm
spring force at zero displacement	20	N
chamber length at zero displacement	20	mm

图 10-43　BAP16 的参数

两个子模型 BAP16 实例的参数为如图 10-43 所示。设置 BA011 子模型的腔体的长度为 20mm。通过设置孔口直径为 4mm 来模拟负载。确保连接到变量孔口的信号源为一个恒定值 1。设置阻尼孔直径为 0.8mm。按图 10-44 所示设置作用力的循环周期，压力源为恒定值 150bar。

　　设置运行时间为 10s，绘制结果曲线。图 10-45 所示为以时间为横坐标的阀芯位移曲线、以阀芯位移为横坐标的通过负载孔的流量曲线。

　　注意：在每个方向上阀芯都移动到极限位置上；在阀芯中间位置

Title	Value	Unit
time at which duty cycle starts	0	s
output at start of stage 1	0	null
output at end of stage 1	0	null
duration of stage 1	1	s
output at start of stage 2	0	null
output at end of stage 2	250	null
duration of stage 2	2	s
output at start of stage 3	250	null
output at end of stage 3	-250	null
duration of stage 3	4	s
output at start of stage 4	-250	null
output at end of stage 4	0	null
duration of stage 4	2	s
output at start of stage 5	0	null
output at end of stage 5	0	null
duration of stage 5	1e+006	s

图 10-44　作用力的循环

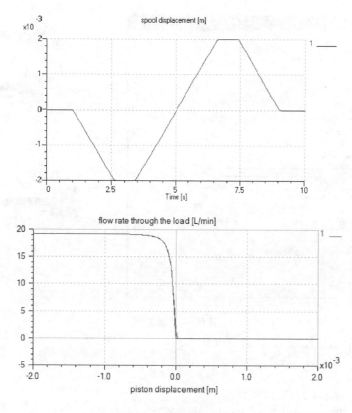

图 10-45　仿真曲线图

处，完全切断了流量。

在这里，我们返回到阀芯/小孔子模型 BAO011 和 BAO012。两者之间的不同只是其中的一个是另一个的镜像。在当前的系统中，因为质量在中间位置，所以只使用了 BAO011。如果质量块被放置在最左边或最右边，这两个子模型都要使用。BAO011的当前参数如图 10-46 所示。

Title	Value	Unit
index of hydraulic fluid	0	
spool diameter	10	mm
rod diameter	5	mm
maximum flow coefficient	0.7	null
critical flow number	100	null
underlap corresponding to zero displacement	0	mm
underlap corresponding to minimum area	0	mm
underlap corresponding to maximum area	1e+030	mm
chamber length at zero displacement	0	mm
jet angle	69	degree
jet force coefficient	0	null

参数 "underlap corresponding to zero displacement" 非常重要。默认的值是 0mm。图 10-47 显示了在零位置处的正的或负的重叠。返

图 10-46　BAO011 的参数

回到仿真状态，对两个阀芯/孔口子模型设置参数为 1mm 和 −1mm。对第一个值来说，阀芯在中间位置时会有泄漏。对第二个值来说，会存在一个死区。

警告：对应零位置的负重叠取决于阀芯的初始位置。如果阀芯的初始位置不是

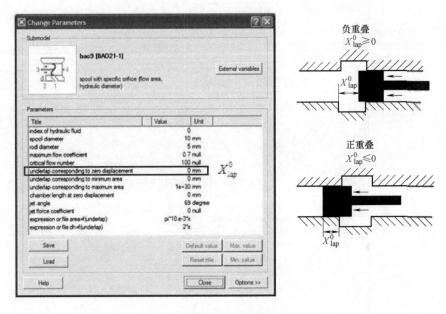

图 10-47　重叠量

零，阀芯初始的负重叠等于

$$X_{\mathrm{lap}} = X_0 + X_{\mathrm{lap}}^0$$

式中　X_0——端口 3 的初始位置。

例如，用图 10-48 所示的配置，初始阀芯的重叠为

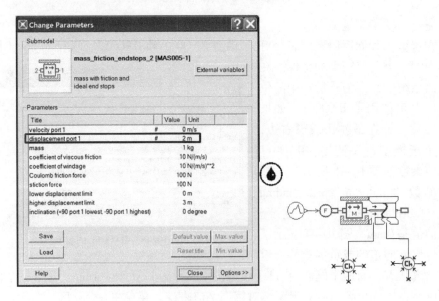

图 10-48　阀芯的重叠

$$X_{\text{lap}} = X_0 + X_{\text{lap}}^0 \geqslant 2\text{m}$$

阀芯子模型的负重叠起始于 2m 处，对应相连接的质量块的初始位置。负重叠的结果如图 10-49 所示。

必须提及两个参数：对应最小区域的重叠和对应最大区域的重叠。

对于默认值，当重叠为 0 时，流量为 0。随着重叠的正向打开，流量线性增长。第一个参数引入一个区域中的

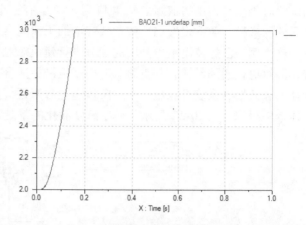

图 10-49　以时间为横坐标的 BAO021 子模型的负重叠

下限，该区域是由泄漏或小的定体积孔所造成的。第二个参数用同样的方法设定了上限。可能是由于环形孔口经过某个孔，或如图 10-50 所示，阀芯的移动造成环形孔口的全部打开。

以上的结论都假设活塞和阀体孔配合良好，事实上存在间隙，阀芯的台肩上也存在圆角，这都会导致泄漏。在子模型模式下修改阀芯的

图 10-50　环形孔口

子模型为 BAO013（如果在两个阀芯子模型之间没有质量块，用户得选择 BAO014 子模型）。这些子模型考虑了间隙和阀芯的圆角。

Title	Value	Unit	
index of hydraulic fluid	0		
spool diameter	10	mm	
rod diameter	5	mm	
maximum flow coefficient	0.7	null	
critical flow number	100	null	
underlap corresponding to zero displacement	0	mm	
underlap corresponding to maximum area	1e+030	mm	
chamber length corresponding to zero displacement	0	mm	
rounded corner radius	0.005	mm	
clearance on diameter	0.003	mm	
jet force coefficient	0	null	

图 10-51　参数设置

图 10-51 为这些子模型的参数设置。注意在参数中没有出现 "underlap corresponding to minimum area"，因为这个子模型已经明确地将间隙和圆角考虑进去了。改变 BAO011 子模型为 BAO013，返回仿真模式，会发现负载小孔即便阀芯处在中

间位置时仍然有很小的流量。从 P 口到 T 口也有一个很小的流量。试着增大间隙和元件的半径，会发现增加这些参数就增加了泄漏。

　　这个例子已经使用了更高层的细节进行建模。对于阀的设计者，这种类型很适合，但对更普通的设计者，更简单的模型也许更适合。因此，在很多情况下，阀芯的动态和其控制系统可以用一个二阶传递函数来近似代替。这些参数可以从供应商的样本中得到。图 10-52 显示了一个高度简化的系统。

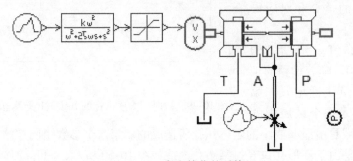

图 10-52　高度简化的系统

　　注意：提供了一个二阶迟滞的动态特性，所以提供了一个自然频率和阻尼特性；位移由饱和元素进行了限制；位置的最终值被求导，所以提供了一个恒定的速度；其他需要考虑的尺寸数据的特性在 BAO011 和 BAO012 子模型中。

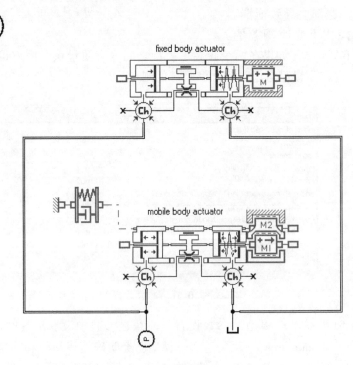

图 10-53　液压缸模型

10.2.5　缸体移动的液压缸

通常情况下，缸体是固定的，不发生移动。但是，存在这样的情况，为了得到实际的结果，必须将缸体的移动考虑进去。HCD 的相对运动图标和子模型允许这样做。

下面将建立一个缸体移动的液压缸，与一个缸体固定的液压缸相比较。按图10-53 所示构建该系统。

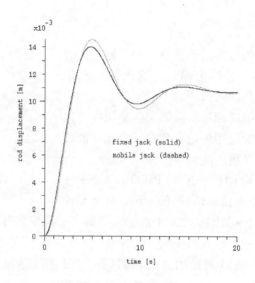

图 10-54　位移曲线

注意：当创建了一串 HCD 子模型后，不要试图混用相对图标和绝对图标。下面的一串元件只是相对图标，上面的一串只是绝对图标。

在 HCD 相对运动子模型中所有的终端挡板都建模为有弹性的。这是因为在撞击中两个质量块都是有限定的，必须要得到它们之间的接触力。

在这个系统中，下面的缸体连接一个质量阻尼器，该质量阻尼器反过来连接一个 0 速度源。这可以模拟一个灵活安装的缸体。使用"Premier submodel"工具设置了模型，设置一些参数并运行仿真，图 10-54 显示了两个移动和固定安装的液压缸的活塞杆位移曲线。

10.3　一些常用的规则

10.3.1　概述

HCD 库设计为允许用户创建 AMESim 标准库中没有的元件，这样用户可以不使用 AMESet，不用写代码，只使用很小的一部分元素的集合就能够创建大量的元件。HCD 库的存在，移除了许多（但不是全部）构建模型的传统技巧。通常要求用户具备工程技巧，能够理解元件或系统工作的原理，并知道如何解释和分析结果。以下两种传统的建模技巧被保留：

- 对因果关系的理解；
- 对物理学的理解，不用在很深的数学层面上，但应该能够区分哪一个更重要。

10.3.2　因果关系

在每个元件图标的后面是子模型。子模型存在的唯一目的是收集已知量，称为输入，并计算另一些量，称为输出。输入量从哪里来？来自另一个子模型的输出。

子模型之间通过端口相连。因果关系是用在可以连接两个子模型之间的通用理论，其中一个元件的输入来自另一个元件的输出。

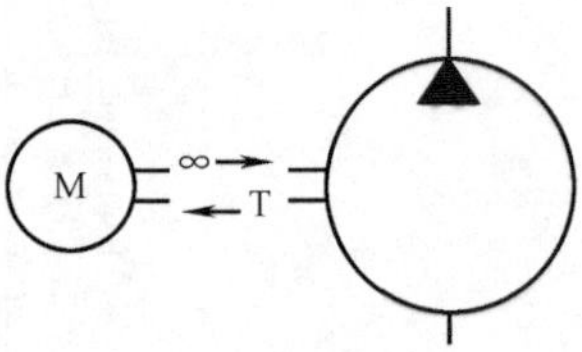

图 10-55 显示了电动机子模型 PM001 和泵子模型 PU001 之间的一个连接。轴的转矩 T 是两个元件

图 10-55　泵和电动机

之间的量，是 PU001 的输出和 PM001 的输入。两个子模型都有它们所需要的输入。

图 10-56 显示了一个在孔口子模型 OR000 和单向阀 CV000 之间的连接。这两个子模型都给出流量 Q 的输出并且都需要一个压力作为输入。在 AMESim 中该连接不允许。在键合图领域，这称为因果关系冲突。其他领域的一些软件允许因果关系冲突，但在 AMESim 中不鼓励这样做，可以在孔口和单向阀之间插入一个指定的模型，如图 10-57 所示。这是一个特殊的子模型，用户方承担风险。风险是对压力来说，不像电压和力有特殊的限制，当压力达到 100bar 时仿真可能失败。

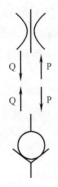

图 10-56　单向和孔口的连接

图 10-57　AMESim 中的模型

原理很简单，但是关键在 HCD 的使用上。

10.3.3　使用特殊参数的设置功能

特殊的功能是：全局参数、复制参数、通用参数。

当使用 HCD 中的元素创建一个元件时，经常需要对同一个量定义几次。用户可能定义一个阀芯模型用到了 4 个元件，因此不得不为这 4 个元件都设置直径。在这种情况下可以引入全局参数，然后用这个参数来定义直径。

10.3.4　使用质量动态块

泵、阀和许多其他的元件通常有一些部分做一维的移动。通常情况下要使用标准的质量块来建造模型，但是不能使用两个，因为这会产生因果关系冲突。最好的将两个质量块连接在一起的方法是使用在两个线性机械端口上都有力输出的弹簧、阻尼或其他元件。换句话说，该模型不是固定的而是引入了可动的元素。

质量块在两个端口上有速度、位移和加速度输出。加速度主要为提供一个加速度传感器提供一个选项。速度和位移通常通过 HCD 元件的链来进行传递，它们用来计算：由速度而引起的流量、腔体的长度、和腔体的体积。在这些参数中，唯一必须被设置且有可能产生问题的参数是"chamber length at zero displacement"，这是下一节的内容。

10.3.5　设置零位置的腔体的长度

这里要考虑的位移是作为子模型的输入。通常其从一个质量块引出，在质量块中设置初始位置，且有一个最低和最高限制。当位移为零时，用户必须设置腔体的长度。该值用来计算腔体的体积。在一些情况下不使用这些体积。但是，如果其被传入液压压力动态块 BHC11 中，体积的设置值必须正确，并且不能为负值。

10.3.6　全部重建

如果用户建立了一个 HCD 元件的链，如图 10-58a 所示，许多兼容的子模型要被设置。如果需要将系统改为图 10-58b 所示，将会产生问题，因为原有的子模型不兼容。解决的方法是在构建之前，从 HCD 模型链中移除所有的子模型。这可以在草图模式下通过右键菜单完成。

但是，还有其他方法可以完成该工作，即使用"Shadow subsystem"工具。这是一种更好的方法，因为用户不会丢失参数。

在草图或子模型下使用该工具。开始如图 10-58a 所示构建系统，选择系统的适合部分；接下来选择菜单"edit"→"Copy to shadow"。这样，所有被标记的元件和管道子模型都将参数记录在一个被称作"shadow sub-system"的特殊备份系统中。

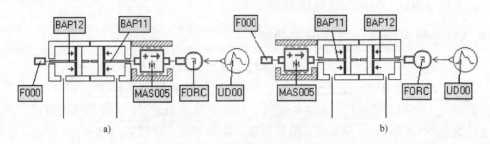

图 10-58　全部重建的技巧

　　用户现在可以按图 10-58b 所示构建新的系统并重设子模型。当用户做这些工作时，AMESim 将尝试从"shadow sub-system"中复制参数。

第11章　液压系统计算机仿真实例

本章将利用几个 AMESim 的典型实例，来分析利用 AMESim 进行液压系统计算机仿真分析的工作过程，在进行本章的实例分析之前，要求读者熟读前面章节的内容，在充分理解 AMESim 的工作机制之后，再来进行本章的学习。

在实例介绍之前，先将 AMESim 液压仿真中常用的仿真元件用表格的形式列出，读者可以先通读一下这些表格中的元件及其解释，有一个感性的认识，在后面的学习中，用到哪个仿真元件，回头再从表格中查取，可以收到较好的学习效果。

常用的机械库元件图标如表 11-1 所示。

表 11-1　常用的机械库元件图标

图标	英文	中文	备注
	zero force source	零力源	通常用作自由端
	zero linear speed source	零速度源	通常用作固定端
	null to force units	信号转化为力	
	null to linear speed units	信号转化为线性速度	
	null to linear velocity with calculation of displacement	通过计算位移将信号转化为线性位移	
	null to linear displacement with calculation of velocity	通过计算速度将信号转化为线性位移	
	force transducer	力传感器	
	linear velocity transducer	速度传感器	

（续）

图标	英文	中文	备注
	linear displacement transducer	位移传感器	
	linear mass with 1 port	带一个端口的质量块	
	linear mass with 2 ports	带两个端口的质量块	
	linear mass with 2 ports and endstops	带端点限制的质量块	
	linear spring with 2 ports capable of linear motion	弹簧	
	linear damper with 2 ports capable of linear motion	阻尼器	
	linear mechanical lever	杠杆	
	electrical motor	电动机	通常与液压缸相连接
	rotary load with 1 port and friction	1 端口旋转负载	
	solenoid	电磁铁	

常用的液压库元件图标如表 11-2 所示。

表 11-2　常用的液压库元件图标

图标	英文	中文	备注
	general hydraulic properties	常用液压属性	

（续）

图标	英文	中文	备注
	3 ports hydraulic node	3 端口液压节点	
	4 ports hydraulic node	4 端口液压节点	
	hydraulic tank or reservoir	液压油箱	
	zero hydraulic flow source	零流量源	
	hydraulic pressure source can be used as a perfect pressure compensated pump	恒压源	
	hydraulic flow source/sink can be used to replace a pump or motor	恒流源	
	null to pressure units	将信号转换成压力	
	null to hydraulic flow rate units	将信号转换成流量	
	hydraulic accumulator（gas filled）	囊式蓄能器	
	hydraulic pressure relief valve	溢流阀	
	pressure reducer	减压阀	
	signal operated hydraulic pressure relief valve	电磁溢流阀	

（续）

图标	英文	中文	备注
	hydraulic operated hydraulic 2 ports valve	顺序阀	通过对各个端口进行控制，可以实现各种顺序阀的功能
	spring loaded hydraulic check valve	带弹簧单向阀	
	piloted spring loaded hydraulic check valve	液控单向阀	
	hydraulic restrictor	节流孔	
	variable hydraulic restrictor	可调节流阀	
	hydraulic flow regulator	调速阀	
	hydraulic filter	过滤器	
	hydraulic cooler	冷却器	
	fixed displacement unidirectional hydraulic pump	单向定量液压泵	
	variable displacement unidirectional hydraulic pump	单向变量液压泵	

（续）

图标	英文	中文	备注
	jack/mass with double hydraulic chamber and single rod	双作用单活塞杆带负载液压缸	
	hydraulic actuator with single shaft and double flow ports	双作用单活塞杆液压缸	
	hydraulic actuator with one connected and one unconnected shaft and double flow ports	双作用双活塞杆液压缸	
	Hose	软管	
	PB-AT ｜｜ 0 ｜｜ PA-BT	3 位 4 通中位机能为 O 型的换向阀	

常用的液压元件设计库元件图标如表 11-3 所示。

表 11-3　常用的液压元件设计库元件图标

图标	英文	中文	备注
	poppet with sharp edge seat	带尖锐边缘阀座的直动式阀芯	
	poppet with conical seat	带锥形阀座的直动式阀芯	
	poppet with no seat	无阀座的直动式阀芯	
	poppet with plain seat	普通阀座的直动式阀芯	

（续）

图标	英文	中文	备注
	piston	活塞	
	piston with fixed body	带确定容积的活塞	
	piston with spring	带弹簧的活塞	
	piston with return spring	带回程弹簧的活塞	

11.1　液压千斤顶的 AMESim 仿真

11.1.1　千斤顶工作原理

如图 11-1 所示，液压缸 1 与单向阀 3、4 一起构成手动液压泵，用以完成吸油与排油。当向上抬起杠杆时，手动液压泵的活塞 2 向上运动，活塞 2 的下部容腔 a 的容积增大形成局部真空，致使排油单向阀 3 关闭，油箱 8 中的油液在大气压作用下经油管 5 顶开吸油单向阀 4，进入 a 腔。当活塞 2 在力 F_1 作用下向下运动时，a 腔的容积减小，油液因受挤压，故要升高。于是，被挤压的液体将使吸油单向阀 4 关闭，而使排油单向阀 3 被顶开，油液经油管 6 进入液压缸 10 的 b 腔，推动活塞 11，使其上移顶起重物（重力为 F_2）。手摇泵的活塞 2 不断上下往复运动，重物逐渐被

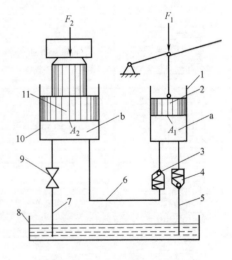

图 11-1　液压千斤顶的工作原理
1、10—液压缸　2、11—活塞　3—排油单向阀
4—吸油单向阀　5~7—油管　8—油箱　9—截止阀

抬高。重物上升到所需高度后，停止活塞 2 的运动，则液压缸 10 的 b 腔内的油液压力将使排油单向阀 3 关闭，b 腔内的液体被封死，活塞连同重物一起被闭锁不动。此时，截止阀 9 关闭。如打开截止阀 9，则液压缸 10 的 b 腔内液体便经油管 7 流回油箱 8，于是活塞 11 将在自重作用下回复到原始位置。

11.1.2　AMESim 仿真模型回路

AMESim 的千斤顶仿真回路如图 11-2 所示。其中 1、2、3 元件用来模拟手动泵的杠杆，压动手柄的往复运动由输入正弦信号代替；4 号液压缸用来模拟手动泵的泵体；5、6 单向阀用来模拟排油阀和吸油阀；7 用来模拟截止阀，其开口度用一个信号 8 来进行控制；9 用来模拟负载液压缸；10 用来模拟负载重物。

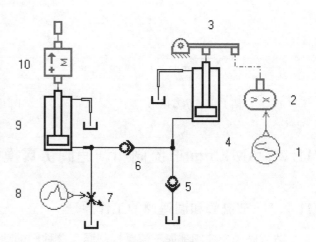

图 11-2　仿真回路模型

11.1.3　参数设置

参考图 11-2 各元件的编号，其参数设置如表 11-4 所示。表格中没有提到的元件参数保持默认值。

表 11-4　参数设置

编号	参数	设置值
9	piston diameter	250
	rod diameter	120
8	number of stages	1

11.1.4　仿真结果

手柄部分输入的模拟正弦信号如图 11-3 所示。

千斤顶工作时，放油塞关闭，阀门开度为零。仿真图形如图 11-4 所示。

按默认参数进行系统的仿真，绘制重物 10 的位移输出曲线，如图 11-5 所示。从图中可以看出，随着仿真

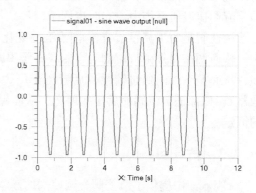

图 11-3　手柄部分输入的模拟正弦信号

时间的增长，重物被缓慢抬起。

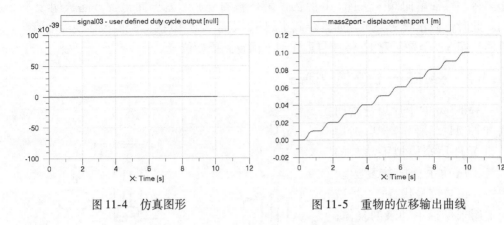

图 11-4　仿真图形　　　　　　　图 11-5　重物的位移输出曲线

11.2　AMESim 节流阀和调速阀仿真模型的比较

11.2.1　节流阀和调速阀的工作原理

节流阀和调速阀都属于流量控制阀，该种阀的功能是通过改变阀口通流面积的大小或通道长短来改变液阻，控制阀的通过流量，从而实现对执行器（液压缸或液压马达）运动速度（或转速）的调节和控制。

节流阀是结构最简单但应用最广泛的流量控制阀，经常与溢流阀配合组成定量泵供油的各种节流调速回路或系统。按照操纵方式的不同，节流阀可以分为手动调节式普通节流阀、行程挡块或凸轮等机械运动部件操作式行程节流阀等形式；节流阀还可以与单向阀等组成单向节流阀、单向行程节流阀等复合阀。

节流阀的优点是结构简单、价格低廉、调节方便，但由于没有压力补偿措施，所以流量稳定性较差，常用于负载变化不大或对速度控制精度要求不高的定量泵供油节流调速液压系统中，有时也用于变量泵供油的容积节流调速液压系统中。

调速阀是为了克服节流阀前后压差变化影响流量稳定的缺陷发展的一种流量阀。普通调速阀是由节流阀与定差减压阀串联而成的复合阀，前者用于调节通流面积，从而调节阀的通过流量，后者用于压力补偿（所以定差减压阀又称为压力补偿器），以保证节流阀前后压差恒定，从而保证通过节流阀的流量亦即执行器速度的恒定。

11.2.2　仿真回路

AMESim 中提供了节流阀、调速阀的基本模型。为了验证节流阀和调速阀性能的不同，创建如图 11-6、图 11-7 所示的仿真回路。

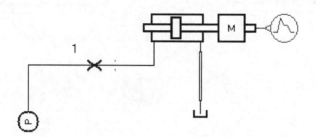

图 11-6　节流阀仿真回路

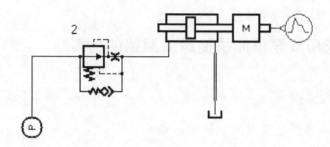

图 11-7　调速阀仿真回路

11. 2. 3　参数设置

为了使仿真结果更加直观，特设置如表 11-5 所示的参数。其中没有提到的元件参数保持默认。

表 11-5　参数设置

编号	参数	设置值
1	equivalent orifice diameter	0. 5
2	set flow（at minimum operating pressure difference）	1

11. 2. 4　仿真分析

运行上述仿真模型，绘制液压缸的位移输出曲线。其中节流阀控制的液压缸的位移输出曲线如图 11-8 所示。

调速阀的位移输出曲线如图 11-9 所示。

对比图 11-8、图 11-9，可发现图 11-9 所示液压缸位移输出曲线无转折，可见速度没有变化，由此证明了调速阀可以较稳定地控制系统的速度。

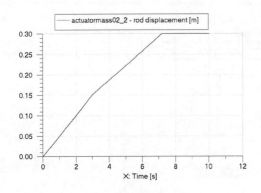

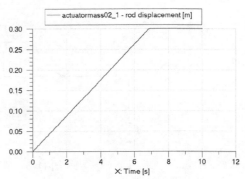

图 11-8　节流阀控制的液压
缸的位移输出曲线

图 11-9　调速阀的位移输出曲线

11.3　高低压双泵供油快速运动回路的仿真

11.3.1　基本原理

图 11-10 为高低压双泵供油快速运动回路。在液压执行器快速运动时，低压大流量泵 1 输出的压力油经单向阀 4 与高压小流量泵 2 输出的压力油一并进入系统。在执行器工作行程中，系统的压力升高，当压力达到液控顺序阀 3 的调压值时，液控顺序阀打开使泵 1 卸荷，泵 2 单独向系统供油。系统的工作压力由溢流阀 5 调定，阀 5 的调定压力必须大于阀 3 的调定压力，否则泵 1 无法卸荷。这种双泵供油回路主要用于轻载时需要很大流量，而重载时却需要高压小流量的场合，其优点是回路效率高。高低压双泵可以是两台独立单泵，也可以是双联泵。

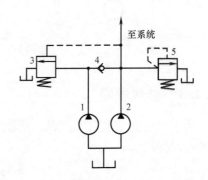

图 11-10　高低压双泵供油快速运动回路
1—低压大流量泵　2—高压小流量泵
3—液控顺序阀　4—单向阀　5—溢流阀

11.3.2　仿真回路

双泵供油系统的 AMESim 仿真回路如图 11-11 所示。其中各编号元件分别对应图 11-10 中各元件。6 号元件为模拟执行器。7 号元件模拟负载力。

11.3.3　参数设置

回路中各元件的参数设置如表 11-6 所示。没有指明的元件其参数保持默认值。

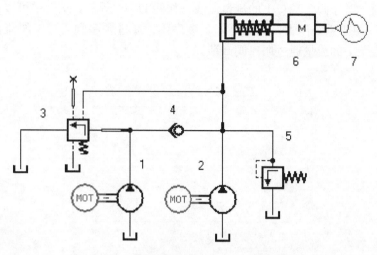

图 11-11　双泵供油 AMESim 仿真回路

表 11-6　参数设置

元件编号	参数	值
2	pump displacement	10
3	nominal flow rate at fully opened valve	200
5	piston diameter	250
	rod diameter	120

11.3.4　仿真分析

切换到仿真模式，运行仿真。绘制液压缸位移曲线如图 11-12 所示。

通过单向阀的流量曲线如图 11-13 所示。对比图 11-12，可见在大约 5s 时，液压缸运行到行程的终点，此时系统压力升高，关断了单向阀 4，所以在 5s 后，通过单向阀的流量为 0。

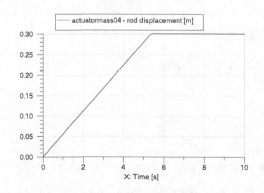

图 11-12　液压缸位移曲线

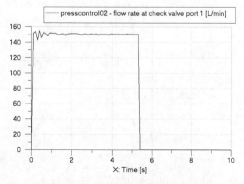

图 11-13　通过单向阀的流量曲线

绘制通过顺序阀 3 端口 1 的流量曲线，如图 11-14 所示。从图中可以看出，在大约 5s 时，由于系统压力升高，打开了顺序阀，通过顺序阀端口 1 的流量出现阶跃变化，大泵 1 的流量通过顺序阀卸荷。

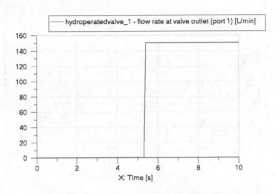

图 11-14　通过顺序阀的流量曲线

11.4　节流调速回路

11.4.1　基本原理

已知条件：泵排量 $v = 10\text{mL/r}$，电动机转速 $r = 1500\text{r/min}$，溢流阀调定压力为 1.5MPa，节流孔口开度 4mm，液压缸活塞直径 $D = 100\text{mm}$，活塞杆直径 $d = 50\text{mm}$，长度 $L = 0.3\text{m}$。

泵输出流量为

$$Q = 10 \times 1500 \times 1000\text{L/min} = 15\text{L/min}$$

液压缸运动速度为

$$v = \frac{Q}{\frac{\pi}{4}(D^2 - d^2)} = \frac{15 \times 10^{-3}}{\frac{\pi}{4}(0.1^2 - 0.05^2) \times 60}\text{m/s} = 0.031\text{m/s}$$

$$F = p_1 A_1 = 15 \times 10^6 \times \frac{\pi}{4} \times 0.1^2\text{N} = 117809\text{N}$$

液压缸的运动速度为

$$v = \frac{q_1}{A_1} = \frac{C_d A_T \sqrt{2 \times (p_p - F/A_1)/\rho}}{A_1} = \frac{C_d A_T \sqrt{2/\rho}}{A_1^{3/2}} \sqrt{p_p A_1 - F}$$

节流调速回路的工作原理为：通过改变回路中流量控制元件（节流阀或调速阀）的通流截面积的大小来控制流入执行器或流出执行器的流量，以调节其运动速度。按照流量阀在回路中的位置不同，可分为串联节流调速阀和并联节流调速阀两类回路。

　　串联调速回路由于在工作中回路的供油压力基本不随负载变化，故又称定压式节流调速回路；并联调速回路（又称旁路节流调速回路）由于回路的供油压力会随负载的变化而变化，所以又称变压式节流调速回路。

　　串联节流调速回路如图 11-15 所示。串联节流调速又分为进油节流调速、回油节流调速和进—回油复合节流调速 3 种回路。显然，前两种是后一种的特例。这些回路都使用定量泵并且必须并联一个溢流阀，回路中泵的压力由溢流阀设定后基本上保持恒定不变，液压泵输出的油液一部分（称液压缸的输入流量）经节流阀进入液压缸的工作腔，推动活塞运动，一部分经溢流阀排回油箱，这是此类调速回路

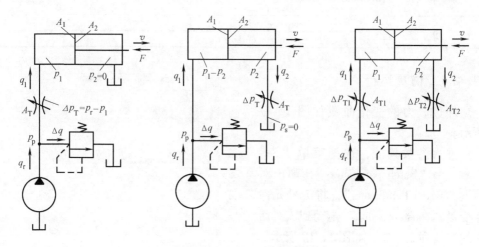

图 11-15　串联节流调速回路

能够正常工作的必要条件。只要调节节流阀的通流面积，即可实现调节通过节流阀的流量，从而调节液压缸的运动速度。

　　下面以进油节流调速回路为例，分析此类回路的特性。

　　由于溢流阀的定压溢流作用，串联节流调速回路中液压泵的泄漏只影响溢流阀的溢流量，而节流阀和液压缸处的泄漏均很小，因此以下的分析不考虑泄漏的影响。

11.4.2　AMESim 仿真回路

AMESim 仿真回路如图 11-16

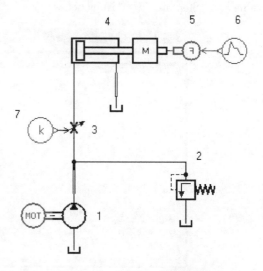

图 11-16　AMESim 仿真回路

所示，其中所采用的 AMESim 仿真模型都很简单和直观，在此不做过多的介绍。

11.4.3　参数设置

仿真回路中各元件的参数设置如表 11-7 所示。其中没有列出的元件参数保持默认值。

表 11-7　参数设置

元件编号	参数	值
1	pump displacement	10
3	orifice diameter at maximum opening	1
4	piston diameter	100
	rod diameter	50
6	output at end of stage 1	120000
	duration of stage 1	10

11.4.4　仿真运行

外负载力的变化曲线如图 11-17 所示。

进入参数模式，选择菜单 "Settings" → "Batch parameters"，弹出对话框 "Batch Parameters"，将 7 号元件的变量 "constant value" 拖动到该对话框的左侧列表栏中，如图 11-18 所示。

修改该对话框右侧列表栏中的 "Value"、"Step size"、"Num below"

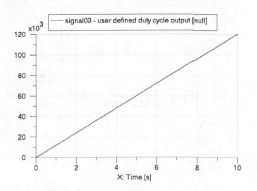

图 11-17　外负载力的变化曲线图

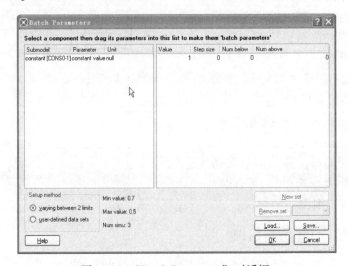

图 11-18　"Batch Parameters" 对话框

为 0.5、-0.1、2。点击 "OK" 按钮，如图 11-19 所示。

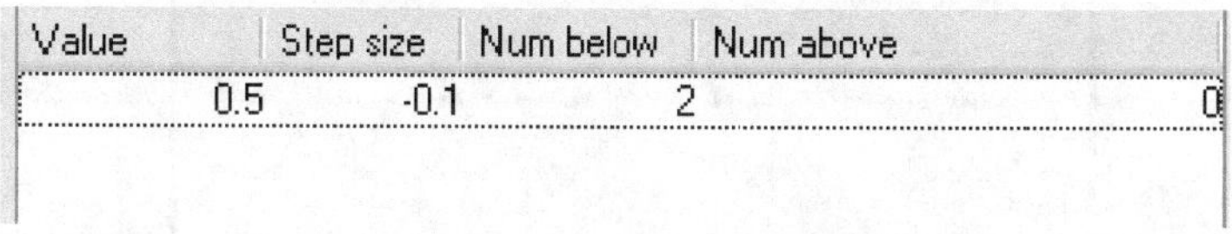

Value	Step size	Num below	Num above
0.5	-0.1	2	0

图 11-19　批运行参数设置

切换到仿真模式 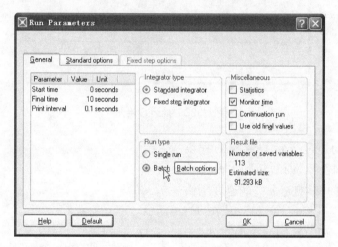，单击设置运行参数按钮 ，弹出 "Run Parameters" 对话框，选择 "General" 选项卡，再选择 "Run type" 框中的单选按钮 "Batch"，表示要进行批运行，如图 11-20 所示，单击 "OK" 按钮。

图 11-20　"Run Parameters" 对话框

运行仿真，点选元件 4 的图标，绘制液压缸活塞杆运动速度（rod velocity）曲线，如图 11-21 所示。

在弹出的对话框（AMEPlot）中选择菜单 "Tools" → "Batch plot"，然后在 AMEPlot 窗口的图形上单击鼠标左键，在弹出的对话框中单击 "OK" 按钮，如图 11-22 所示。

运行仿真，得到如图 11-23 所示的批运行曲线图。

这组曲线表示液压缸运动速度随负载变化的规律，曲线的陡峭程

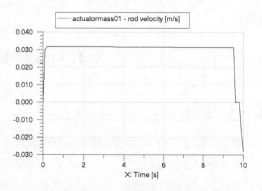

图 11-21　活塞杆运动速度曲线

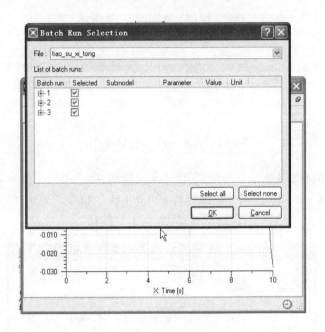

图 11-22　批运行绘图

度反映了运动速度受负载影响的程度（称为速度刚性），曲线越陡，说明负载变化对速度的影响越大，即速度刚性越差（亦即速度稳定性差）。从图 11-23 可以看出：在节流阀通流面积 A_T 一定的情况下，重载工况比轻载工况的速度刚性差；而在相同负载下，通流面积 A_T 大时，亦即液压缸速度高时速度刚性差，故这种回路只适用于低速、轻载的场合。

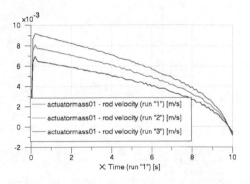

图 11-23　改变节流孔面积得到的仿真曲线族

11.5　位置控制系统 AMESim 仿真

11.5.1　基本原理

图 11-24 是一个由伺服阀构成的闭环位置控制系统。伺服缸为双作用对称液压缸，U_i 为输入的电压信号；U_f 为由位移传感器构成的反馈信号。当 U_i 增加时，U_i 与 U_f 的偏差信号就会增加，伺服放大器就会推动伺服阀使它有一个成比例的换向位移，高压油就会通过伺服阀推动伺服缸移动，液压缸的移动又会带动位移传感器

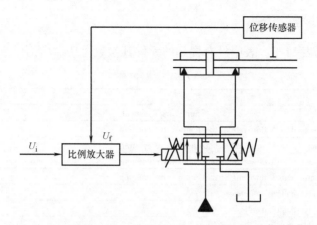

图 11-24　位置控制系统原理图

移动，使它的输出电压 U_f 增加，直到 U_i 与 U_f 的偏差信号趋于零为止。U_i 减小时的工作过程与上述过程相反。在稳态情况下，理想的偏差值为零；动态过程即为消除偏差使之趋于零的过程。

11.5.2　仿真回路

根据上述原理，在 AMESim 中建立仿真模型，如图 11-25 所示。

Position control Loop

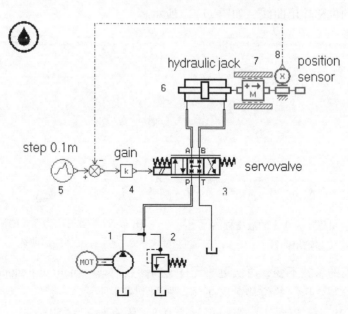

图 11-25　AMESim 中的仿真模型

11.5.3　参数设置

参数设置见表 11-8。表中没有提到的元件其参数保持默认值。

表 11-8　参数设置

元件编号	参　数	值
1	pump displacement	10
3	ports P to A flow rate at maximum valve opening	2
	ports B to T flow rate at maximum valve opening	2
	ports P to B flow rate at maximum valve opening	2
	ports A to T flow rate at maximum valve opening	2
	valve natural frequency	10
	valve damping ratio	0.3
4	value of gain	1000
5	number of stages	1
	output at start of stage 1	0.1
	output at end of stage 1	0.1
7	mass	20
	coefficient of viscous friction	10

11.5.4　仿真分析

运行仿真模型，绘制液压缸的位移输出曲线，如图 11-26 所示。

更改元件 3 的参数"valve damping ratio"（即阻尼比）为 0.8，再次运行仿真，绘制液压缸的位移输出曲线，如图 11-27 所示。

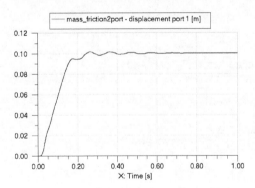

图 11-26　阻尼比为 0.3 的液压缸的
　　　　　　位移输出曲线

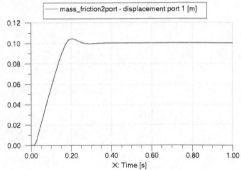

图 11-27　阻尼比为 0.8 的液压缸的
　　　　　　位移输出曲线

保持上面的参数不变，再次更改元件 3 的参数"valve natural frequency"为 50，运行仿真，绘制液压缸的位移输出曲线，如图 11-28 所示。

从图 11-28 中可以看出，当阻尼比为 0.8、固有频率为 50Hz 时，在阶跃信号的作用下，系统将变得不稳定。

下面将要绘制系统的频率响应——Bode图。在当前参数设置状态下,切换到仿真模式,单击工具栏中的线性分析按钮 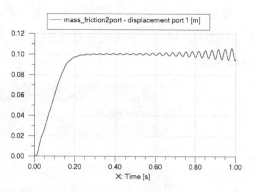 。

图11-28 阻尼比为0.8、固有频率为50Hz时液压缸的位移输出曲线

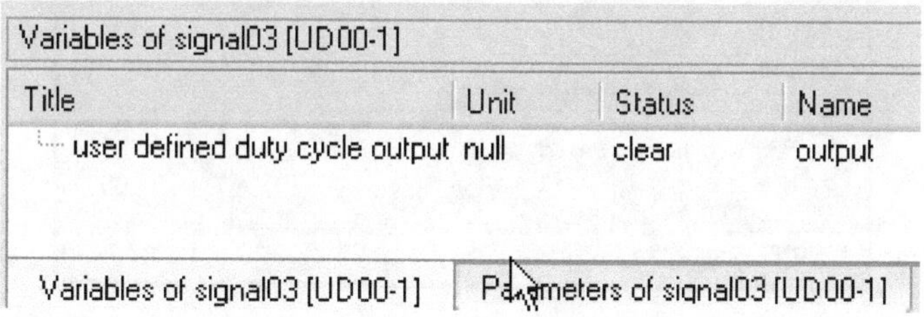

点选元件5(阶跃信号图标),在"Contextual view"中的"Variables"选项卡中,列出了元件5的变量列表,如图11-29所示。

注意到其中的第3列的状态为"clear"。用鼠标双击该变量,在弹出的下拉列表框中选择"control",如图11-30所示。

图11-29 变量列表

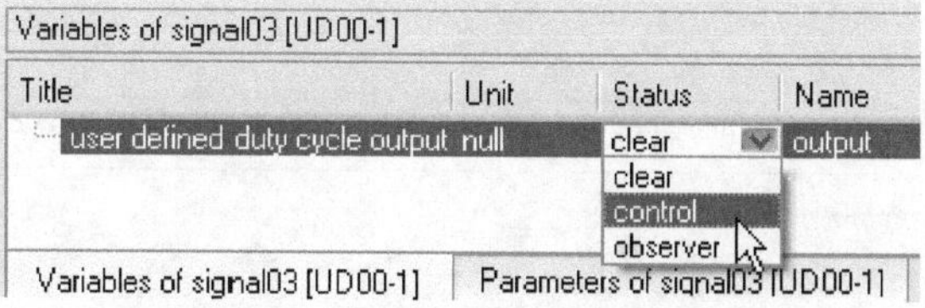

图11-30 选择为"control"

点选元件7,仿照上面的方法,将元件7的位移变量"displacement port 1"的状态修改为"state observer",如图11-31所示。

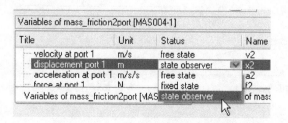

图11-31 修改位移变量的状态

　　设置完上面的控制变量和观测变量，就可以绘制系统的 Bode 图了。

　　单击工具栏中的频率响应按钮 ⬚，弹出 "Frequency Response" 对话框，如图 11-32 所示。

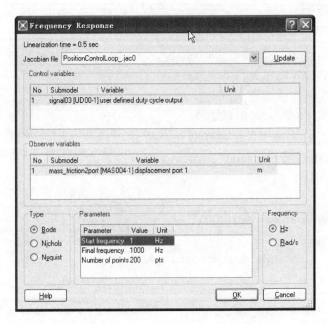

图 11-32　"Frequency Response" 对话框

　　单击该对话框的 "OK" 按钮，可以绘制系统的 Bode 图，如图 11-33 所示。

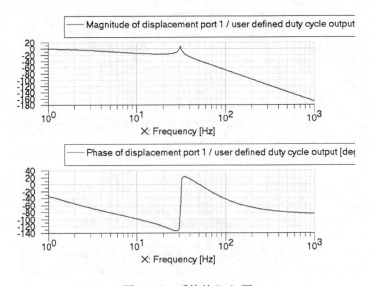

图 11-33　系统的 Bode 图

11.6　孔口流量

11.6.1　基本原理

本例介绍 AMESim 孔口模型中的孔口流量公式。孔口流量公式为

$$Q = C_q A \sqrt{\frac{2|\Delta P|}{\rho}}$$

式中　Q——流量；

　　　C_q——流量系数；

　　　A——孔口的截面积；

　　　ΔP——压差；

　　　ρ——油液的密度。

但是，如果 C_q 为常数，Q 关于 ΔP 的公式在原点处导数无穷大，这在数值计算方面将是非常危险的，同时在物理上也是不现实的。为了克服这个问题，在 AMESim 中，C_q 取为变量。当前的流量值用 λ 来表示，有

$$\lambda = \frac{D_h}{\nu} \sqrt{\frac{2|\Delta P|}{\rho}}$$

式中　D_h——水力直径；

　　　ν——运动黏度。

流量系数公式为

$$C_q = C_{q\max} \tanh\left(\frac{2\lambda}{\lambda_{\text{crit}}}\right)$$

式中　$\tanh x = \sinh x / \cosh x,\ \sinh x = (e^{\wedge}(x) - e^{\wedge}(-x))/2\cosh x = (e^{\wedge}x + e^{\wedge}(-x))/2$，双曲正切。

当 λ 取大于 λ_{crit} 的值时，C_q 是一个常数。如果 λ 值较小，C_q 值与 ΔP 成近似的线性关系。λ_{crit} 合理的默认值是 1000。但是，如果孔口的几何形状复杂（且粗糙），该值可以小到 50；对于较光滑的几何形状，该值可以高达 50000。

11.6.2　仿真模型

按图 11-34 所示构建仿真模型。

如图 11-34 所示，为了验证各种模型的性能，用"Hydraulic"模型、"HCD"库模型、"Signal，Control"库模型分别构建系统的仿真模型。

11.6.3　参数设置

参数按表 11-9 进行设置。

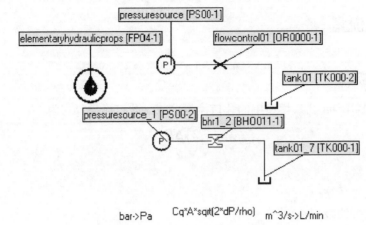

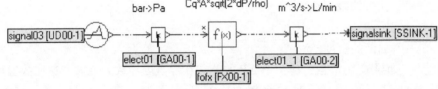

图 11-34　仿真模型

表 11-9　参数设置

子　模　型		设　置　值
PS00-1	pressure at start of stage 1	0bar
	pressure at end of stage 1	10bar
	duration of stage 1	10s
OR0000-1	equivalent orifice diameter	5mm
	maximum flow coefficient	0.7
BHO011-1	equivalent orifice diameter	5mm
	maximum flow coefficient	0.7
UD00-1	同 PS00	
GA00-1	value of gain	100000
FX00-1	expression in terms of the input x	$5 * 5 * 1e{-}6 * pi/4 * 0.7 * sqrt(2 * x/850)$
GA00-1	value of gain	60000

值得一提的是 FX00 子模型的设置值。该设置值的表达式如下式所示：

$$0.7 \times \frac{\pi}{4} \times 0.005^2 \times \sqrt{\frac{2 \times \Delta p}{850}}$$

该公式中的各个值相信读者能够明白。0.7 为流量系数；$\frac{\pi}{4} \times 0.005^2$ 计算了孔口的面积；850 代表油液密度。

11.6.4　仿真分析

仿真运行完毕后，可以绘制系统的曲线，比较其不同之处。点选子模型 OR0000-1，这时会在"Contextual view"控制面板中显示该子模型的变量，选择

"flow rate at port 1"，将其拖动到工作区域中，这时会弹出曲线，如图 11-35 所示。

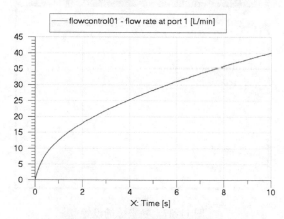

图 11-35　流量与时间的曲线

按同样的方法，分别点选子模型"BHO011-1"和"SSINK-1"，将变量"flow rate at port 1"、"signal input"拖动到 AMEPlot 窗口中，这时可以看出曲线在起始阶段有些许不同，如图 11-36 所示。

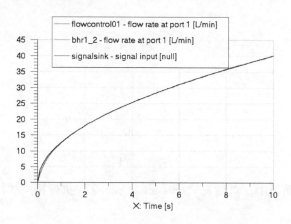

图 11-36　在同一幅图形中绘制 3 个曲线

在 AMEPlot 图形的横轴附近双击鼠标左键，弹出"X axis format"对话框，点选"Scale"选项卡，再点选"Custom"单选按钮，将"Maximum"文本框中的 10 改为 1，单击"OK"按钮，如图 11-37 所示。

此时可以进行仿真。绘制 flowcontrol01 和 elect01_1 曲线，如图 11-38 所示。纵坐标也可以用此法进行设计，如图 11-38 所示。

从图 11-38 中可以看出，当压力降小于 1bar 时流量之间的不同。

我们还可以绘制压差和流量之间的曲线。以 OR0000-1 子模型为例，点选该子模型，在"Contextual View"中，选中变量"pressure at port 1"，将其拖入"Post

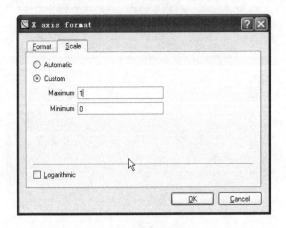

图 11-37　横坐标的设置

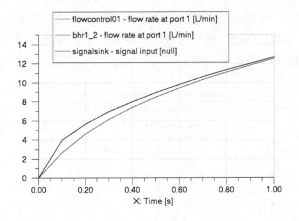

图 11-38　对比图

processing"控制面板中，对变量"pressure at port 2"执行相同的操作，如图 11-39 所示。

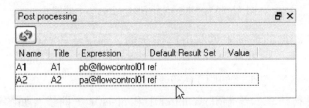

图 11-39　添加后置处理变量

在"Post processing"的空白区域单击鼠标右键，在弹出的菜单中选择"Add"，如图 11-40 所示。

在"Expression"列中输入"A2-A1"。

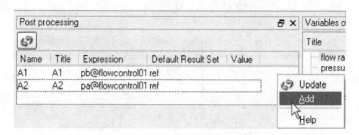

图 11-40　添加一个新变量

如前所述，在"Contextual view"中拖动变量"flow rate at port 1"到工作区域中，在弹出的 AMEPlot 窗口中单击"Tools"→"Plot manager"，如图 11-41 所示。

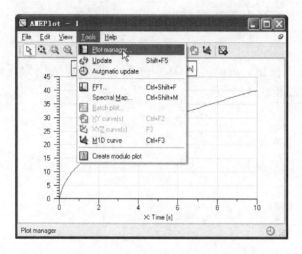

图 11-41　启动"Plot manager"

在弹出的对话框的树形控件中展开"flowcontrol01"项，如图 11-42 所示。

图 11-42　展开图形的横纵坐标变量

此时将"Post process"中的变量 A3 拖动到"Time"处，如图 11-43 所示。

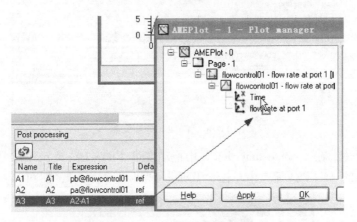

图 11-43　更换横坐标的变量

单击"Apply"按钮，再单击"OK"按钮，得到横坐标为压差，纵坐标为流量的曲线图形，如图 11-44 所示。

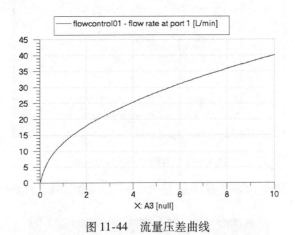

图 11-44　流量压差曲线

11.7　压力限制器（直动式溢流阀）的建模与仿真

11.7.1　直动式溢流阀的原理

直动式溢流阀是一种单级阀，具有机构简单、灵敏度高等优点，常作为安全阀或限压阀来使用。直动式溢流阀根据阀芯的结构不同，可以分为以下几类：锥阀、滑阀、板阀、球阀。本节着重介绍锥阀式直动溢流阀的建模方法。

图 11-45 为一低压直动式溢流阀，进油口 P 的油液经阀芯 3 上阀座的小孔流入，当进油压力较小时，阀芯 3 在弹簧 2 的作用下紧压在阀座上，阀处于关闭状

态。当进口压力升高、阀芯上产生的作用力超过弹簧的预压力时，阀芯向左移动，阀口被打开。进油口的压力就不再升高，阀芯处于某一平衡位置。

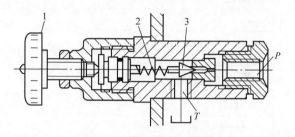

图 11-45　低压直动式溢流阀
1—手轮　2—弹簧　3—阀芯

11.7.2　直动式溢流阀 AMESim 模型

根据图 11-45 及其原理，建立锥阀式直动式溢流阀的仿真模型，如图 11-46 所示。

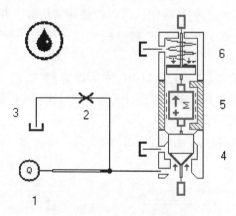

图 11-46　锥阀式直动溢流阀

11.7.3　参数设置

参数设置见表 11-10。表中没有列写的元件和参数都保持默认值。

表 11-10　直动式溢流阀的参数设置

元件编号	参　　　数	值
1	number of stages	2
	duration of stage 1	1
	flow rate at start of stage 2	100
	flow rate at end of stage 2	100
	duration of stage 2	9

（续）

元件编号	参　　数	值
4	diameter of rod（seat side）	0
5	mass	0.1
	coefficient of viscous friction	45
	lower displacement limit	0
	higher displacement limit	0.005
6	rod diameter	0
	spring force at zero displacement	100

　　其中比较重要的参数是元件 5 的 "coefficient of viscous friction"，即黏性摩擦系数，在表 11-10 中的取值为 45N/（m/s），读者可以试着更改该值进行仿真，可以发现，45N/（m/s）几乎是一个临界值，当低于该值时，系统出现较大的振荡，系统的输出响应比较平稳。具体的仿真结果可以参看下一节。

11.7.4　仿真分析

　　进入仿真状态后，单击仿真按钮，可以很快完成仿真。单击元件 1，绘制流量的 "user defined duty cycle flow rate" 参数的曲线，该曲线表明了输入信号的曲线图，如图 11-47 所示。

　　从图 11-47 可以看出，如在表 11-10 中所设置的一样，输入的流量在 1s 时，发生一个阶跃变化，由 0L/min 变为 100L/min，这可以模拟液压泵启动时的特性。

　　点选元件 4（锥阀阀芯），绘制该元件的端口 2 的压力（pressure port 2），如图 11-48 所示。

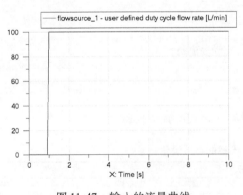

图 11-47　输入的流量曲线

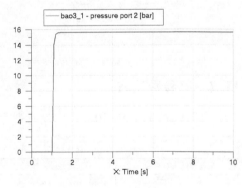

图 11-48　端口 2 的压力

　　点选元件 5（质量块），绘制该元件端口 1 或端口 2 的位移（displacement port 1），如图 11-49 所示。

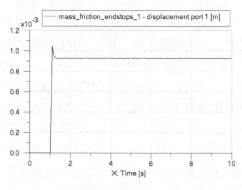

图 11-49　阀芯的位移

11.8　先导式溢流阀的 AMESim 仿真

11.8.1　基本原理

图 11-50 为 DB 型先导式溢流阀，它由主阀阀体 1 和先导阀阀体 2 组成。先导阀是一个小流量的直动式溢流阀，阀芯是锥阀结构，用来调定系统压力；主阀阀芯是滑阀结构，用来实现溢流功能。在先导阀阀芯前端有一个远程控制油口，可以实现远程调压；先导阀的弹簧腔通过泄漏油道 13 与主阀的出口相通。

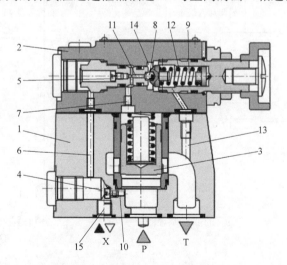

图 11-50　DB 型先导式溢流阀结构图

1—主阀阀体　2—先导阀阀体　3—主阀阀芯　4、5—阻尼孔　6、7—油道　8—先导阀芯
9—先导阀调压弹簧　10—锥阀阀座　11—先导油道　12—先导阀芯弹簧　13—泄漏油道
14—先导阀腔　15—控制油口

　　工作原理为：压力为 p 的压力油从进油口 A 进入后分成两路，一路进入主阀阀芯 3 的下端，另一路经控制油道 6、7 中的阻尼孔 4、5 作用在主阀阀芯 3 的上端和先导阀阀体 2 的先导阀芯 8 上。当进油压力 p 较低不足以克服先导阀调压弹簧 9 的弹簧力 F_{t2} 时，主阀阀芯 3 关闭，没有油流过阻尼孔 4。这时，主阀阀芯 3 上、下两端压力相等，在平衡弹簧作用下主阀阀芯处于最下端位置，溢流阀处于关闭状态。当进油压力 p 升高并达到先导阀调压弹簧 9 的弹簧力 F_{t2} 时，先导阀芯 8 被打开，压力油经阻尼孔 4、5，先导阀芯 8、泄漏油道 13、回油口 T 流回油箱。由于压力油流经阻尼孔 5 时会产生压降，所以主阀阀芯 3 上端的压力 p_1 小于下端压力 p，当此压差所产生的作用力超过主阀上的平衡弹簧（是一根软弹簧）的作用力 F_{t1} 时，主阀阀芯上移，打开溢流口，使油口 A 和回油口 B 相通，油液流回油箱，溢流阀实现溢流稳压。

　　先导阀的原理图可以抽象成如图 11-51 所示的形式。

11.8.2　仿真回路

　　对比图 11-51，根据元件对应原则，在 AMESim 中可以创建先导式溢流阀的仿真回路，如图 11-52 所示。

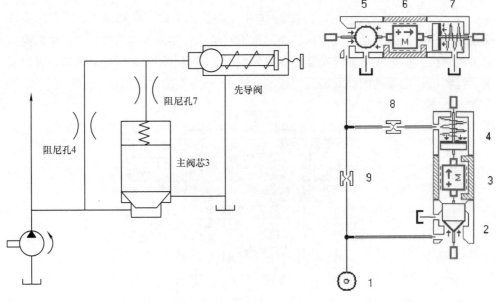

图 11-51　先导式溢流的抽象原理图　　　　图 11-52　先导式溢流阀的
仿真回路

11.8.3　参数设置

　　先导式溢流阀的参数设置如表 11-11 所示。表中没有提到的元件和参数保持默认值。

表 11-11　先导式溢流阀的参数设置

编　号	参　数	设　置　值
1	number of stages	1
	flow rate at end of stage 1	650
	duration of stage 1	10
2	diameter of poppet	25
	diameter of hole	15
	diameter of rod（seat side）	0
3	mass	0.1
	coefficient of viscous friction	400
	lower displacement limit	0
	higher displacement limit	0.05
4	piston diameter	20
	rod diameter	0
	spring stiffness	0.1
	spring force at zero displacement	500
6	mass	0.01
	coefficient of viscous friction	100
	lower displacement limit	0
	higher displacement limit	0.005
7	spring stiffness	30
	spring force at zero displacement	200
8	equivalent orifice diameter	2
9	equivalent orifice diameter	2

11.8.4　仿真结果

　　绘制元件 2 端口上的压力曲线，如图 11-53 所示。该曲线即为液压泵出口处的压力曲线。

　　在同一幅图上绘制流量变化曲线，如图 11-54 所示。

　　在 AMEPlot 窗口中选择菜单 "Tools"→"Plot manager"，弹出 "Plot manager" 对话框，展开最下面两个树形控件，如图 11-55 所示。

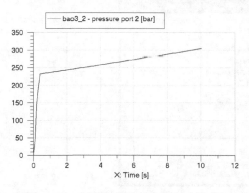

图 11-53　元件 2 端口 2 上的压力曲线

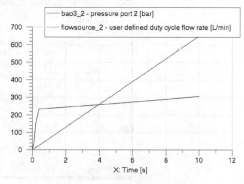

图 11-54　压力曲线和流量曲线

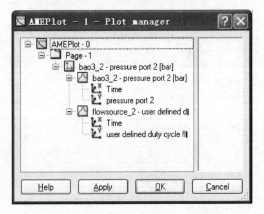

图 11-55　"Plot manager"对话框

拖动"user defined duty cycle flow rate"到"Time"上，释放鼠标左键，如图 11-56 所示。

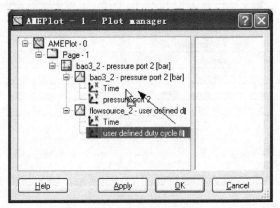

图 11-56　修改纵坐标

释放左键后如图 11-57 所示。

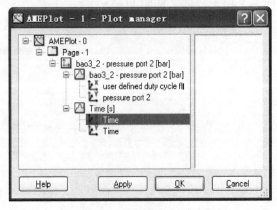

图 11-57　修改后的结果

利用右键菜单移除"Time",如图 11-58 所示。

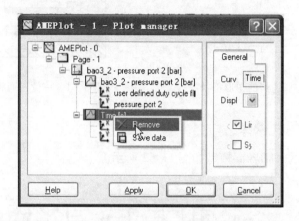

图 11-58　移除"Time"

单击"Apply"按钮和"OK"按钮,图形更新,如图 11-59 所示。

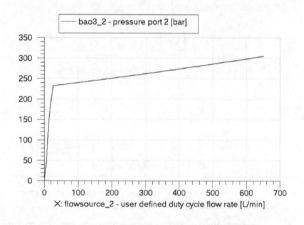

图 11-59　先导式溢流阀的流量压力特性曲线

11.9　三位阀的 AMESim 仿真模型

11.9.1　三位三通阀图形符号

三位三通阀的图形符号如图 11-60 所示。

11.9.2　三位三通阀的机械结构

三位三通阀的机械结构如图 11-61 所示。

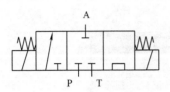

图 11-60　三位三通阀的图形符号

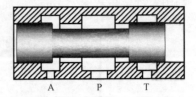

图 11-61　三位三通阀的机械结构

11.9.3　AMESim 模型

三位三通阀的 AMESim 模型如图 11-62 所示。

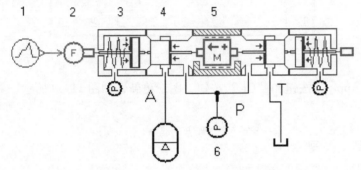

图 11-62　三位三通阀的 AMESim 模型

11.9.4　参数设置

参数设置如表 11-12 所示。其中没有提到的元件参数保持默认。

表 11-12　参数设置

元件编号	参　　　数	值
1	number of stages	4
	output at end of stage 1	−1000
	duration of stage 1	1
	output at start of stage 2	−1000
	output at end of stage 2	1000
	duration of stage 2	2
	output at start of stage 3	1000
	duration of stage 3	1
3	rod diameter	0
5	mass	0.1
	coefficient of viscous friction	1000
	lower displacement limit	−0.003
	higher displacement limit	0.003
8	number of stages	1
	pressure at start of stage 1	100
	pressure at end of stage 1	100

11.9.5　仿真曲线

力信号的响应曲线如图 11-63 所示。

阀芯位移的响应曲线如图 11-64 所示。

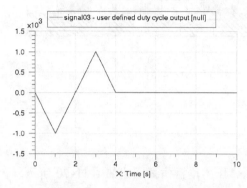

图 11-63　力信号的响应曲线

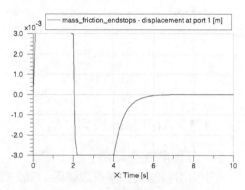

图 11-64　阀芯位移的响应曲线

蓄能器的压力曲线如图 11-65 所示。

随时间变化的流量曲线如图 11-66 所示。

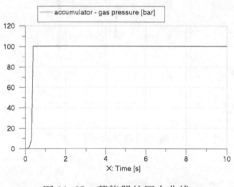

图 11-65　蓄能器的压力曲线

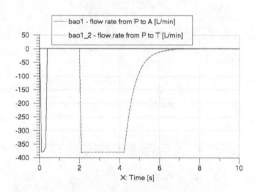

图 11-66　流量随时间变化的曲线

11.10　三位四通阀的 AMESim 仿真

11.10.1　三位四通阀的图形符号

三位四通阀的图形符号如图 11-67 所示。

11.10.2　三位四通阀的机械结构

三位四通阀的机械结构如图 11-68 所示。

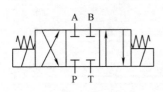

图 11-67　三位四通阀的图形符号

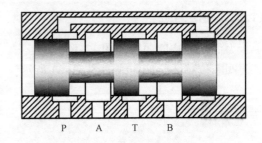

图 11-68　三位四通阀的机械结构

11. 10. 3　AMESim 模型

1. 压力增益

压力增益测试回路原理如图 11-69 所示，压力增益仿真回路如图 11-70 所示。

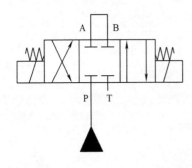

图 11-69　压力增益测试回路原理

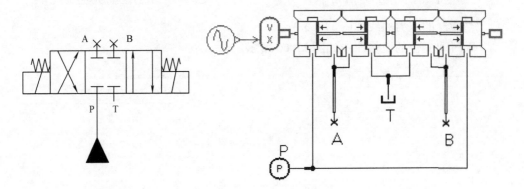

图 11-70　压力增益仿真回路

2. 流量增益

流量增益测试回路原理如图 11-71 所示，流量增益仿真回路如图 11-72 所示。

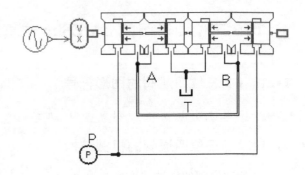

图 11-71　流量增益测试回路原理

图 11-72　流量增益仿真回路

11.10.4　参数设置

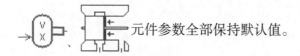元件的参数设置如表 11-13 所示。

表 11-13　参数设置

参数	值
sine wave frequency	0.1
sine wave amplitude	0.0001

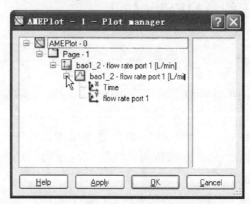、元件参数全部保持默认值。

11.10.5　仿真分析

点选图 11-70 中间的两个元件之一，在"Contextual view"中将"flow rate port 1"变量拖动到工作区中，绘制泄漏流量随时间变化的曲线图。

选择菜单"Tools"→"Plot manager"，展开弹出对话框的树形控件，如图 11-73 所示。

图 11-73　对话框树形控件

将"Contextual view"中的变量"displacement port 3"拖动到树形控件的"Time"上，如图 11-74 所示。

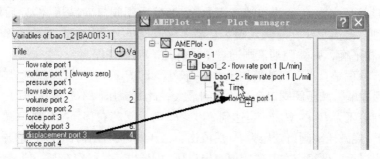

图 11-74　拖动变量

单击"Apply"按钮，再单击"OK"按钮，此时绘制的曲线图将如图 11-75 所示。

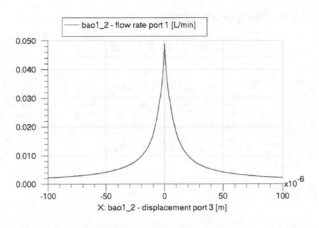

图 11-75　零位时的泄漏曲线

11. 11　定压减压阀 AMESim 仿真

11. 11. 1　基本原理

减压阀是一种利用流体经过节流口产生压降的原理，使出口压力低于进口压力的压力控制阀。根据控制压力的不同要求，减压阀可以分为定值减压阀、定差减压阀、定比减压阀和三通减压阀。其中定值减压阀应用最广泛，又简称减压阀。直动式减压阀的图形符号如图 11-76 所示。

图 11-76　直动式减压阀的图形符号

直动式减压阀是利用出口压力作用于阀芯一端有效面积上的液压力直接与作用于阀芯另一端的弹簧力相平衡来工作的。

图 11-77 所示为直动式减压阀的结构图。该阀主要由阀芯、阀体、调压弹簧、调节螺钉等组成。进口油液压力为 P_1，出口油液压力为 P_2，进口油液压力 P_1 经减压阀阀口 h 减压为 P_2 后流出，同时，出口油液经阻尼小孔 a 进入阀芯左端，形成液压力，与阀芯右端的弹簧腔中的弹簧力 F_t 相平衡，弹簧腔油液则通过单独孔道 L 流回油箱。

其工作原理是：当出口油液的压力 P_2 较小，即 $P_2A < F_t$ 时，阀芯在弹簧力的作用下处于最左端，减压阀阀口全开，达到最大，此时减压阀不起减压作用，$P_1 = P_2$。随着出口油液压力 P_2 的增加，当达到 $P_2A > F_t$ 时，阀芯右移，减压阀口减小，进口油液压力 P_1 经减压阀阀口减压为 P_2 后流出，减压阀起减压作用，阀口的开度经过一个过渡过程以后，便稳定在某一定值，出口压力 P_2 也基本稳定在某一值。

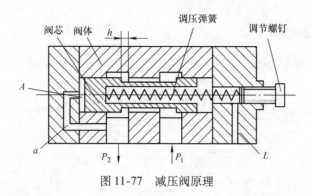

图 11-77　减压阀原理

11. 11. 2　仿真模型

根据上述原理，利用 AMESim 的 HCD 库创建直动减压阀的仿真模型，如图 11-78所示。

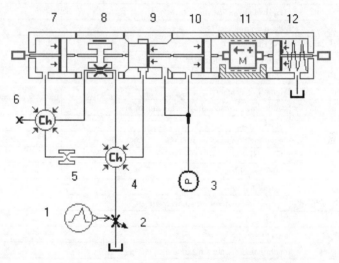

图 11-78　直动式减压阀的 HCD 库仿真模型及回路

为了进行仿真对比，利用 AMESim 液压库中的元件也创建了一个仿真回路，如图 11-79 所示。

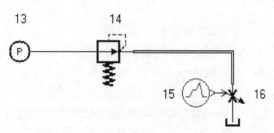

图 11-79　利用液压库中的元件创建的仿真回路

11.11.3 参数设置

参数设置见表11-14。其中没有提到的元件其参数保持默认值。

表 11-14 参数设置

元件编号	参　　数	值
1	number of stages	2
	output at end of stage 1	1
	duration of stage 1	5
	output at start of stage 2	1
	duration of stage 2	5
2	orifice diameter at maximum opening	8
3	number of stages	1
	pressure at start of stage 1	100
	pressure at end of stage 1	100
	duration of stage 1	10
4	dead volume	100
5	equivalent orifice diameter	0.5
6	dead volume	2
7	rod diameter	0
8	external piston diameter	10
	clearance on diameter	0.01
	length of contact	10
9	underlap corresponding to maximum area	8
11	mass	0.03
	coefficient of viscous friction	10
	lower displacement limit	0
	higher displacement limit	0.007
12	spring stiffness	35
	spring force at zero displacement	160
13	同 3	同 3
14	maximum pressure	20
	nominal flow rate (maximum opening)	50
15	同 1	
16	同 2	

11.11.4 仿真分析

元件 1（输入信号）的曲线如图 11-80 所示。

元件 2（节流阀）入口处的压力曲线如图 11-81 所示。

元件 16（节流阀）入口处的压力曲线如图 11-82 所示。

对比图 11-81、图 11-82，可以发现二曲线几乎完全相同，证明用 HCD 库元件构建的减压阀模型同 AMESim 液压库中的减压阀元件性能模型基本一致，模型基本正确。

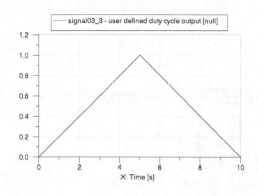

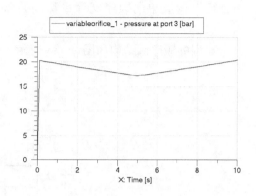

图 11-80　元件 1 的输入信号随时间变化　　　　图 11-81　元件 2（节流阀）入口处压力随时
　　　　　　的曲线图　　　　　　　　　　　　　　　　间变化的曲线图

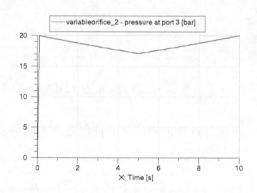

图 11-82　元件 16（节流阀）入口处压力随时间变化的曲线图

可以参考文献，对以上的内容再进行进一步的仿真分析，例如修改阻尼孔直径、弹簧刚度等。

11. 12　顺序阀的 AMESim 仿真

11. 12. 1　基本原理

顺序阀在液压系统中的主要用途是控制多执行器间的顺序动作。通常顺序阀可被视为二位二通液动换向阀，其启闭压力可用调压弹簧设定，当控制压力（阀的进口压力或液压系统某处的压力）达到或低于设定值时，阀可以自动启闭，从而实现进出口之间的通断。

按工作原理与结构的不同，顺序阀可分为直动式和先导式两类；按照压力控制方式的不同，顺序阀有内控式和外控式之分。顺序阀与其他液压阀（如单向阀）

组合可以构成单向顺序阀（平衡阀）等复合阀，以用于平衡执行器及工作机构自重。

典型的顺序阀结构如图 11-83 所示。

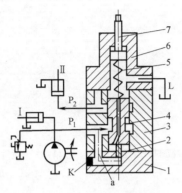

图 11-83　典型的顺序阀结构

11. 12. 2　仿真模型

参考图 11-83，利用对应关系，可以构建如图 11-84 所示 AMESim 中顺序阀的仿真回路。

还可以利用 AMESim 液压库中的顺序阀元件创建仿真回路，如图 11-85 所示。

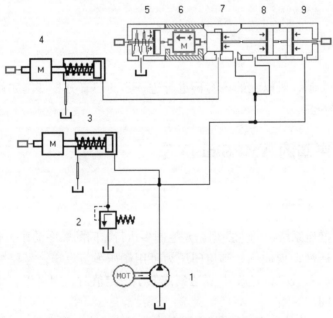

图 11-84　用 HCD 库中元件构建的顺序阀仿真模型

1—液压泵　2—溢流阀　3、4—液压缸　5—弹簧腔　6—质量块　7—节流口　8、9—活塞

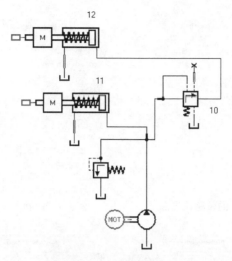

图 11-85　采用液压库中顺序阀元件的仿真回路

10—顺序阀　11、12—液压缸

11. 12. 3　参数设置

各元件的参数设计见表 11-15。表格中没有提到的元件其参数保持默认值。

表 11-15　参数设置

元 件 编 号	参　　　数	值
1	pump displacement	1
5	spring force at zero displacement	1000
6	Mass	0. 03
	coefficient of viscous friction	1000
	lower displacement limit	0
	higher displacement limit	0. 005
9	rod diameter	0
10	spring pre-tension	100

11. 12. 4　仿真分析

运行仿真，绘制执行元件 3（液压缸）的位移输出曲线，如图 11-86 所示。

绘制执行元件 4（液压缸）的位移输出曲线，如图 11-87 所示。

对比图 11-86 和图 11-87，可以发现在大约 6s 时，执行元件 3 运动到端部，此时元件 3 停止运动，紧接着，油液通过元件 10（顺序阀）。在元件 10 的控制下液压缸 4 开始伸出。

绘制元件 11 的位移输出曲线，如图 11-88 所示，类似图 11-86。

绘制元件 12 的位移输出曲线，如图 11-89 所示，可见其类似图 11-88。

对比图 11-86 ~ 图 11-89，可以验证本节用 HCD 库构建的顺序阀模型是基本正确的。

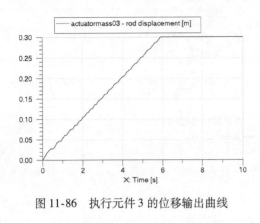

图 11-86　执行元件 3 的位移输出曲线

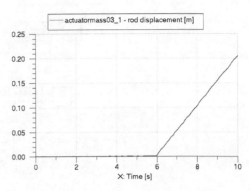

图 11-87　执行元件 4 的位移输出曲线

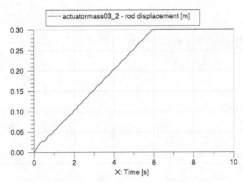

图 11-88　执行元件 11 的位移输出曲线

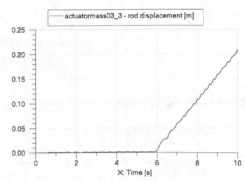

图 11-89　执行元件 12 的位移输出曲线

11. 13　插装阀的 AMESim 仿真

11. 13. 1　基本理论

　　二通插装阀是一种新型的控制元件，它的推广应用也使液压技术的发展提高到一个崭新的阶段。由于它具有一系列独特的优点，如流动阻力小、结构紧凑、工艺性好、流通能力大、响应快、抗污染能力强、寿命长、密封性好、工作可靠、适用于水基介质、效率高、具有多种机能、变型方便、可以高度集成、三化程度高等。因此，这种阀的出现在很大程度上满足了液压技术发展的要求，同时得到了世界各国普遍重视。

　　典型的带锥阀式插装元件的插装阀的工作原理如图 11-90 所示。阀芯主要受到来自主通油口 A、B 和控制油口的压力以及插装元件的弹簧力的作用。如果不考虑阀芯的质量、液流的液动力以及摩擦力，阀芯的力平衡方程为

$$\sum F = p_A A_A + p_B A_B - p_X A_X - F_X$$

式中　A_A——油口 A 处阀芯面积；

　　　A_B——油口 B 处阀芯面积；

　　　A_X——控制油口处阀芯面积，$A_X = A_A + A_B$；

　　　F_X——弹簧力，$F_X = k(x_0 + x)$；

　　　k——弹簧刚度；

　　　x_0——弹簧预压缩量；

　　　x——弹簧工作压缩量（阀芯位移）；

　　　p_A——油口 A 处压力；

　　　p_B——油口 B 处压力；

　　　p_X——控制腔 X 处压力。

当 $\sum F > 0$ 时，阀芯开启，油路 A、B 接通；当 $\sum F < 0$ 时，阀芯关闭，A、B 油口切断。因此可通过控制压力 p_X 的大小变化来实现油路 A、B 的开关。

阀芯处于关闭位置时，阀芯控制腔（通常是上腔）面积 A_X 和阀芯在主油口 A、B 处的面积的比值称为面积比，即

$$\alpha_A = A_A / A_X, \alpha_B = A_B / A_X$$

面积比的值影响启闭阀所需的控制压力的大小。常用的面积比有 1:1、1:1.1、1:1.15 和 1:1.2 等。用作压力控制时选用较小的 α_A 值，用作方向控制时选用较大的 α_A 值。

11.13.2　插装阀主阀的仿真模型

结合图 11-90，可以构建 AMESim 的仿真模型，如图 11-91 所示。

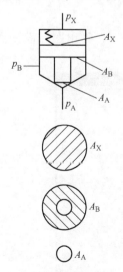

图 11-90　插装阀的
工作原理

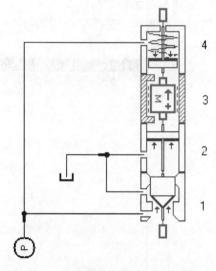

图 11-91　插装阀主阀芯的仿真模型
1—阀芯　2—活塞腔　3—质量块　4—弹簧腔

如图 11-91 所示，用元件 1 来模拟图 11-90 中的面积 A_A，用元件 2 来模拟图 11-90 中的面积 A_B，用元件 3 来模拟主阀芯的质量，用元件 4 来模拟控制腔 A_X。

11.13.3　参数设置

参考图 11-91，各元件的参数设置见表 11-16。

表 11-16　插装阀各元件参数设置

编　号	参　数	设　置　值
1	diameter of poppet	10
	diameter of hole	5
	diameter of rod（seat side）	0
2	piston diameter	25
	rod diameter	10
3	mass	0.1
	coefficient of viscous friction	20
	lower displacement limit	0
	higher displacement limit	0.007
4	piston diameter	25
	rod diameter	0
	spring stiffness	3
	spring force at zero displacement	30
	chamber length at zero displacement	45

由于插装阀模型的典型性，可以用超级元件的方法将插装阀模型封装，以利日后使用。

11.13.4　创建插装阀超级元件

1. 创建超级元件的前期准备

（1）绘制图标　选择菜单"Tools"→"Icon designer"，弹出图标设计对话框，如图 11-92 所示。

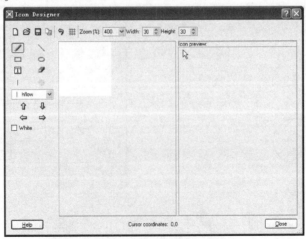

图 11-92　图标设计对话框

创建如图 11-93 所示的图标，保存一个文件名如 "CartridgeValveCategory. xbm" 备用（该图标将用于代表插装阀分类）。

再次选择菜单 "Tools" → "Icon designer"，切换 "Width" 和 "Height" 滚动框中的数值为 64，如图 11-94 所示。

创建如图 11-95 所示的图标。

值得说明的是，该图标上、下和右侧的箭头是通过选择 "Set port icon types to add" 中的 "signal" 来添加的，如图 11-96 所示。

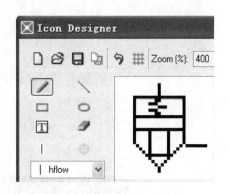

图 11-93　创建分类图标

图 11-94　设置图标大小

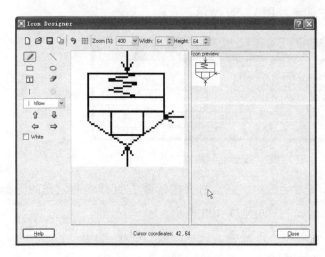

图 11-95　创建元件图标

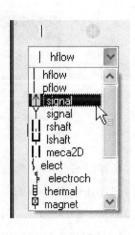

图 11-96　添加端口

完成后，保存该图标，文件名为 "CartridgeValve. xbm" 备用（该图标将用于代表插装阀元件）。

（2）创建分类　选择菜单 "Modeling" → "Category settings" → "Add category"，如图 11-97 所示，在弹出的文件夹浏览器中，选择一个目录，保存将要创建的超级元件的分类。

在弹出的 "Category Name" 对话框中，输入要创建分类的名字，如 "Cartridge_Valve"，单击 "OK" 按钮如图 11-98 所示。

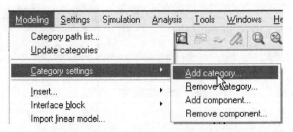

图 11-97　新建分类菜单

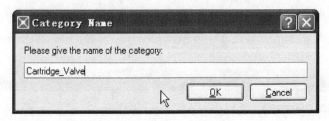

图 11-98　为分类起名

在弹出的"Category Description"对话框中，输入分类的描述，如"My cartridge valve"，单击"OK"按钮，如图 11-99 所示。

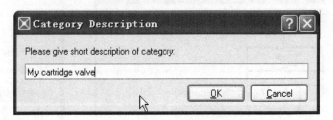

图 11-99　新分类的描述

在弹出的"Icon designer"对话框中，点击打开按钮，打开先前创建的图标文件"CartridgeValveCategory. xbm"，如图 11-100 所示。

单击"Set icon in AMESim files"按钮，完成分类的创建。

2. 选择要创建的超级元件的图形

用鼠标框选要创建超级元件的图形，如图 11-101 所示。

3. 单击创建超级元件图标

单击工具栏中的创建超级元件按钮，弹出"Auxiliary system"对话框，如图 11-102 所示。

4. 对超级元件图标进行设置

在图 11-102 所示的对话框中部的"Component Icon"组合框中，单击"改变与子模型相连的元件图标"按钮，弹出"Icon Selection"对话框，在该对话框中

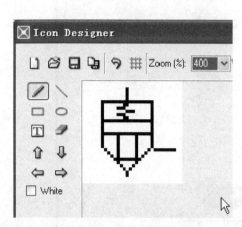

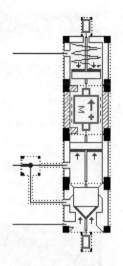

图 11-100　分类的图标文件　　　　　　图 11-101　框选要创建

超级元件的图形

找到"My cartridge valve"分类，选中下面的"Cartridge_Valve"图标，如图11-103
所示。

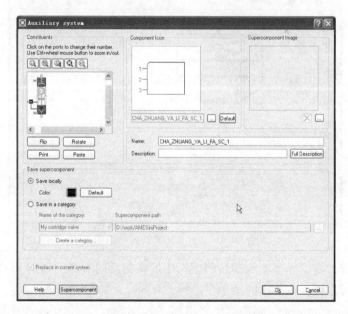

图 11-102　"Auxiliary system"对话框

单击"New Comp Icon"按钮，弹出"Icon Designer"对话框，单击按钮 ⬀，
打开先前创建的图标文件"CartridgeValve.xbm"，如图 11-104 所示。

单击左侧工具栏中的"定义端口和端口类型"按钮 ◉，注意到鼠标此时变成

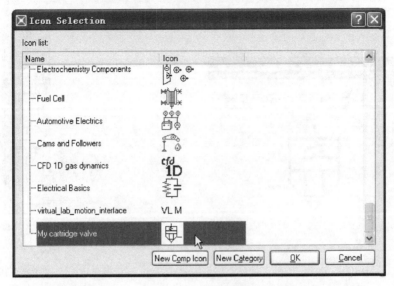

图 11-103　选择图标

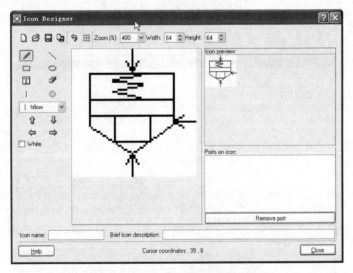

图 11-104　打开插装阀元件图标

十字准星形式，将鼠标移动到插装阀图标中箭头的反向端部，如图 11-105 所示。

按下鼠标左键，在弹出的菜单中选择"hflow"，如图 11-106 所示。

此时"Ports on icon"列表框中将增加"321 hflow"，如图 11-107 所示。

用同样的方法，将插装阀图标中另外两个箭头的尾部添加端口定义，添加完成后的结果如图 11-108 所示。

在"Icon name"中输入"Cartridge_Valve"，在"Brief description"中输入"cartridge valve"，单击按钮 ，如图 11-109 所示。

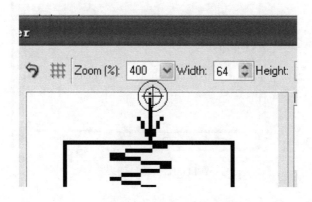

图 11-105 定义端口类型

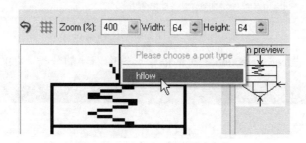

图 11-106 定义端口类型菜单

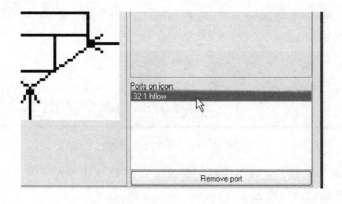

图 11-107 图标上的端口列表

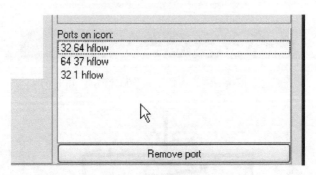

图 11-108　端口列表

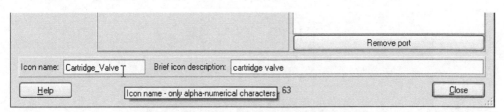

图 11-109　图标名称和图标描述

此时返回到"Icon Selection"对话框中，选中新建的分类，如图 11-110 所示。

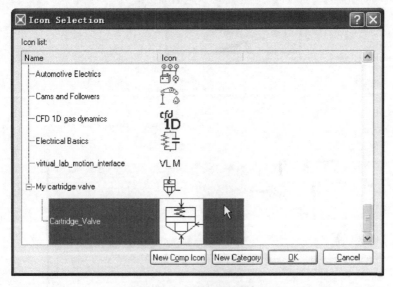

图 11-110　选中元件图标

单击"OK"按钮，完成对图标的修改，如图 11-111 所示。

5. 对存放路径进行设置

在"Save supercomponent"组合框中，选中"Save in a category"单选按钮，注意"Name of the category"和"Supercomponent path"为该超级元件对应的分类和

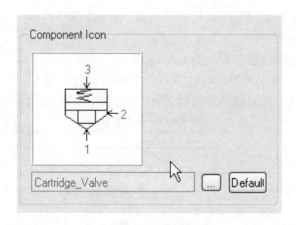

图 11-111　完成图标的设置

保存的路径。用户可根据自己的意愿进行设置。

6. 设置元件的端口

在左上角的"Constituents"组合框中，单击对应的端口，完成对端口号的分配。此时用户可以通过单击按钮，进行模型的放大或缩小。

端口号的分配办法是在端口上单击鼠标左键，在弹出的菜单中选择想要设置的端口号，如图 11-112 所示。

根据插装阀图标各端口的作用，仿真模型中端口号的分配从上到下应该是 3、2、1。设置完成后，单击"OK"按钮，完成插装阀超级元件的创建。

进行适当的整理，完成后的 AMESim 草图模型如图 11-113 所示。

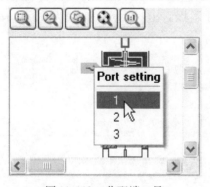

图 11-112　分配端口号

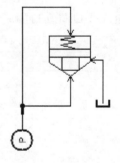

图 11-113　插装阀超级元件

该仿真模型可以应用在采用了插装阀的回路中。

11.13.5　插装阀组成的方向控制回路

1. 单向阀

插装阀作为单向阀使用时，只要将控制油路 C 和主油路 A 或 B 直接连通便可。

为了验证所创建的插装阀超级元件的正确性，创建如图 11-114、图 11-115 所示两个 AMESim 仿真回路。

该单向阀对应的图形符号如图 11-116 所示。

其中，图 11-114、图 11-115 中元件 2 的参数设置如表 11-17 所示。该元件的其余参数保持默认，同时回路中的其余元件的参数也保持默认。

表 11-17　参数设置

元件编号	参　　数	值
2	number of stages	1
	pressure at start of stage 1	100
	pressure at end of stage 1	100

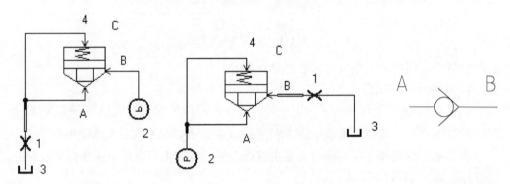

图 11-114　单向阀仿真
回路 1

图 11-115　单向阀仿真回路 2

图 11-116　单向阀图
形符号

所有参数保持默认，运行仿真，绘制通过图 11-114、图 11-115 中元件 1 的流量，如图 11-117、图 11-118 所示。从图中可以看出，从 B 口向 A 口的流动是导通的，而从 A 口向 B 口的流动是截止的。

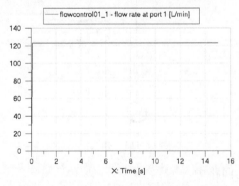

图 11-117　从 B 口向 A 口流动时，导通

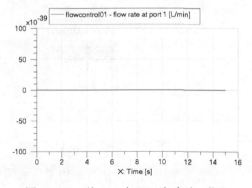

图 11-118　从 A 口向 B 口流动时，截止

2. 二位二通换向阀

为了进一步验证所创建的插装阀超级元件的正确性，创建如图 11-119 所示的仿真回路，该回路的对应的原理图形符号如图 11-120 所示。

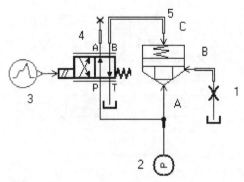

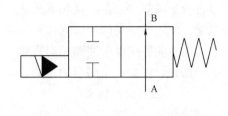

　　图 11-119　AMESim 仿真回路　　　　　　图 11-120　二位二通电液换向阀原理图

　　如图 11-119 所示，元件 1 的参数设置如表 11-18 所示，元件 2 的参数设置同表 11-17，在此不再列出，同时回路中的其余元件参数保持默认。

表 11-18　参数设置

元 件 编 号	参　　　　　数	值
1	number of stages	2
	duration of stage 1	5
	output at start of stage 2	40
	output at end of stage 2	40

　　设置好参数以后，就可以运行仿真了。其中信号发生器 3 的曲线如图 11-121 所示。除了 3 以外，我们比较关心的是通过图 11-119 中元件 1 的流量，以检验该插装阀回路是否模拟了图 11-120 中二位二通阀的功能。绘制的通过元件 1 的流量图如图 11-122 所示。

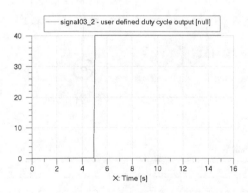

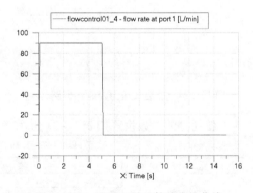

　　　　图 11-121　信号曲线　　　　　　　　图 11-122　通过 2 号元件的流量曲线

　　从图 11-121、图 11-122 中可以看出，在前 5s 中，从 A 口到 B 口是导通的；5s 之后，二位四通电磁阀换向，插装阀的 A 口接控制口 C，A 口到 B 口的油路截止。综上可见，仿真回路图 11-119 很好地模拟了图 11-120 所示二位二通电液换向阀的功能。

　　关于插装阀的方向控制回路的仿真例子还有很多，如图 11-123 所示。其基本仿真原理同本节的两个例子类似，本书就不再继续列举了，感兴趣的读者可以自行尝试创建回路。从仿真的效果来看，使用本插装阀超级元件可以很好地模拟插装阀换向回路，对理解插装阀回路可以起一定的帮助作用。

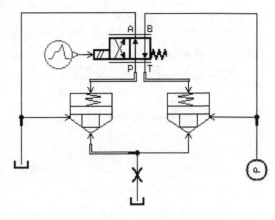

图 11-123　2 位 3 通换向阀

3. 压力控制阀的仿真

插装阀除了作为方向阀使用时，还可以作为压力控制阀来使用，其油路图如图 11-124 所示。

如图 11-124 所示，如果 B 口接上负载，则插装阀起顺序阀的作用；如果 B 口接回油，插装阀便是一个普通的溢流阀。

为了验证插装阀超级元件的正确性，可以创建如图 11-125 所示的插装阀 AMESim 仿真回路。

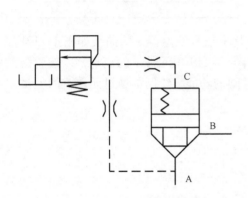

图 11-124　插装式压力控制阀回路

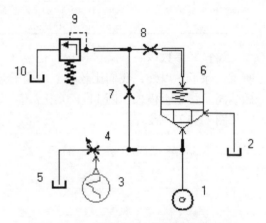

图 11-125　插装式压力控制阀仿真回路

各元件的参数设置如表 11-19 所示。

表 11-19　参数设置

元件编号	参　　　　数	值
1	number of stages	1
	flow rate at start of stage 1	160
	flow rate at end of stage 1	160
3	number of stages	1
	output at start of stage 1	1
	output at end of stage 1	0
	duration of stage 1	10
9	relief valve cracking pressure	50
	relief valve flow rate pressure gradient	50

　　另外，本例中需要对插装阀元件的参数进行修改，以获得较好的仿真效果。修改参数的方法是双击图 11-125 中的元件 6，弹出如图 11-126 所示对话框。为了叙述的方便，给图 11-126 中的元件标上序号，从上至下为 6.1、6.2、6.3、6.4。其参数设置如表 11-20 所示。表 11-20 中未列出的参数保持原设置值（前面方向回路中插装阀的参数设置值）。

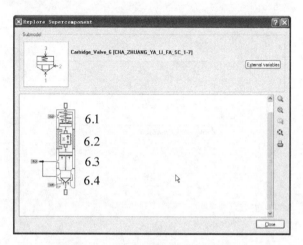

图 11-126　插装阀超级元件参数设置

表 11-20　插装阀超级元件参数设置

元 件 编 号	参　　数	值
6.1	piston diameter	50
	spring stiffness	0.1
	spring force at zero displacement	30
	chamber length at zero displacement	45
6.3	piston diameter	50
	rod diameter	50
6.4	diameter of poppet	55
	diameter of hole	50
	opening for maximum area	1e + 30

　　运行仿真。

　　元件 3 信号曲线如图 11-127 所示。

　　查看图 11-125 中元件 4 的入口压力曲线，如图 11-128 所示。

　　双击元件 6，弹出对话框，在对话框中选择 2 号端口的管道节点，如图 11-129 所示。

　　绘制该节点的 1 号端口的流量曲线，如图 11-130 所示。

　　从以上各图中可以看出，随着元件 4 开口量的减小，液阻在 8s 以后逐渐增大。当液阻稳定后，如图 11-130 所示，通过插装阀溢流的流量也逐渐稳定。

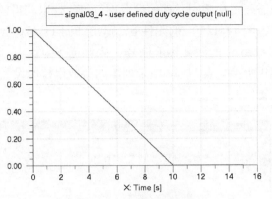

图 11-127　元件 3 信号曲线

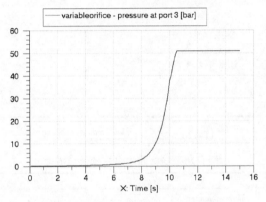

图 11-128　元件 4 的入口压力曲线

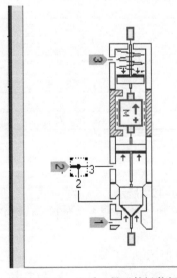

图 11-129　查看 6 号元件插装阀
　　　　　　B 口的流量

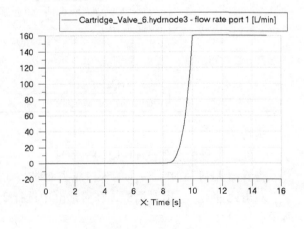

图 11-130　插装阀元件 6 的 B 端口流量曲线

参 考 文 献

[1] 周连山，庄显义. 液压系统的计算机仿真 [M]. 北京：国防工业出版社，1986.

[2] 霍夫曼 W. 液压元件及系统的动态仿真 [M]. 陈鹰，译. 杭州：浙江大学出版社，1988.

[3] 刘能宏，田树军. 液压系统动态特性数字仿真 [M]. 大连：大连理工大学出版社，1993.

[4] 李永堂，雷步芳，高雨苗. 液压系统建模与仿真 [M]. 北京：冶金工业出版社，2003.

[5] 李成功，和彦淼. 液压系统建模与仿真分析 [M]. 北京：航空工业出版社，2008.

[6] 付永领. LMS Imagine. Lab AMESim 系统建模和仿真实例教程 [M]. 北京：北京航空航天大学出版社，2011.

[7] 付永领，祁晓野，李庆. LMS Imagine. Lab AMESim 系统建模和仿真参考手册 [M]. 北京：北京航空航天大学出版社，2011.

[8] 高钦和，马长林. 液压系统动态特性建模仿真技术及应用 [M]. 北京：电子工业出版社，2014.

[9] 艾思山，刘佳，张磊. 基于 AMESim 的液压挖掘机斗杆液压回路优化设计 [J]. 建筑机械，2013（09）：113-116.

[10] 刘亚川. 悬架液压衬套有限元分析与基于 AMESim 的隔振性能优化 [D]. 长春：吉林大学，2013.

[11] 李艳杰，张昱. 基于 AMESim 的 B 型液压半桥与液压系统仿真∥中国力学学会流体控制工程专业委员会. 第十五届流体动力与机电控制工程学术会议论文集 [C]. 2011.

[12] 金学良. 基于 AMESim 的液压抗冲击系统设计与仿真 [D]. 哈尔滨：哈尔滨工业大学，2011.

[13] 栾骁，陈景鹏，孙克. 基于 AMESim 在液压千斤顶和液压钻床工作台系统仿真技术中的应用 [J]. 液压气动与密封，2012（02）：37-40.

[14] 陈博. 基于 AMESim 的液压冲击器建模与仿真研究 [D]. 上海：上海工程技术大学，2012.

[15] 米双山，付久长，韩翠娥. AMESim 在液压系统故障仿真中的应用 [J]. 机床与液压，2013（11）：183-186.

[16] 卫振勇. 基于 AMESim 的液压绞车液压系统研究 [J]. 起重运输机械，2011（05）：71-73.

[17] 张宪宇，陈小虎，何庆飞. 基于 AMESim 的液压缸故障建模与仿真 [J]. 液压气动与密封，2011（10）：26-28.

[18] 刘丽霞，武建新. 基于 AMESim 的液压位置伺服系统仿真 [J]. 机械工程与自动化，2012（04）：62-64.

[19] 周能文，王亚锋，王凯峰. 基于 AMESim 的液压位置控制系统动态特性研究 [J]. 机械工程与自动化，2010（04）：82-84.

[20] 沙永柏，于萍，张萃. AMESim 软件在导向钻机液压系统仿真中的应用 [J]. 机床与液压，2010（19）：94-96.

[21] 王继努，李天富，段方亮，等. AMESim 在液压元件仿真中的应用研究 [J]. 液压气动

与密封，2011（03）：1-3.

[22] 陈卫平，徐家祥. 基于 AMESim 的 5 ~ 10t 叉车液压制动系统建模与仿真［J］. 起重运输机械，2012（04）：74-76.

[23] 王鸿宇，江礼鹏. 基于 AMESim 的 50t 液压伺服加载系统的仿真分析［J］. 机械工程与自动化，2013（02）：47-49.

[24] 贾文华，殷晨波，曹东辉. 基于 AMESim/MATLAB 的液压换向阀的优化设计［J］. 机床与液压，2013（15）：182-183.

[25] 刘震，王玉林，张鲁邹，等. 基于 AMESim 的小型挖掘机执行机构液压系统建模与仿真［J］. 青岛大学学报（工程技术版），2011（04）：43-47.

[26] 左帅，李艾民. 基于 AMESim 的货物装卸机械手液压系统设计与仿真［J］. 液压与气动，2011（06）：65-67.

[27] 李艳杰，张昱. 基于 AMESim 的 B 型液压半桥建模和仿真［J］. 液压与气动，2012（03）：69-71.

[28] 张小宇. 基于 AMESim 的液压控制系统建模及仿真［J］. 煤矿机械，2011（02）：71-73.

[29] 张宪宇，陈小虎，何庆飞，等. 基于 AMESim 液压元件设计库的液压系统建模与仿真研究［J］. 机床与液压，2012（13）：172-174.

[30] 宋飞，邢继峰，黄浩斌. 基于 AMESim 的数字伺服步进液压缸建模与仿真［J］. 机床与液压，2012（15）：133-136.

[31] 谢建，罗治军，田桂，等. 基于 AMESim 的多级液压缸建模与仿真［J］. 机床与液压，2010（07）：126-129.

[32] 曾晓锋，黄明辉. 基于 AMESim 的 Y32-315T 四柱液压机驱动系统建模及仿真分析［J］. 现代制造工程，2013（03）：1-3.

[33] 蒋丹，杨平，王丛岭. AMESim 在《液压传动》实践教学中的应用［J］. 实验科学与技术，2012（02）：48-49.

[34] 李刚，胡汉春. AMESim 液压系统模型实时仿真研究［J］. 计算机光盘软件与应用，2012（23）：70-71.

[35] Binder R C. Fluid Mechanics［M］. 3rd Edition. Englewood Cliffs, NJ: Prentice-Hall, Inc., 1956.